机械加工工艺基础

主　编　周增文

副主编　汤酞则　张亮峰

中南大学出版社

机械加工工艺基础

主编　周增文

□责任编辑　谭　平
□责任印制　易红卫
□出版发行　中南大学出版社
社址:长沙市麓山南路　邮编:410083
发行科电话:0731-88876770　传真:0731-88710482
□印　　装　长沙印通印刷有限公司

□开　　本　787×960　1/16　□印张 13.25　□字数 242 千字
□版　　次　2003 年 7 月第 1 版　□2015 年 8 月第 7 次印刷
□书　　号　ISBN 978-7-81061-740-6
□定　　价　29.00 元

前　言

《机械加工工艺基础》是一门重要的技术基础课，它是将原材料或毛坯转变成零件的应用工艺技术课程。

本教材是湖南省高等教育学会金工教学委员会组织的“工程材料及机械制造基础”系列教材之一，它遵循国家教育部提出的培养宽口径、厚基础，具有创新意识和创新能力的复合型人才之精神，在内容和体系上对传统教材进行了较大力度的改革。既继承了传统教材之精华，又较大幅度地增加了新技术和新工艺的内容，适当提高了起点、拓宽了知识面。

本教材在内容上有意留下让学生独立思考、灵活应用的空间，达到学习工艺理论知识，增强工程实践动手能力，提高综合素质，培养创新精神和创新能力的目的。本书的主要特点是：

1. 注重学生获取知识能力的培养，使学生的全面素质和创新思维得到进一步提高。

2. 体现了工艺内容的综合性、灵活多变性，以及牵涉的知识面广等特性；试图帮助学生将所学其他相关课程的知识与本门课程融合在一起。

3. 在每一章节的后面附有少量思考与练习题，旨在帮助学生巩固所学内容，拓展知识面。还可以围绕实际问题自行设计题目，帮助自己提高综合应用的能力。

4. 专业名词术语采用国家最新标准。

5. 为了帮助学生进一步增加专业英语词汇，在书中引入了部分专业英语单词，并在本书的附表中列出了中英文对照表，以便查阅。

参加本书编写的同志有：胡泽豪（中南林学院，第 1 章）、周增文（第 2、3、4、5 章）、汤酞则（第 7 章）、张亮峰（第 6 章）、易晓科（第 8 章）；由周增文任主编，汤酞则、张亮峰任副主编。。

本书在编写的过程中，得到了中南大学刘瞬尧教授，湖南大学陈永泰，中南大学何少平、贺小涛、钟世金，长沙国防科技大学周继伟，长沙交通大学杨瑾珪，中南林学院郑哲文等教授的指导,他们对本教材的编写提出了许多宝贵意见。特别是清华大学傅水根教授,结合国家教育部教育改革的新要求,对本书的内容和体系给予了细心指导和帮助。此外,本书还参考并引用了有关文献资料,借鉴了许多同行专家们的教学改革经验,在此向以上各位专家一并致谢。

由于编者水平所限,加之时间仓促,书中的错误和不妥之处,恳请广大读者和师生斧正。

编　者

2003 年 7 月

目　　录

1　切削加工工艺理论基础

1.1　切削加工概述

1.1.1　切削加工的地位和种类

切削(cutting)加工是利用切削刀具(tool)从工件(毛坯)上切去多余的材料,使零件(parts)具有符合图样规定的几何形状、尺寸和表面粗糙度等方面要求的加工过程。

1. 切削加工的地位

机械加工(machining)中的切削加工,在机械制造过程中所占比重最大,用途最广。目前,机械制造业中所用工作母机有80% ~90%仍为金属切削加工机床(metal cuttingmachine tools)。在工业发达国家的国民经济中,创造物质财富部分,制造业约占2/3;其他如农业、林业、渔业、矿业和建筑业等共同约占1/3。在各种制造业中,机械制造占居主导地位,可见机械制造业的切削加工,在国民经济发展中处于十分重要的地位。

2. 切削加工的分类

切削加工可分为钳工和机械加工(简称机工)两部分。

(1)钳工(bench work)　钳工主要是在钳台上以手持工具为主,对工件进行加工的切削加工方法。其主要工作内容有划线(laying out)、用手锯(handsaw)锯削(sawing)、用錾子(chisel)錾削、用锉刀(file cutter)锉削、用刮刀(scraper)刮削(scraping)、用钻头(drills)钻孔(hole drilling)、用扩孔钻扩孔(core drilling)、用铰刀(reamers)铰孔(reaming),此外,还有攻螺纹(tapping)、套螺纹(thread die cutting)、机械装配和设备修理等。

(2)机工　机工是在机床上利用机械力对工件进行加工的切削加工方法。其主要方法有车、钻、镗、铣、刨、拉、插、磨、珩磨、超精加工和抛光等。

随着加工技术的现代化,越来越多的钳工加工工作已被机械加工所代替,同时,钳工自身也在逐渐机械化。但是,由于钳工加工非常经济,并且灵活、方便,所以在切削加工行业中仍占有一席之地，并且永远也不会被机械加工完全替代。

1.1.2　切削加工的特点和发展方向

1. 切削加工的主要特点

（1）切削加工获得零件的几何精度变化范围广泛，可以适应不同层次的需要，这是其他加工方法难于达到的。加工精度范围一般为：

① 尺寸精度：一般在 IT12 ~ IT3；

② 表面粗糙度（rough of surface）：一般在 *Ra*25 ~ 0.008 μm 以内；

③ 形状精度（form precision）、位置精度（position precision）：选择好工艺路线和工装，可以达到与尺寸精度相适应的形状和位置精度。

（2）切削加工零件的材料、形状、尺寸和重量的适应范围很大。主要表现为：

① 材料可以是金属材料，也可以是非金属材料；

② 可以是形状较复杂的零件；

③ 零件的尺寸大小一般不受限制；

④ 重量的适用范围很广，可以重达数百吨，如葛洲坝一号船闸的闸门，高 30 余米，重 600 余吨；轻的只有几克，如微型仪表零件。

（3）切削加工的生产率较高，一般高于其他加工方法。

（4）要求刀具材料的硬度（hardness）高于工件材料的硬度。

（5）切削加工的工艺过程较为严密，工艺过程制订得正确与否直接影响零件的加工质量。

鉴于上述特点，切削加工难以完成某些复杂零件细微结构的加工，特别是难以完成一些高硬度和高强度（strength）等特殊材料制成的零件的加工，这给特种加工带来了生存和发展的空间。

2. 切削加工的发展方向

目前，切削加工正朝着高精度、高效率、自动化、柔性化和智能化方向发展。

（1）加工设备朝着高精度、高速度、自动化、柔性化和智能化方向发展。加工中心（Machining Center）、自适应控制系统（AC，Adaptive Control）、直接数字控制系统（即计算机群控系统 DNC，Direct Numerical Control）、柔性制造系统（FMS，Flexible Manufacturing System）等的出现，以及误差自动化补偿（Compensating）的问世，已揭开了 21 世纪切削加工发展的前幕，在精度上向原子级加工逼近。

（2）刀具材料朝着超硬方向发展，陶瓷、聚晶金刚石（PCD）和聚晶立方氮化硼（PCBN）等超硬材料将被普遍应用于切削加工，使切削速度迅速提高到每分钟数千米。

(3)生产规模由目前的小批量和单品种大批量向多品种变批量方向发展。

(4)切削加工将被融合到计算机辅助设计(CAD)与计算机辅助制造(CAM)、计算机集成制造系统(CIMS,Computer Integrated Manufacturing System)等高新技术和理论中。实现设计、制造和检验(CAT)与生产管理等全部生产过程自动化。

1.1.3 零件的种类及其表面的形成和成形方法

根据零件的结构形状特征,假设将零件划分成若干个基本几何体,研究其成形方法,有利于选择加工设备、加工方法和制定工艺路线。

1. 常见零件的种类及其表面的形成

(1)常见零件的种类　零件的种类很多,但有代表性的常见零件大致可以归纳为下列几类。

① 轴套类零件,例如图 1.1 所示的传动轴。

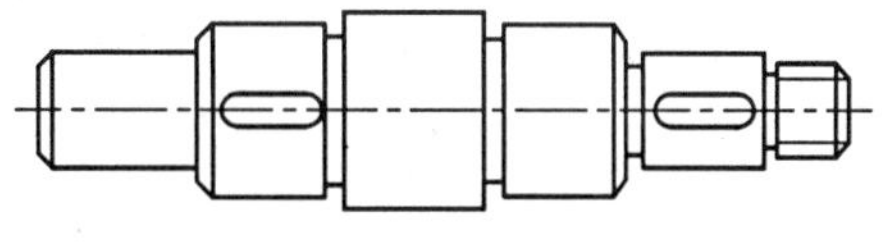

图 1.1　传动轴

② 轮盘类零件,例如图 1.2 所示的齿轮。

③ 叉架类零件,例如图 1.3 所示的单孔支架。

④ 箱体类零件,例如图 1.4 所示的箱体。

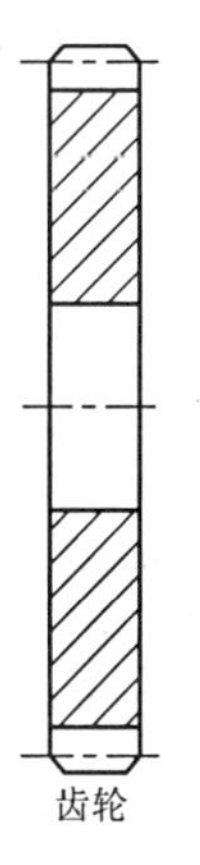

图 1.2　齿轮

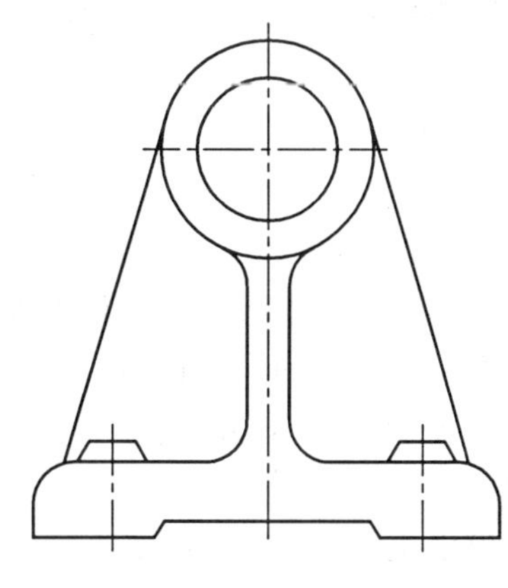

图 1.3　单孔支架

(2)常见零件表面的形成　由图 1.1 ~ 图 1.6 可知机器零件的表面一般都可以看成是由下列表面组合形成的:

① 外圆面　如图 1.1 中轴的圆柱表面；

② 内圆面　如图 1.2 中齿轮的内孔；

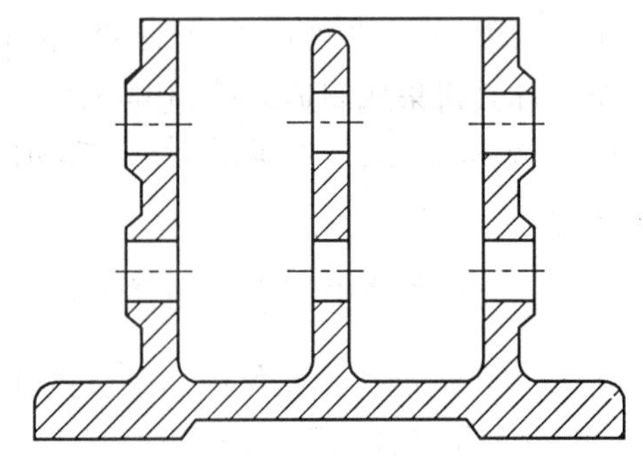

图 1.4　箱体

③ 平面　如图 1.4 中箱体的底面；

④ 锥面　如图 1.1 和 1.2 两端的倒角；

⑤ 螺旋面　如图 1.5 的螺旋面；螺旋面又包括

a. 螺纹　如图 1.5(a)中螺纹的牙型面；

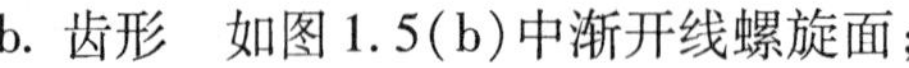
b. 齿形　如图 1.5(b)中渐开线螺旋面；

c. 蜗杆　如图 1.5(c)中蜗杆的阿基米德螺旋面。

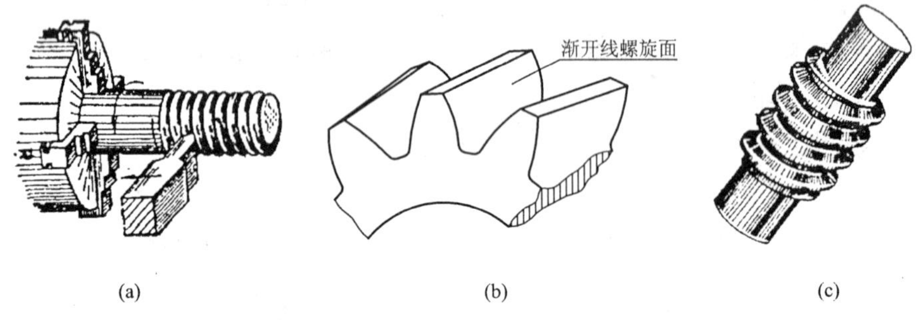

图 1.5　螺旋面

⑥ 成形面　如图 1.6 手柄的握手部分。

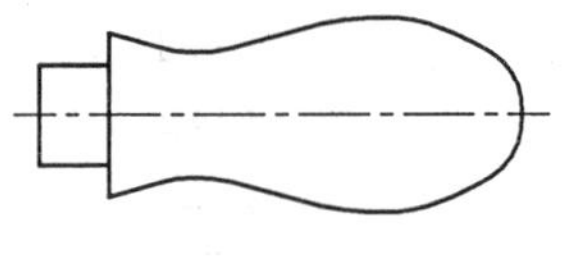

图 1.6　手柄

根据零件表面形成的特点，采用一定的运动组合来确定切削方式，就可以加工出上述表面。

应该说明的是，对于由非规则曲面形成的零件表面，在传统机床上采用传统的切削加工方法是难以或无法加工出来的，此时可以采用多轴联动的数控机床加工出来。

2. 零件表面的成形方法

常见零件表面的成形方法有轨迹法、成形法和展成法三种。

（1）轨迹法　利用非成形刀具，在一定的切削运动下，由刀尖在工件上运动的轨迹获得零件所需表面的方法。车削（如图1.7车外圆）、铣削、刨削等都是轨迹法。

（2）成形法（forming）　利用成形刀具（刀刃形状与零件被加工处形状相同），在一定的切削运动下，由刀刃形状获得零件所需表面的方法。如图1.8车球面。

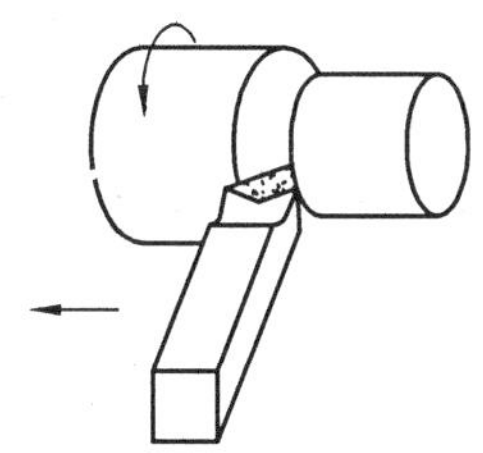

图1.7　车外圆

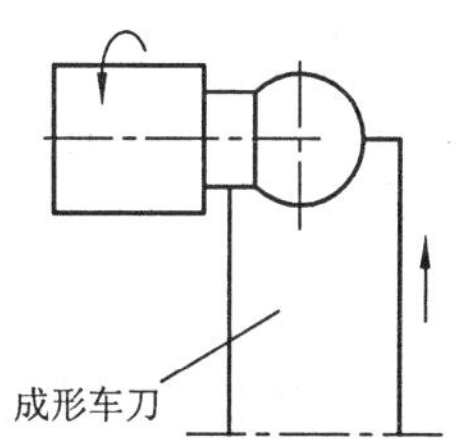

图1.8　车球面

（3）展成法（generating）　在一定的切削运动下，利用刀具连续切出微小面积而包络出所需表面的方法。如图1.9中插齿机插齿就是用的展成法原理进行加工的。

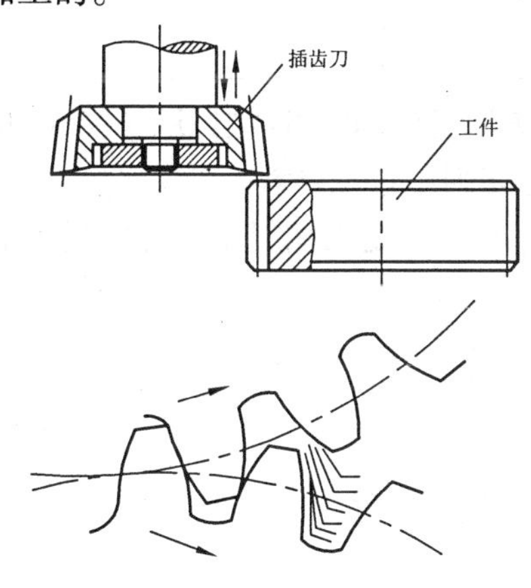

图1.9　插齿

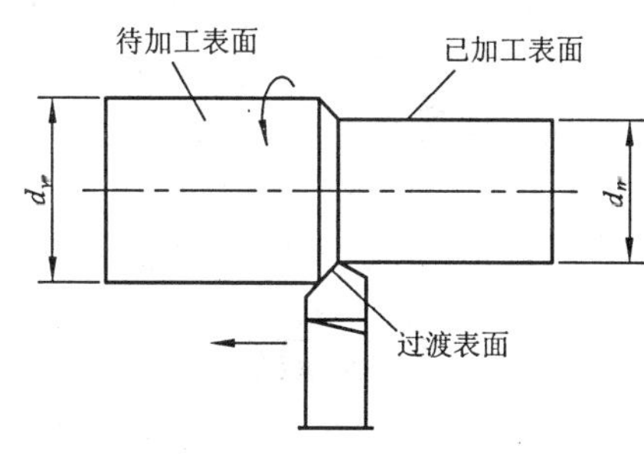

图1.10　车外圆形成的三个表面

3. 零件在切削过程中形成的表面

在切削过程中，工件上同时存在三个表面（如图1.10），它们分别是：

（1）待加工表面（work surface）　它是工件上等待被切削的表面。随着切削过程的进行，它将逐渐减少，直至全部被切除。

（2）已加工表面（machined surface）　它是工件上经刀具切削后产生的新表

面。随着切削过程的进行,它将逐渐扩大。

(3)过渡表面(transient surface) 它是刀刃正在切削的表面,它处在待加工表面和已加工表面之间。

1.1.4 切削运动与切削用量三要素

1. 切削运动

刀具与工件之间形成相互作用、相对运动的过程称为切削运动。视其功用不同,可分为主运动(primary motion)和进给运动(feed motion)。

(1)主运动 这是切下切屑最基本的运动,其特点是在多个运动中,速度最高、消耗功率最大。每种切削加工方法的主运动通常只有一个。

(2)进给运动 这是使工件上的金属不断投入切削的运动。其特点是速度较低、消耗功率较小。根据工件表面(surfaces on the workpiece)成形的需要,进给运动可以是一个或多个。

例如车削加工的主运动是工件的旋转运动,刀具的直线移动是车削的进给运动。又如插齿机加工齿轮,插齿机需要五种运动,除插齿刀的上下往复直线运动为主运动(即切削运动)外,还有径向进给运动、分齿运动、圆周进给运动和让刀(cutter relieving)运动等。

2. 切削用量三要素

切削用量是指切削速度(cutting speed)、进给量(feed)和背吃刀量(back engagement of the cutting edge)三者的总称,又称切削用量三要素。

(1)切削速度 v_c 它是切削刃(cutting edge)上选定点相对于工件主运动的瞬时速度,单位为 m/s 或 m/min。

当主运动为旋转运动时,切削速度可用公式(1-1)计算:

$$v_c = \frac{\pi dn}{1000 \times 60} \quad (\text{m/s}) \tag{1-1}$$

式中 d——切削刃上选定点处工件或刀具的直径,单位为 mm;

n——工件或刀具的转速,单位为 r/min。

当主运动为直线往复移动(如刨削加工)时,其平均切削速度可用公式(1-2)计算:

$$v_c = \frac{2Ln_r}{1000 \times 60} (\text{m/s}) \tag{1-2}$$

式中 L——行程长度,单位 mm;

n_r——冲程次数,单位 str/min。

(2)进给量 f 刀具在进给运动方向(direction of feed motion)上相对于工件

的位移量称进给量。例如车削外圆时的进给量 f 是工件每转一转时，车刀相对于工件在进给运动方向上的位移量。车、钻、镗和铣削时，单位为 mm/r；刨、插和拉削时，单位为 mm/str；对于铣削和磨削，进给量(mm/z)可以不止一个。

(3)背吃刀量(切削深度)(depth of out) a_p　背吃刀量(切削深度)一般指工件已加工表面和待加工表面之间的垂直距离，单位为 mm。车削外圆时，背吃刀量 a_p 可按公式(1-3)计算(可参见图 1.10)。

$$a_p = \frac{d_w - d_m}{2} \quad (\text{mm}) \tag{1-3}$$

式中　d_w——待加工表面直径，mm；

d_m——已加工表面直径，mm。

3. 两点说明

铣削(milling)和磨削与车、刨和钻不同，切削用量有四个要素。

(1)铣削用量：如图 1.11 所示，有下列四个要素。

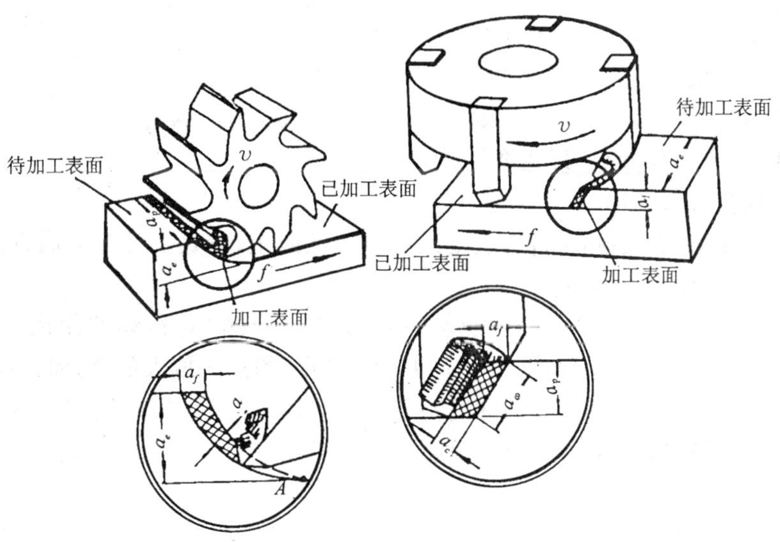

图 1.11　铣削用量

① 铣削速度 v_c：铣刀(milling cutters)切削刃上最大直径处的点相对于工件主运动的瞬时速度称为铣削速度，单位为 m/s。其速度计算公式同公式(1-1)

② 铣削进给量(每转)f：有下列三种表示方法：

A. 每转进给量 f_r：铣刀每转一转，工件相对于铣刀在进给运动方向上的位移量(mm/r)。

B. 每齿进给量f_z(feed pertooth):铣刀每转一齿,工件相对于铣刀在进给运动方向上的位移量(mm/z);它主要用于铣削用量的选择。

C. 每分钟进给量f_s:每分钟工件相对于铣刀在进给运动方向上的位移量(mm/min)。它主要用于机床调整。

③ 铣削背吃刀量(铣削深度)a_p:在通过切削刃选定点,并垂直于工作平面(平行于铣刀轴线)方向上,测量的切削层尺寸称为铣削背吃刀量;单位为 mm。

④ 铣削侧吃刀量(working engagement of the cutting edge)(铣削宽度)a_e:在平行于工作平面,并垂直于切削刃选定点的进给运动(垂直于铣刀轴线)方向上,测量的切削层尺寸称为铣削侧吃刀量。

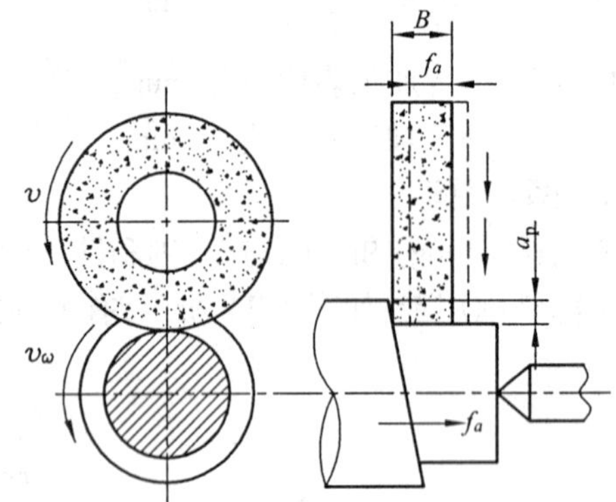

图 1.12 磨削用量

(2)磨削用量(grinding variables):如图 1-12 所示,有下列四个磨削用量:

① 磨削速度v_c:指砂轮外圆的线速度,单位为 m/s,其速度计算公式同公式(1-1)。

② 工件速度v_w:指工件旋转的线速度。实际上,它是工件在圆周方向上的进给速度,单位为 m/min。

③ 纵向进给量f_a:指工件旋转一周,砂轮沿其轴向移动的距离,单位为 mm/r。一般取(0.3~0.6)B mm/r,B 为砂轮宽度;粗加工取大值,精加工取小值。

④ 径向进给量f_r(即磨削深度):指工作台每双行程时,砂轮相对于工件径向移动的距离,单位为 mm/str。粗磨时f_r取 0.01~0.025 mm/str,精磨时f_r取 0.005~0.015 mm/str.

思考与练习题

1. 零件有哪些表面成形方法?

2. 切削用量三要素指的是什么? 铣削和磨削为什么有四个要素?

3. 在车床上车削 ϕ55 mm 的外圆,转速 $n=400$r/min,如用同样的切削速度车削 ϕ25mm 的外圆,主轴转速应为多少?

1.2 刀具

要加工出不同零件的各个表面,必须根据零件形状的特点和要求,选用不同的加工方法和不同形状的刀具。由于零件的品种不一,所以刀具的种类繁多,形状各异。但就刀具的切削部分(cutting part)而言,都可以看成是由车刀演变而来的。因此,车刀最具备代表性,现以车刀为例介绍刀具。

1.2.1 车刀的组成和结构形式

1. 车刀的组成

车刀由刀柄(shank)和刀体(body)组成,刀柄为刀具的夹持部分;刀体(俗称刀头)是刀具的切削部分,它由“三面两刃一刀尖”组成。如图1.13所示。

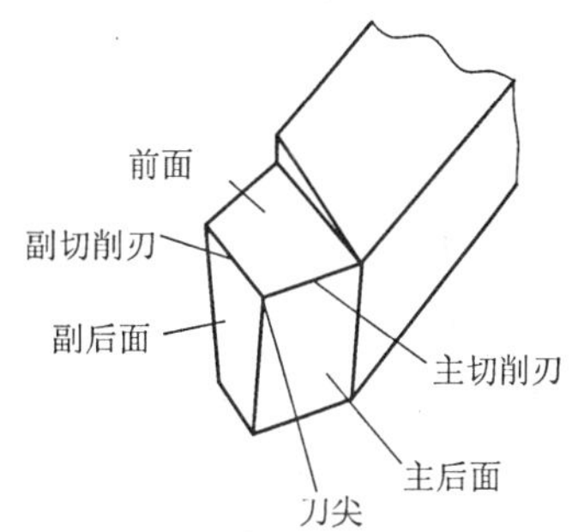

图1.13 外圆车刀

(1)前面 A_r(face)——指刀具上切屑流过的表面。

(2)主后面 A_d(major flank)——指与工件上过渡表面相对的表面。

(3)副后面 A'_a(minor flank)——指与工件上已加工表面相对的表面。

(4)主切削刃 S(tool major cutting edge)——指前面与主后面的交线。担任主要的切削工作。

(5)副切削刃 S'(tool minor cutting edge)——指前面与副后面的交线。它协同主切削刃完成切削工作。

(6)刀尖(corner)——指主切削刃与副切削刃相交的一点。为了增加刀尖处的强度,改善散热条件,一般在刀尖处磨出小圆弧过渡刃,所以刀尖并不尖。

2. 车刀的结构形式

车刀的结构形式主要在刀体上区分,目前广泛使用的有整体式(如锋钢刀)、焊接式(如合金刀)、机夹可转位刀片式(可更换刀片)车刀,如图1.14所示。

1.2.2 车刀的标注角度

1. 设立刀具静止参考系(tool-in-hand system)

为了定义刀具角度(tool angles),便于设计和制造,假定刀尖与车床中心高(center height)(工件轴线)等高,刀柄的轴向对称面垂直于进给方向,并且不考虑进给运动的影响,在上述前提下,设立五个平面,分别构成两个刀具静止参考系。

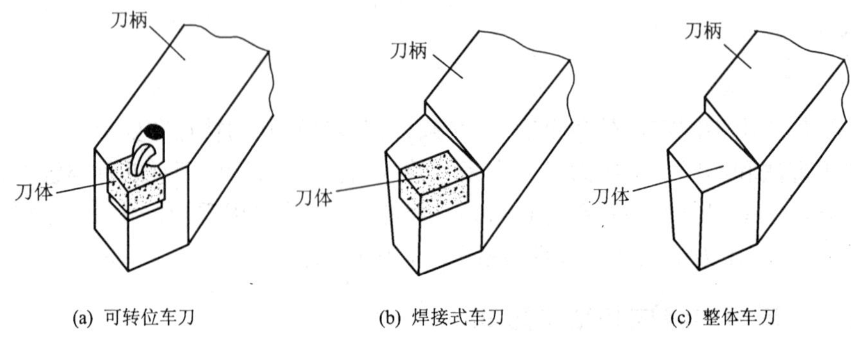

图 1.14　车刀的结构形式

(1)设立正交平面参考系

如图 1.15 所示,设立下列平面。

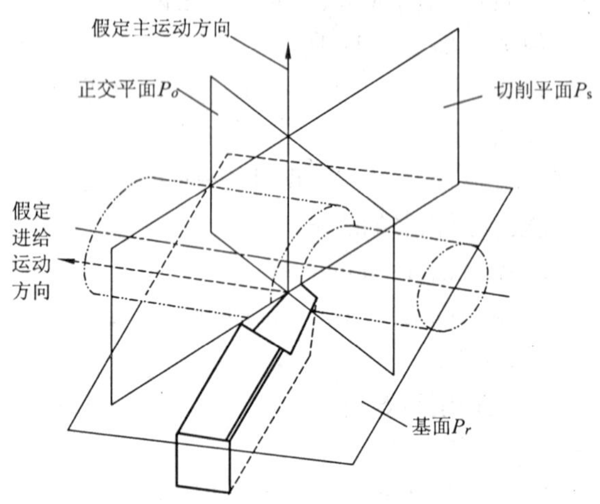

图 1.15　正交平面坐标系

① 基面 P_r(tool reference plane)　通过主切削刃选定点(selected point on the cutting edge),垂直于该点切削速度的平面称基面,它与主切削平面垂直。

② 主切削平面 P_s(tool major cutting edge plane)　通过主切削刃选定点,切于工件过渡表面且与基面垂直的平面称主切削平面。它包含了过选定点的切削速度微量,主切削平面一般为铅垂面。

③ 正交平面 P_o(tool orthogonal plane)　通过主切削刃上选定点,并同时垂直于基面和主切削平面的平面称为正交平面。它一般也是铅垂面。

(2)设立背平面(tool back plane)、假定工作平面(assumed working plane)参考系

如图 1.16 所示,设立下列平面。

① 基面 P_r(定义同前述)。

② 背平面(原称切深平面)P_p　通过切削刃上选定点,并同时垂直于基面和

假定工作平面的平面称背平面。

③ 假定工作平面 P_f（原称进给平面）　通过切削刃上选定点，与基面垂直并平行于假定进给方向的平面，称假定工作平面。因此它与背平面也垂直。

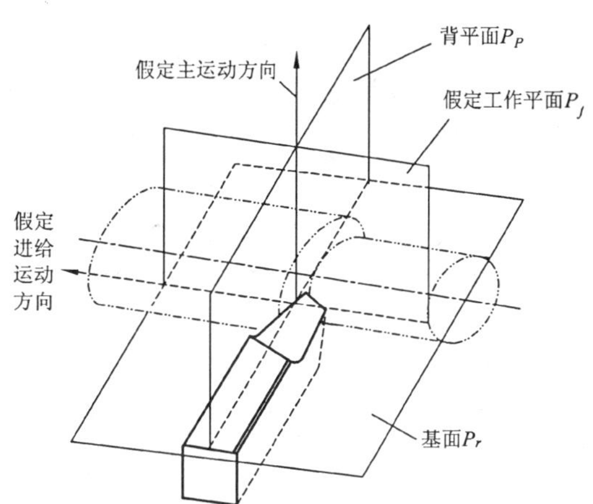

图 1.16　背平面、假定工作平面坐标

上述两种参考系中，每组三个平面都两两互相垂直，构成空间直角坐标系。

2. 车刀的标注角度

车刀主要有八个角度在刀具设计的工作图上需要标注，以便于刀具的制造、刃磨和测量，如图 1.17 所示。

(1) 前角 γ_0(tool orthogonal rake)　在正交平面中测量的前面与基面间的夹角称为前角。其主要作用是使刃口锋利，但它影响切削刃的强度和刀具导热体积。一般加工韧性材料（如钢件），应取较大的前角；加工脆性材料[如铸件(casting)]应取较小的前角。前角的取值范围常在 −5° ~ +25°之间。

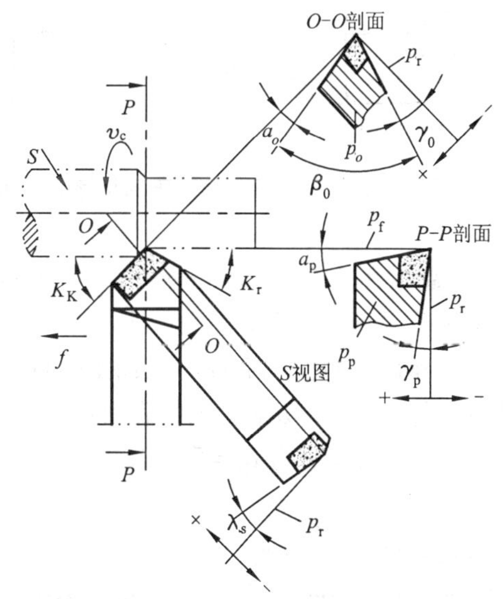

图 1.17　车刀的八个角度

(2) 背前角 γ_p(tool back angle)　在背平面中测量的前面与基面间的夹角称背前角。螺纹车刀、插齿刀等刀具的前角常用背前角表示。

(3) 后角 α_0(tool orthogonal clearance)　在正交平面中测量的后面与主切削平面间的夹角称后角。其主要作用是减少刀具与工件之间的摩擦，但它影响切削刃的强度和导热体积。后角的取值范围常在 4° ~12°。

(4) 背后角 α_p(tool back clearance)　在背平面内测量的主后面与切削平面间的夹角称背后角。与背前角相同，螺纹车刀、插齿刀等刀具的后角常用背后角表示。

（5）主偏角 k_r（tool cutting edge angle） 在基面内测量的切削平面与假定工作平面的夹角，也就是主切削刃和进给方向在基面上投影的夹角称为主偏角。外圆车刀通常采用 90°、75°、60°、45°的主偏角，其大小改变主切削刃参加切削的长度，所以主要影响刀具的使用寿命和切削力 F_p 的分配。如图 1.18 所示，小的主偏角可以改善刀具的散热条件，提高刀具的使用寿命。但加工细长轴时，为了减少刀具作用在工件上的径向力 F_p，减小工件的变形和振动，应取较大的主偏角，常取 $k_r = 90°$或 75°。

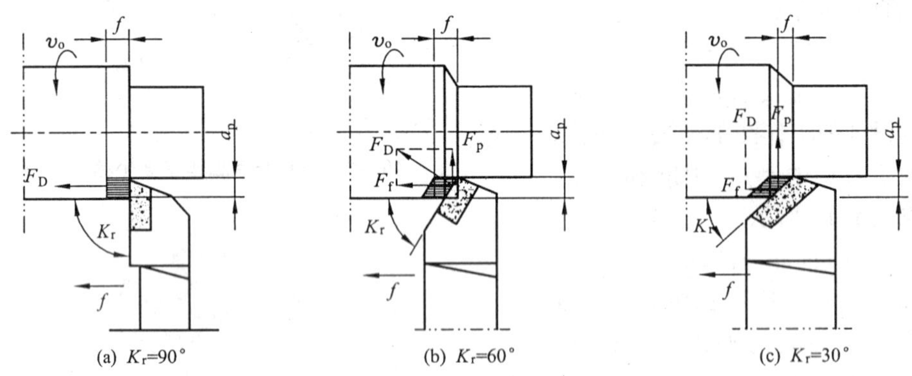

图 1.18 主偏角影响背切削力 F_p 的分配

（6）副偏角 K_r'（tool minor cutting edge angle） 在基面内测量的副切削平面与假定工作平面的夹角，也就是副切削刃和进给方向在基面上投影的夹角称副偏角。其作用是减少副后面与已加工表面的摩擦；合适的副偏角可以减小切削振动，同时又可以使切削后工件表面残留面积很小，降低工件表面粗糙度。如图 1.19 所示，一般取值为 $K_r = 5° \sim 15°$。

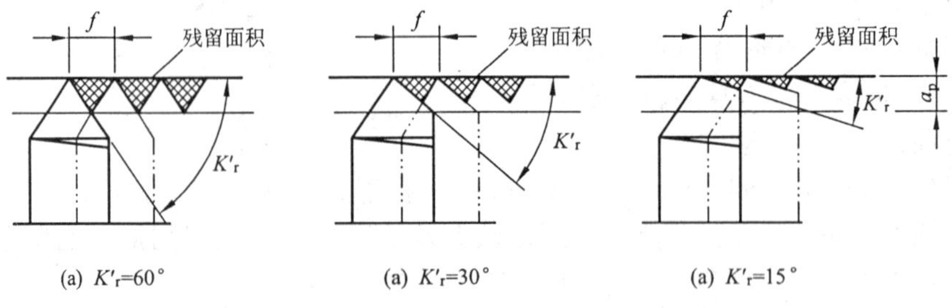

图 1.19 副偏角对表面粗糙度 *Ra* 值的影响

(7)楔角 β_0(tool orthogonal wedge angle) 在正交平面中测量的前面与主后面的夹角称为楔角。它与前、后角的关系为:$\beta_0 = 90° - (\gamma_0 + \alpha_0)$其大小影响刀具的强度和散热体积,因此刀具必须具备足够大的楔角,参看图 1.17。

(8)刃倾角 λ_S(tool cutting angle) 在主切削平面中测量的主切削刃与基面的夹角称为刃倾角。它主要影响刀头的强度和排屑方向,如图 1.20 所示。一般取 $\lambda_s = -10° \sim +10°$。粗加工时常取负值,如图 1.20(c),这样可以增加刀头的强度;精加工时常取正值,如图 1.20(a),这样可以避免切屑檫伤已加工表面。如图 1.21 所示,λ_S 的正负值判别方法是:当刀尖在主切削刃上为最高点时,λ_S 为正值;反之为负值。也可以用刀刃"抬头为正、低头为负"来判别 λ_S 的正负。

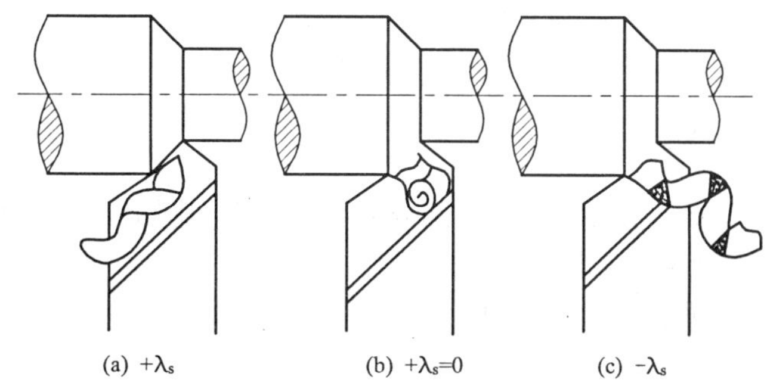

图 1.20 刃倾角对切削流向的影响

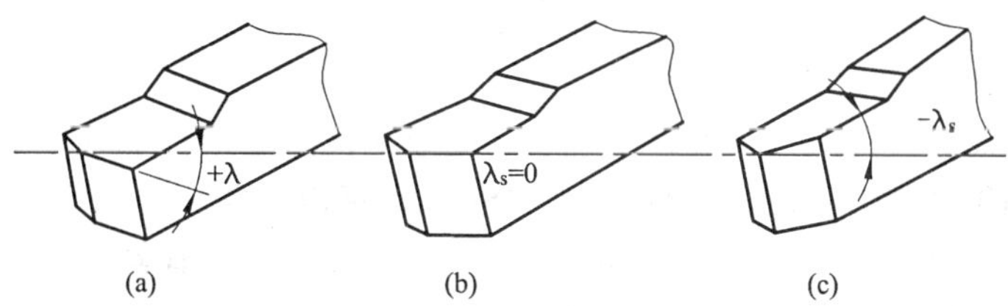

图 1.21 刃倾角 λ_S 正负的判别

3. 车刀的工作角度

车刀在安装和进给运动的影响下,刃磨时掌握的各个角度在实际切削过程中,都发生了变化。切削过程中引起的振动、刀柄中心线与工件轴线不垂直,以及刀尖与工件轴线不等高等,都会改变车刀的标注角度,这种变化了的实际切削角度称为工作角度。例如,当刀尖高于工件轴线时,车刀的工作前角变大,工作后角变小;当刀尖低于工件轴线时,则角度变化相反。[参见图 1.22(a)和(b)]。在制作和安装车刀时,是将车刀相对于工件处于静止参考系中进行的,所以车刀的工作角度与标注角度相差不大,可以忽略。但是在进给量大,特别是车螺纹时,车刀的各个角度,特别是后角变化较大,必须加以考虑。

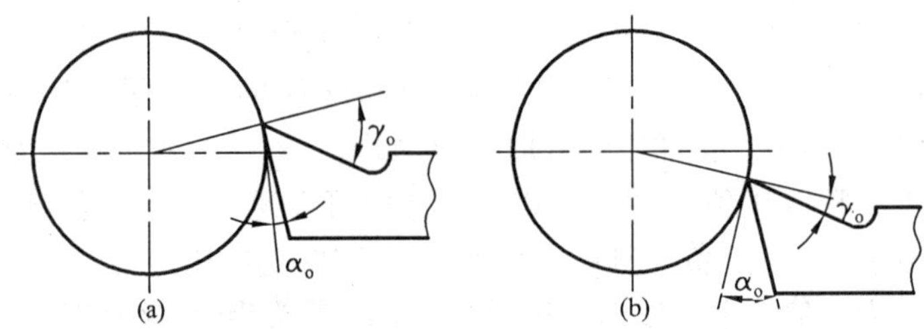

图 1.22　车刀安装角度的影响

1.2.3　刀具材料

刀具材料主要是指刀体即切削部分的材料。在切削加工过程中,工件材料对刀具的切削抗力将引起剧烈摩擦、高温、切削力、冲击力和振动等,这就要求刀具必须具备高的硬度(刀刃硬度必须大于工件材料硬度)、良好的耐磨性、高的耐热性、足够的强度和韧性,以及一定的工艺性[热处理(heat treatment)工艺性好和易刃磨成形]和经济性。

1. 常用的刀具材料

目前,常用的刀具材料有:碳素工具钢、合金工具钢、高速钢、硬质合金、陶瓷、金刚石、立方氮化硼等。

(1)碳素工具钢与合金工具钢　它们的最大优点是价格低廉。由于碳素工具钢(如 T10、T12A)和合金工具钢(如 9SiCr、CrWMn)的耐热性较差,只能用于切削速度低的手动工具。如木工机械及钳工工具,可以用碳素工具钢制作。由于合金工具钢中加入了一定量的 硌(Cr)、钨(W)、锰(Mn)等合金元素,其综合性能比碳素工具钢好,它可以用来制作绞刀、拉刀之类切削速度不太高的刀具。

(2)高速钢　这是一种加入了较多的钨(W)、钼(Mo)、硌(Cr)、钒(V)等合金元素的高合金工具钢。因此它有很高的强度(抗弯强度是一般硬质合金的 2 ~3 倍)和韧性,热处理后硬度可达 63 ~70HRC,红硬温度达 500 ~650C°;它的工艺性能好,易磨成锋利的切削刃,并能锻造。因此,制造复杂刀具[如钻头、丝锥、成形刀具、拉刀、齿轮刀具(gear cutters)等],仍以高速钢为主。

(3)硬质合金　它的主要成分是碳化钨(WC)和钴(Co)。碳化钨是一种高硬难熔粉末金属,用钴粘接成块。因此它的硬度高达 74 ~82 HRC;红硬温度达 850 ~1000 C°;切削速度达 100 ~300m/min,是高速钢的 4 ~10 倍。但是它的抗弯强度低、韧性差,不能承受较大的冲击载荷。根据 GB2075—87 和 ISO(国际标准化组织)的规定,硬质合金可分为 K、P、M 三个大类。

①K 类硬质合金:呈红色,与旧牌号钨鈷(YG)类硬质合金相当。适宜于加工铸铁、青铜等脆性材料。其代号有 K01、K10、K20、K30、K40 等,数字越大,韧性越高,而耐磨性越低。使用时,一般粗加工用 K30 或 K40;半精加工用 K10 或 K20;精加工用 K01。

②P 类硬质合金:呈蓝色,与旧牌号钨钛鈷(YT)类硬质合金相当。适宜于加工钢、铸钢等塑性(piasticity)金属材料。其代号有 P01、P10、P20、P30、P40、P50 等,数字越大,韧性越高,而耐磨性越低。使用时,一般粗加工用 P30;半精加工用 P10 或 P20;精加工用 P01。

③ M 类硬质合金:呈黄色,与旧牌号钨钛鉭(铌)钴(YW)类硬质合金相当。这类合金又称多用途(万能)硬质合金。除适宜于加工钢、铸钢外,还适宜于加工灰口铸铁、有色金属、耐热钢和不锈钢等。其代号有 M10、M20、M30、M40 等,数字越大,韧性越高,而耐磨性越低。

(4) 涂层刀具材料　这是在韧性较好的硬质合金或高速钢的基体上,涂上一层几微米厚的、高耐磨的难熔金属化合物 TiC、TiN、Al_2O_3 等而获得的。涂层硬质合金比其基体的耐用度至少可以提高 1 ~ 3 倍;涂层高速钢比其基体的耐用度则可提高 2 ~ 10 倍以上。我国涂层硬质合金刀片牌号有 CN、CA、YB 等系列。

2. 其他刀具材料

(1)陶瓷　常用的刀具陶瓷有两种:Al_2O_3 基陶瓷和 Si_3N_4 基陶瓷。Al_2O_3基陶瓷是由纯 Al_2O_3 或在 Al_2O_3 中添加一定量的金属元素或金属化合物(如 ZrO_2 等)构成,采用热压和烧结成形(burning moulding)的方法制成。陶瓷刀具的最大特点是具有很高的硬度(达 91 ~ 95HRA)、很高的耐磨性和耐热性,Si_3N_4 基陶瓷在 1300 ~ 1400 ℃的高温下仍能切削。其主要缺点是抗弯强度低,冲击韧性很差,不能承受较大的冲击载荷。陶瓷材料可以做成各种刀片,主要用于冷硬铸铁、高硬钢和高强钢等难加工材料的精加工和半精加工。其代表牌号有赛隆(sialon),成分为 Si_3N_4 ~ Al_2O_3 ~ Y_2O_3。

(2)金刚石　金刚石刀具有三种:

① 天然单晶金刚石刀具:例如目前工厂修理砂轮用的天然金刚石。由于其价格昂贵,较少使用。

② 整体人造聚晶金刚石(PCD)刀具:它是在高温高压下,通过合金触媒的作用,由石墨转化而成的多晶体材料制成的刀具。它具有极高的硬度和耐磨性,其硬度达 5000 HV 以上。它可以加工硬质合金、陶瓷等高硬度、高耐磨材料,其耐用度比硬质合金高几十倍至几百倍。但它的韧性、抗弯强度和热稳定性都很

差,故它主要用于在高速切削条件下有色金属及非金属材料的精加工和半精加工。

③ 金刚石复合刀片:它是在硬质合金基体上烧结一层约0.5 mm厚的聚晶金刚石,它的综合性能较好,目前生产中应用较多.

(3)立方氮化硼(CBN)　这是20世纪70年代才发展起来的一种新型刀具材料,它是由软的立方氮化硼在高温高压下加入催化剂转变而成的。它有很高的硬度,其显微镜硬度为8000～9000 HV,已接近天然金刚石的硬度(10000 HV);它的耐磨性、耐热性、耐用度等都很好,主要用于淬硬钢、冷硬铸铁和高温合金等难加工材料的精加工和半精加工,其加工精度可代替磨削加工。

3. 刀具材料的发展

科技的发展使难加工材料的应用越来越广泛,这就要求刀具材料必须改革和创新。人们在实践中总结出:理想的刀具材料应该具备现有各刀具材料的优点,其综合性能最佳。但是到目前为止,尚未见到这样理想的刀具材料问世。耐磨涂层刀具在柔性加工和集成制造系统中的应用正逐步增加,使得目前生产中主要使用的硬质合金和高速钢受到了挑战。传统的非涂层牌号及品种,尽管自身在不断改变内部构成比例,提高其综合性能,但仍然会越来越多地被涂层牌号和品种代替。此外,硬质合金和高速钢还在继续受到陶瓷、超硬刀具材料及新材料的激烈竞争。在相当长的时期内,各种刀具材料依然是相互补充、相互竞争的格局。

思考与练习题

1. 设立刀具静止参考系的前提条件是什么?
2. 车削钢件时,粗、精加工分别应怎样选取车刀的前、后角?若用同一把车刀完成粗、精加工,应怎样实现?
3. 刀具在什么情况下工作?刀具切削部分材料必须具备哪些性能?
4. 目前生产中是以哪些刀具材料为主制作刀具的?为什么?

1.3　金属切削过程

金属切削过程是指刀具从工件毛坯(billet)上切去多余金属形成切屑的过程。在切削过程中存在着许多物理现象,如切削力、切削热、积屑瘤和刀具磨损等,这些现象都是以切屑形成过程为基础的。研究这些现象的基本规律,对保证产品质量和提高生产率很有帮助。

1.3.1　切削过程的实质和四个阶段

在切削塑性材料的过程中，如图 1.23 所示，当刀尖接触工件时，工件切削层(cut)受到挤压(extrusion)，使工件材料产生弹性变形(forming)[图 1.23(a)]；随着刀具的继续切入，应力(stress)、应变(strain)逐渐增大，直到克服材料的屈服极限产生塑性变形[图 1.23(b)]；刀具的继续切入，剪应力继续增大到克服材料的强度极限出现挤裂现象[图 1.23(c)]；最后，被挤裂的金属脱离工件，沿刀具的前面流出成为切屑。重复上述过程，直到将多余金属全部切除。由此可见，塑性材料切削过程的实质是一个挤压过程，重复着弹性变形、塑性变形、挤裂和切离四个阶段。

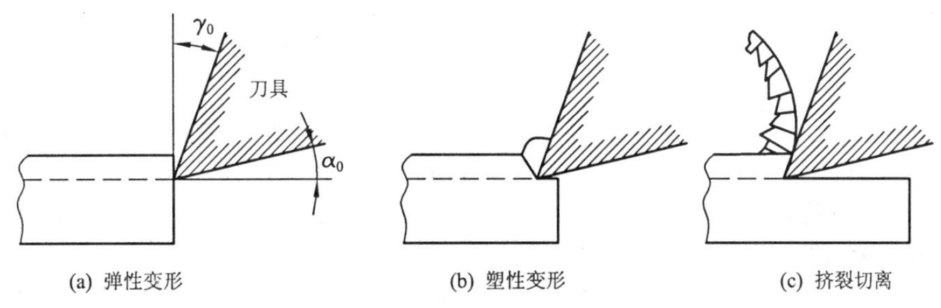

(a) 弹性变形　　(b) 塑性变形　　(c) 挤裂切离

图 1.23　切屑的形成

由于脆性材料的塑性趋于零，所以它的切削过程只经历了弹性变形、挤裂和切离三个阶段。

1.3.2　切削过程中的物理现象

1. 切削力

金属被切削时，刀具切入工件，被加工材料发生变形，最后成为切屑所需要的力称为切削力。实质上它是由克服被加工材料的弹性变形和塑性变形的力，以及刀具与工件和刀具与切屑之间的摩擦力共同构成实际的切削力。切削力是设计和使用机床、刀具和切削加工工艺装备(cutting tooling)等必要的依据，切削过程中出现的物理现象大都是切削力引起的。在实际加工中，为了满足设计和工艺分析的需要，往往不是直接研究刀具总切削力 (total force exerted by the tool)，而是研究它的分力。如图 1.24 所示，现以车削为例分析如下：

(1)切削力 F_c(cutting force)　总切削力 F 在主运动方向(dircection of primary motion)上的正投影。这是在切削速度方向上的分力，其大小约占总切削力的 95% ~99%，是三个分力中最大的、消耗功率最多的分力，它是机床动力、重要零件的强度和钢度的设计和校核、以及工艺装备设计的主要依据。

(2)进给力 F_f(feed force)　总切削力 F 在进给运动方向上的正投影。这是在进给运动方向上的分力，消耗功率很小，只占总切削力的 1% ~5%，它是设计和验算机床进给机构必须的参数。

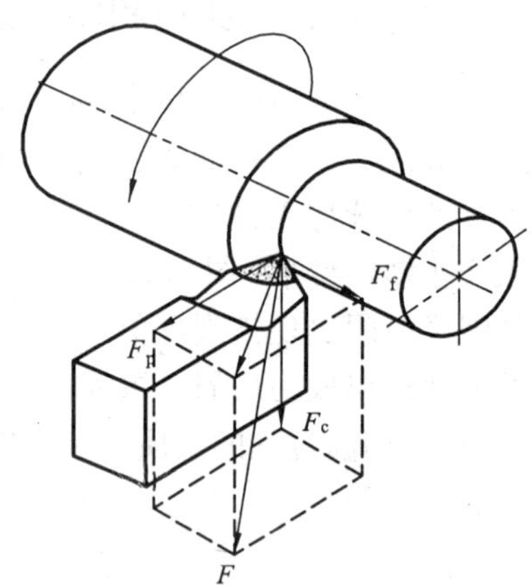

图 1.24　切削力的分解

(3)背向力 F_p(back force)　总切削力在垂直工作平面上的分力。由于它是切削深度方向上的分力，在每次走刀时没有该方向的运动，所以不消耗功率。但是它作用在工件钢性较差的方向，容易使工件变形，同时引起振动，影响加工精度。所以加工钢性较差的工件(如细长轴)时，应该力求减小切削力。常用的方法有增大刀具前角，减小背向力 F_p(常取 $K_r = 90°$)，以及减小每次走刀的背吃刀量。

上述三个互相垂直的切削分力是总切削力分解而来的，其关系为：

$$F = \sqrt{F_c^2 + F_f^2 + F_p^2}$$

2. 切削热

在切削过程中，切削力使切屑变形、刀具与工件以及刀具与切屑之间的摩擦共同产生了大量的切削热，这些切削热实质上是由切削功转变来的。

切削热产生后，大量的热(约为 50% ~86%)由切屑带走，周围介质也带走微量切削热(约为 1%)，余下的热传入工件(约为 40% ~10%)和刀具(约为 9% ~3%)。切削热传入工件，将使工件变形，使工件产生形状和尺寸误差；切削热传入刀具，将加快刀具磨损。因此，切削热对切削加工非常有害，应尽量减少切削热的产生和改善散热条件。通常的办法是：

(1) 合理选用刀具角度，在刀具上开好排屑槽，使得排屑流畅，不能让切屑缠留在刀头上；

(2) 合理选用切削用量，特别是要根据刀具材料的耐热程度控制切削速度。这是因为切削速度对切削热的产生影响最大；

(3) 使用冷却液，将切削热带走。

3. 积屑瘤

在一定的温度和压力下切削塑性材料时，切屑沿刀具的前面流出的阻力很大,流速降低。当金属与前面的摩擦阻力超过切屑本身分子间的结合力时,切屑底层金属被阻滞并粘附在刀尖上,长出一个“瘤”状的金属块,这就是积屑瘤,俗称“冷焊”。积屑瘤的硬度很高,一般为工件材料的2~3倍。

实验表明:切削速度在5m/min<v_c<60 m/min,温度在300~350 ℃,以及一定压力的情况下,最容易产生积屑瘤。这是因为:

(1)当切削速度v_c<5 m/min时,金属与刀具前面的摩擦力减弱、温度低,切屑本身分子的结合力大于切屑底层与前面的摩擦力,所以不会产生积屑瘤;

(2)当切削速度v_c>60 m/min时,由于摩擦剧烈而温度高,切屑底层金属呈微熔状态,切屑流出时与前面的摩擦力小,所以也不会产生积屑瘤。积屑瘤对切削加工的影响有利有弊,它粘附在刀尖上,可以代替刀具切削,起着保护刀尖、减少刀具磨损的作用。同时,它使刀具前角增大(如图1.25所示),有利于切屑排出。

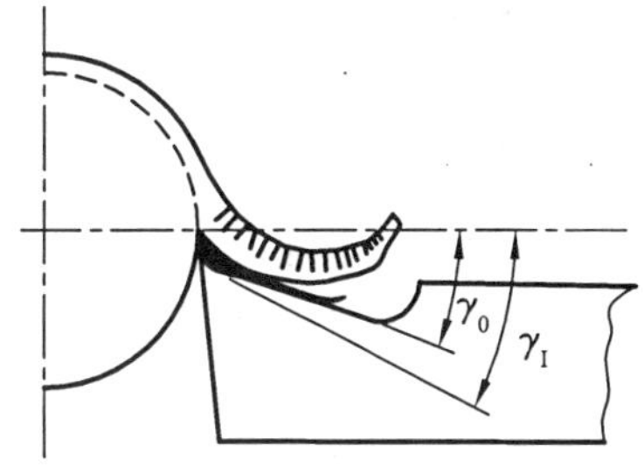

图1.25 车刀上的积屑瘤

但是,积屑瘤时生时灭,刀具工作前角不断变化,使吃刀量a_p也不断变化,导致切削很不稳定,影响加工精度和表面粗糙度。

因此,选用中等切削速度,加大背吃刀量,故意形成积屑瘤进行粗加工;而精加工则应避免积屑瘤,常采用高速(v_c>100m/min)或低速(v_c>5m/min)进行精加工。

4. 刀具磨损和耐用度

(1) 刀具磨损及刀具寿命　切削时,刀具的前面和后面时刻与切屑和工件相互接触,并剧烈摩擦,切削温度增高,所以刀具切削金属的同时,自身也受到了磨损。刀具磨损到一定程度后继续切削,不仅严重影响加工质量,还将缩短刀具寿命。刀具重磨后又可以使刃口锋利而被再次使用,重复:使用-重磨-使用这一过程,直到刀具的切削部分完全报废,刀具实际切削时间的总和称刀具寿命。

刀具的磨损形式有前面磨损、后面磨损、前面和后面同时磨损三种形式。

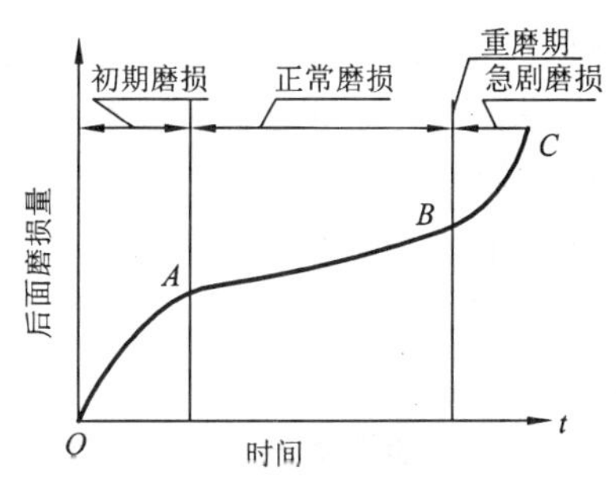

图1.26 刀具磨损过程

如图1.26所示,刀具的磨损过程可分为初期磨损(OA段)、正常磨损(AB段)、急剧磨损(BC段)等三个阶段。应该选在正常磨损后期、急剧磨损前期对刀具进行重磨,这样可以最大限度地提高生产率和延长刀具使用寿命。

(2) 刀具耐用度　刀具的耐用度是刀具容许磨损的限度。根据 ISO 国际标准规定,以刀具后面的磨损程度作为标准。在实际切削中,一般用规定刀具实际切削的时间来判断。刀具从开始切削到重磨以前的切削总时间,称为刀具的耐用度,用 T 表示,单位为 min(或 s)。

目前硬质合金焊接车刀的耐用度规定为 $T = 60$min。各种刀具的耐用度数值可查阅《切削用量手册》。

5. 工件材料的切削加工性

工件材料的切削加工性,是指切削效果的好坏,通常用下列三个指标来评定:

(1)刀具耐用度指标　指在规定刀具耐用度的前提下,材料允许的切削速度越高,则这种材料的切削加工性越好。粗加工时,常用刀具耐用度指标来评定;

(2)表面粗糙度指标　指在相同加工条件下,工件表面获得的表面粗糙度数值越小,则这种材料的切削加工性越好。精加工时,常用表面粗糙度指标来评定;

(3)切屑形状指标　指在相同加工条件下,工件材料在切削过程中,切屑越易排出,成形易好,则这种材料的切削加工性越好。切屑形状指标主要用于采用自动生产线进行大批大量生产时的评定指标。

上述三项材料的切削加工性评定指标,是一个相对概念。它的评定很难准确、很难度量。况且可以采用热处理的方法改变工件材料的金相组织,从而改变材料的物理性能和力学性能(主要是硬度和塑性),达到改善材料的切削加工性,获得尽可能好的切削效果。

例如高碳钢的硬度高,对刀具磨损大,其切削加工性不太好。这时,可以对其采用球化退火(spheroidizing),降低硬度,减少对刀具的磨损,从而改善了切削加工性;又如低碳钢的塑性大,粘刀现象使工件表面粗糙度数值增大,切削加工性不太好。这时,可以采用正火(normalizing)工艺提高材料的硬度,降低塑性,从而获得较小的表面粗糙度改善切削加工性,并且还可以提高切削速度。再如白口铸铁很脆、很硬,可以通过球化退火,使其变为可锻铸铁(malleable cast iron),从而改善其切削加工性。具体应用时,应根据零件的使用要求及材料性质灵活处理。

6. 切削用量的选择

由于切削用量三要素受到机床功率、刀具耐用度和加工精度等的限制,所以不能同时都取最大值。为了在保证产品质量的前提下,使机床功率和刀具耐用度得到充分利用，切削加工一般分为粗加工、半精加工和精加工三个阶段，一般情况下，每个阶段切削时的背吃刀量和表面粗糙度可以参考表 1.1：

表 1.1 各加工段 a_p 与 Ra 的关系

加工阶段	背吃刀量 a_p	工件表面粗糙度 Ra
粗加工(roughing)	8 ~ 10 mm	50 ~ 12.5 μm
半精加工(semi - finishing)	0.5 ~ 2 mm	6.3 ~ 3.2 μm
精加工(finishing)	0.1 ~ 0.4 mm	1.6 ~ 0.8 μm
高精加工	0.02 ~ 0.08 mm	0.6 ~ 0.2 μm

实践表明，可以按下列顺序选择切削用量：

(1)粗加工按 $a_p - f - v_c$ 的顺序选择：

① 由于粗加工的主要目的是用最少的走刀次数尽快切除多余金属，只留后续工序的加工余量，所以应根据毛坯尺寸首先选择 a_p；

② 由于粗加工不必考虑表面粗糙度，在 a_p 确定后，选取大的 f，减少走刀时间；

③ a_p 和 f 确定后，在机床功率和刀具耐用度允许的前提下选取 v_c，这时 v_c 一般不高。

(2) 精加工按 $v_c - f - a_p$ 的顺序选择。

由于精加工的主要目的是保证产品质量和低的表面粗糙度，所以首先应选择尽可能高的 v_c；然后选择达到表面粗糙度要求的 f；最后再根据精加工余量决定 a_p。

选择切削用量数值时，可查阅《切削用量》手册。

1.3.3 零件的加工质量

零件的加工质量是指零件经加工后的表面质量和加工精度，加工质量的高低直接影响其使用性能。

1. 表面质量

在切削过程中，由于刀具与工件作用产生的摩擦和由此产生的振动，使零件表层留下了表面变形强化、残余应力和刀痕留下的微小峰谷，亦即表面粗糙度，也称微观不平度。采用国标规定轮廓算术平均偏差值 Ra 作为评定参数。参数值 Ra 越大，表层越粗糙。

为了获得理想的表面质量，应在刀具角度、切削用量以及工艺系统等方面综合分析，力求防止和减少表面变形强化、残留应力和表面粗糙度。

2. 加工精度

零件的加工精度是指零件被加工后的实际尺寸、形状和位置等参数与其理想参数符合的程度。实际参数值与理想参数值越接近，加工精度越高。详见4.1。

思考与练习题

1. 什么叫切削力？它主要是由哪些因素构成的？
2. 切削热是如何产生的？它有何危害？应如何解决切削热问题？
3. 积屑瘤可以保护刀尖，代替刀具切屑，为何精加工时不允许产生积屑瘤？积屑瘤产生的条件是什么？
4. 刀具寿命与刀具耐用度有何区别？
5. 一般情况下，粗、精加工分别应如何确定切削用量的选择顺序？
6. 工件材料硬度越低，其切削加工性越好的说法对吗？如何提高材料的切削加工性？

2 传统切削加工方法

2.1 车削(turning)加工

工件旋转为主运动,车刀直行为进给运动的切削加工方法称为车削加工。使用的机床称为车床(turning machines)。

车削是切削加工的主要方式。

2.1.1 车床类型

车床的类型很多,常见的车床主要有下列几种:

1. 卧式普通车床

卧式普通车床是普通车床(general accuracy machine tools)中数量最多的一种,约占车床总数的60% ~70%。它的组成和结构如图2.1。

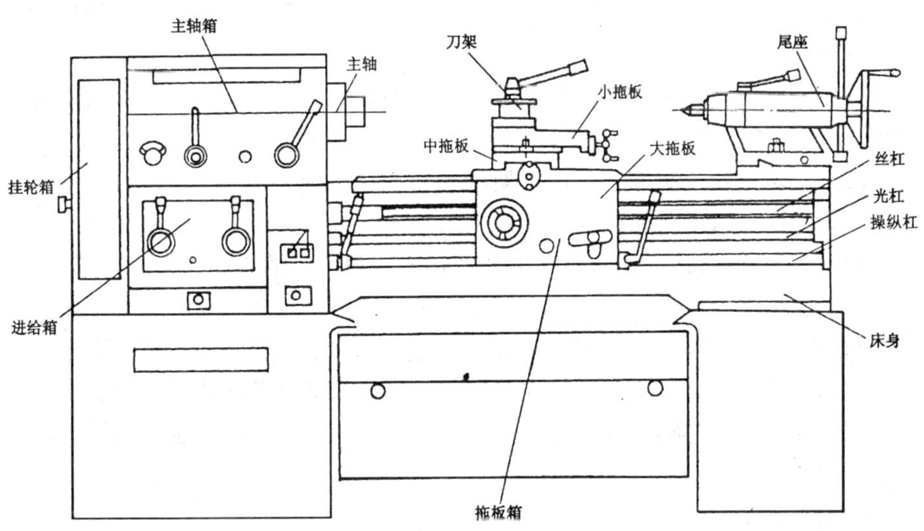

图2.1 普通车床

2. 立式车床

立式车床与卧式车床的主要区别是车床的主轴垂直于地面，工作台成水平位置，并且没有尾座。立式车床又分单柱立式车床(如图2.2所示)和双柱立式车床两种。与卧式车床相比较，立式车床的特点是适宜于加工直径较大、长度较短的大型轮盘类零件。

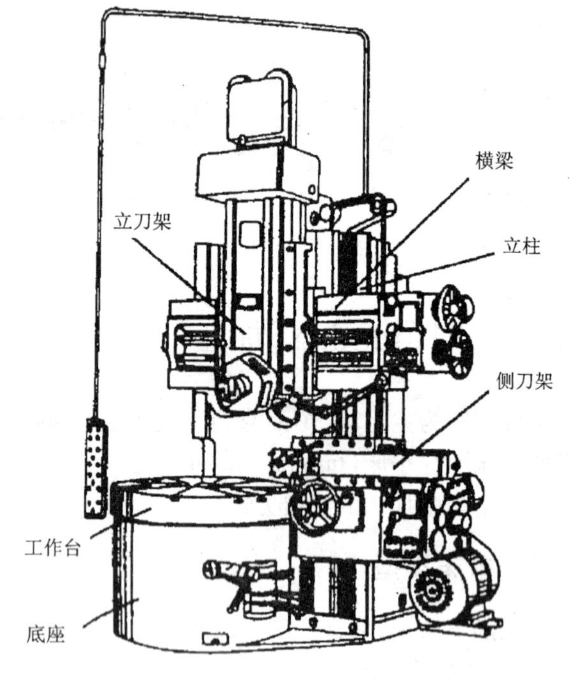

图2.2　立式车床

3. 转塔式六角车床

转塔式六角车床与卧式车床在结构方面相比较，不同的是没有尾架，在尾架部位增加了一个只能作纵向进给(longitudinal feed)运动和可以转动的多位刀架。根据多位刀架回转轴的位置不同，又可分为两种：

(1) 转塔式六角车床　刀架为六角形的叫转塔刀架，刀架的回转轴线为铅垂线，这种六角车床称为转塔式(立式)六角车床。

(2) 回转式六角车床　多位刀架的回转轴线为水平线时，刀架为圆盘称为回轮刀架。这种六角车床称为回转式六角车床。

如图2.3所示，转塔式六角车床与回转式六角车床的六角刀架有六个面，分别可以依次按工序装好所需刀具，每加工完一道工序，将六角刀架转位(indexing)到下一道工序就可以进行下一道工序的加工。此外，方刀架四个面也可装上不同的刀具，因此，可以使工件在一次安装中，顺序加工零件的各个表面。不需二次安装，也不需换刀和调整刀具，操作十分方便，这样大大地提高了零件的加工精度和生产率。

4. 端面车床

端面车床又称落地车床，与卧式车床的区别是，端面车床只有床头箱、拖板和刀架，而没有尾架和床身。它被安装在地坑中(因此而得名落地车床)，使安

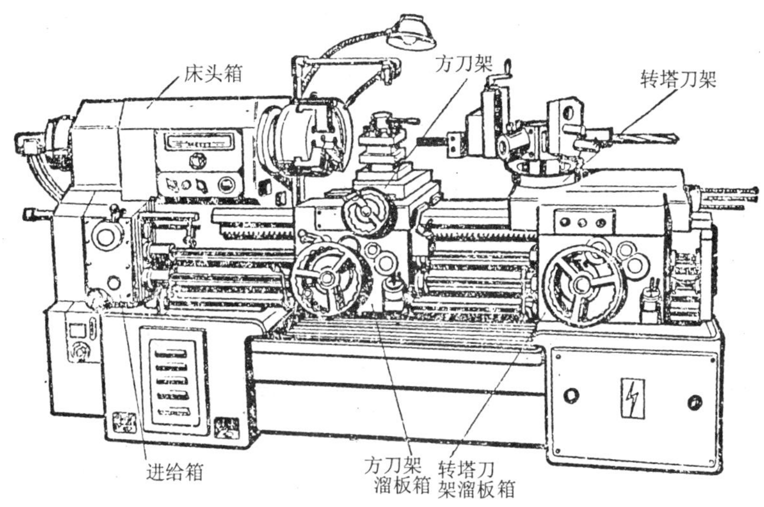

图 2.3 转塔式六角车床

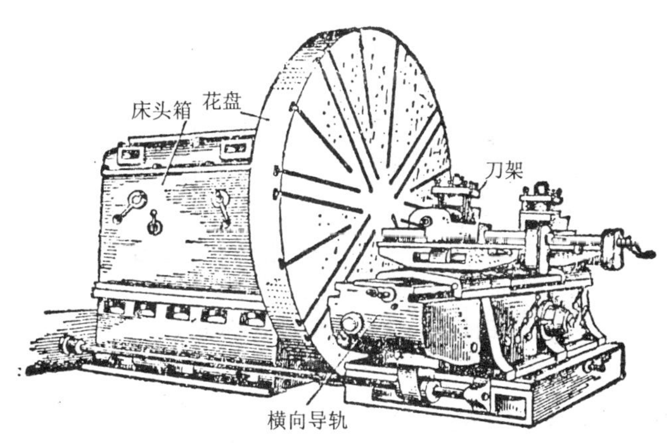

图 2.4 端面车床

装工件的大花盘转动时不与地面接触就行了。目的是降低花盘的中心高,亦即降低工件的重心。它的最大特点是适宜于加工直径很大、长度短的轮盘类大型零件。

此外,还有自动和半自动车床、仿形车床、数控车床(参看第七章)以及各种专用车床等。

2.1.2　车削加工范围

车削加工范围广泛，可以车削内圆面(含内圆切槽)、外圆面(含外圆切槽)、锥面、平面、切断、成形面、内螺纹、外螺纹和滚花等。

1. 车内圆面

车内圆面的条件是，工件上必须预先已经有孔(可以是铸孔、锻孔或钻孔等)，所以车内圆面的实质是扩孔。常见的车内圆面的几种形式见图 2.5。

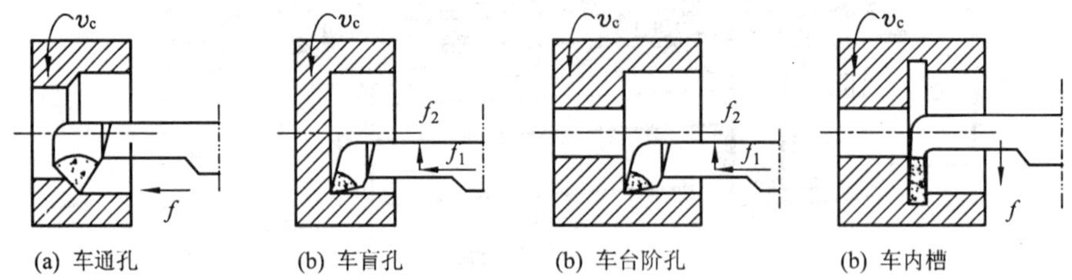

图 2.5　车孔的几种形式

2. 车外圆面

车外圆面是最常用的方法，常见的车外圆面的几种形式见图 2.6。

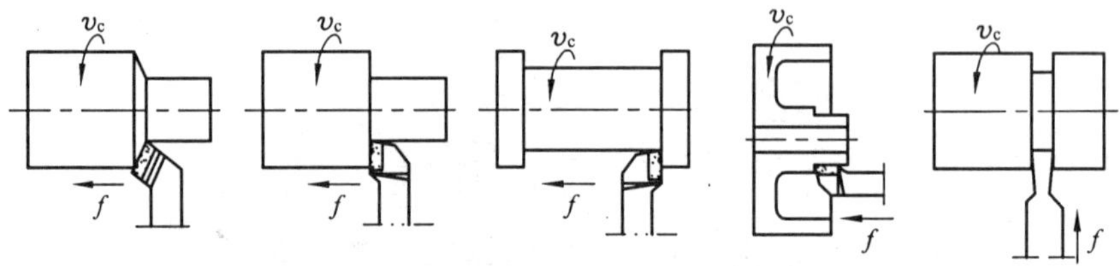

图 2.6　车外圆面的几种形式

3. 车平面(surface turning)

在车床上加工平面，只能是车端面(包括台阶端面)，因此，被车的平面只能是小平面，只有在立式车床上才能车较大的平面。常见的车平面的形式见图 2.7。

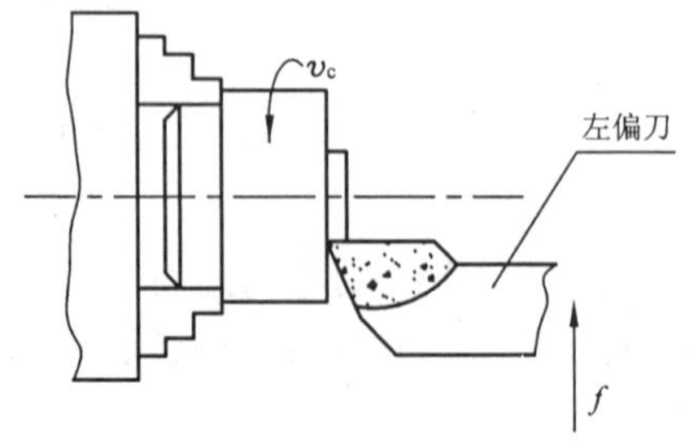

图 2.7　车端面或台阶端面

4. 车锥面(laper turning)

锥面用于配合，有导向和自动定心的作用。常见的车锥面的方法有下列几种：

（1）小刀架转位法　如图 2.8 所示，将小刀架旋转被车圆锥面的半角 α，固定后用手动进给，使刀尖沿锥面母线斜向进给，则可车出所需圆锥角为 2α 的圆锥面。这种方法适宜于加工不太长的圆锥面，且操作简单。但是由于不能自动进给，加工精度难以提高。

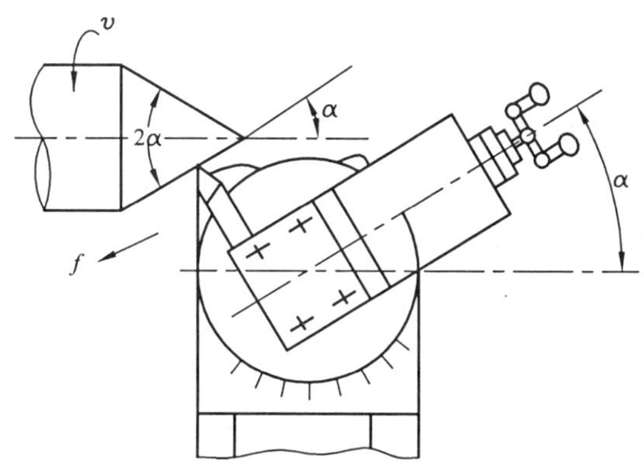

图 2.8　小刀架转位法车锥面

（2）宽刀法　如图 2.9 所示，将刀具安装成主切削刃与工件轴线成半锥角，使刀具作横向进给运动，直到满足尺寸要求。宽刀法主要用于成批大量生产较短（一般不长于 20mm）的内外锥面。

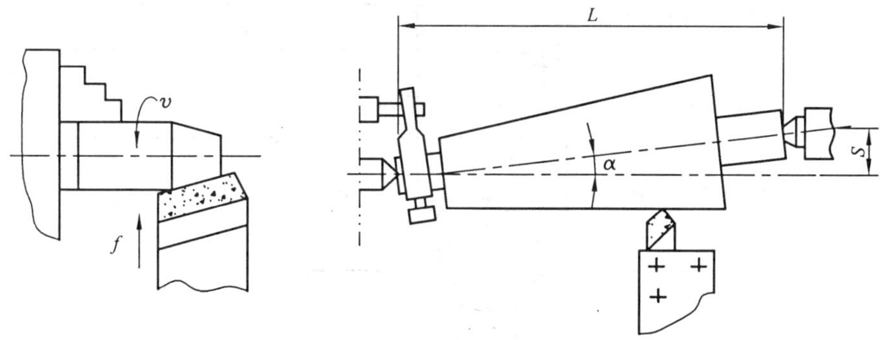

图 2.9　宽刀法车锥面　　**图 2.10　偏移尾架法车锥面**

（3）偏移尾架法　如图 2.10 所示，将工件装夹在前后顶尖之间，并将尾架横向偏移适当距离，使工件回转轴线与车床主轴轴线相交成被车圆锥半角 α。

车刀仍作纵向进给,即可车出所需锥面。尾架偏移量可用下式计算:

$$S = L \cdot \text{tg}\alpha$$

式中　L——两顶尖之间的水平距离。

这种方法适宜于加工较长的锥面,并可自动进给,所以加工精度和生产率较高,表面粗糙度 Ra 较小,适宜于成批大量生产。缺点是不能加工锥孔和锥度太大的锥面(一般 $\alpha \leqslant 8°$),而且偏移尾架的调试较麻烦。

(4)靠模法(又叫仿形法)　如图 2.11 所示为在车床上车削锥面的靠模装置。它的底座 1 固定在床身的后面,托架上装有可绕中心轴 3 转动的靠模板 2。调整时,使靠模板的转角等于所车锥面的斜角,然后用两端的螺钉紧固,滑块 4 可以在靠模板的导轨中自由滑动,滑块通过中拖板接长板 5,用螺钉与中拖板紧密相连。为了使这一装置能自由地沿靠模板横向移动,必须将中拖板的丝杆螺

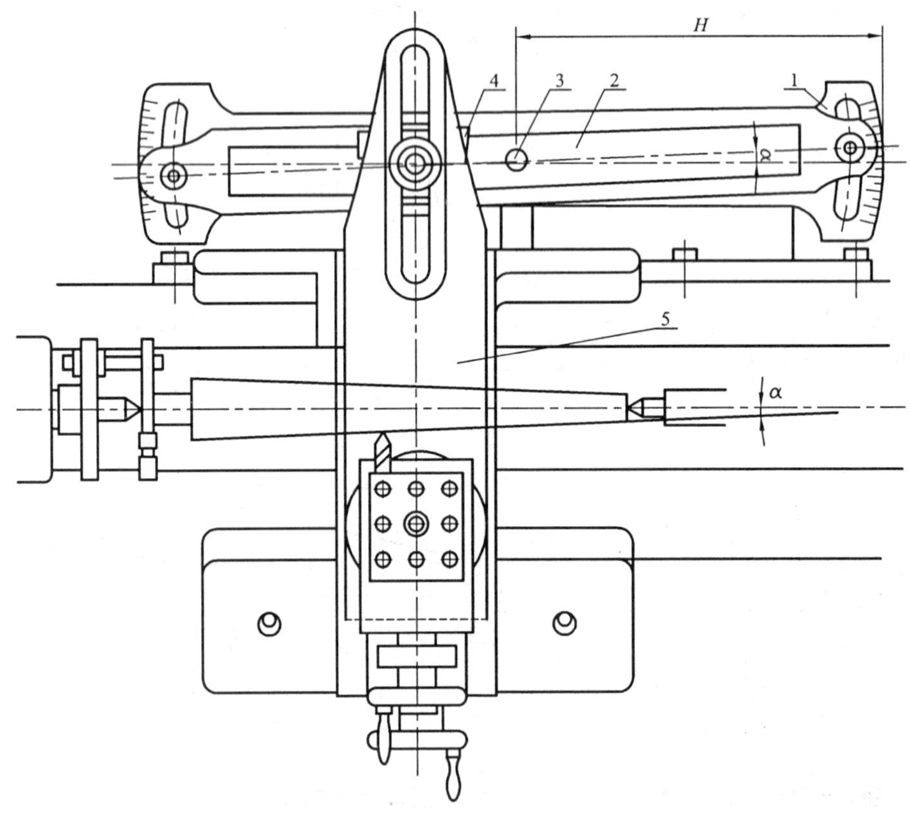

图 2.11　靠模法车锥面

1—底座;2—靠模板;3—中心轴;4—滑块;5—中拖板接长板

母脱开。这样一来,当大拖板作纵向进给、滑块纵向移动的同时,带动中拖板横向移动,从而实现车刀的进给方向平行于靠模板轨导,完成车削锥面。为了便于横向吃刀,小拖板应旋转 90°(如图 2.11 所示位置)配置。

利用靠模法车锥面,优点是可以自动进给,因而加工精度和生产率较高,表面粗糙度 *Ra* 较小,适宜于成批大量生产。缺点是必须要有靠模装置,增加了成本,并且不能加工锥角太大的工件(一般 $\alpha \leqslant 12°$)。

5. 车成形面(form turning)

在车床上车削的成形面仅限于回转体形的成形面,这种成形面的形成,是以一平面曲线为动线(成形面的轮廓线),绕与其共面的直线(定线)旋转一周而形成。因此,将工件旋转,使刀具的纵向和横向的合成运动轨迹与动线形状相符,即可加工出成形面。常用的车成形面的方法有下列三种。

(1)双手联动法　如图 2.12 所示,用双手同时分别操纵中拖板和小拖板,使刀尖移动的轨迹与成形面的轮廓相符。这种方法是由双手手工操作,加工精度低且表面粗糙,工人劳动强度也较大,生产率低。因此只适宜单件小批量生产精度要求不高的成形面,它的优点是不需另行制造专用刀具和工艺设备,经济、灵活。

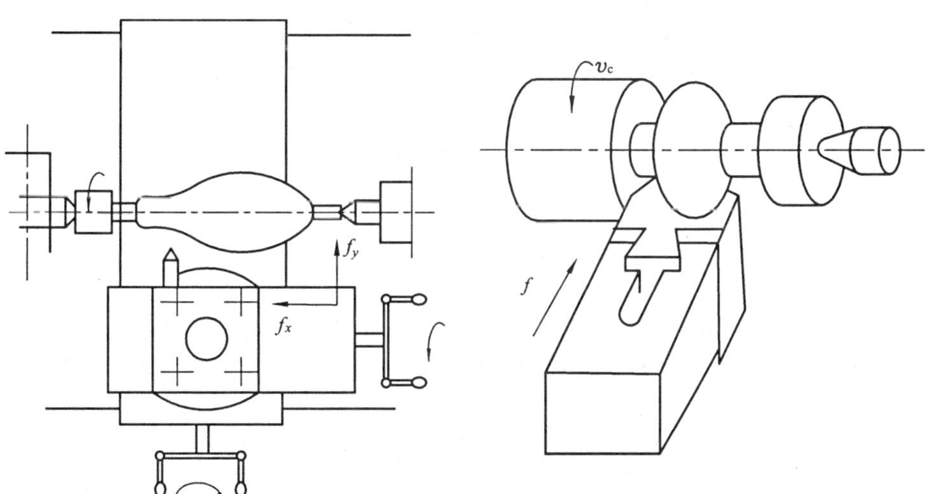

图 2.12　双手联动法车成形面　　**图 2.13　成形刀车成形面**

(2)成形法　如图 2.13 所示,其原理与宽刀法车锥面相似,使刀具只作横向进给,直到满足尺寸要求,不同的是使用的刀具是成形车刀,其主切削刃形状与成形面的轮廓一致。此法操作简单,但由于横向进给时,切削刃与工件接触太长，致使径向切削分力 F_y 增大，容易引起振动，影响加工精度，并且需要特制成形车刀。因此，成形法只适宜于加工长度短、刚性好的零件上的成形面。

（3）靠模法（又叫仿形法）　如图 2.14 所示，其原理与靠模法车锥面相似。不同的是，车锥度的靠模板的导向槽是直线形的，而车成形面的靠模板的导向槽与成形面轮廓一致。由于使用圆头车刀，与成形车刀相比，刃口接触工件的长度短，径向分力 F_y 相对较小，并可自动走刀，所以用靠模法加工成形面的加工精度相对较高，表面粗糙度 Ra 相对较小，适宜于加工成批大量、工件上成形面较长、曲率变化不大的成形面。

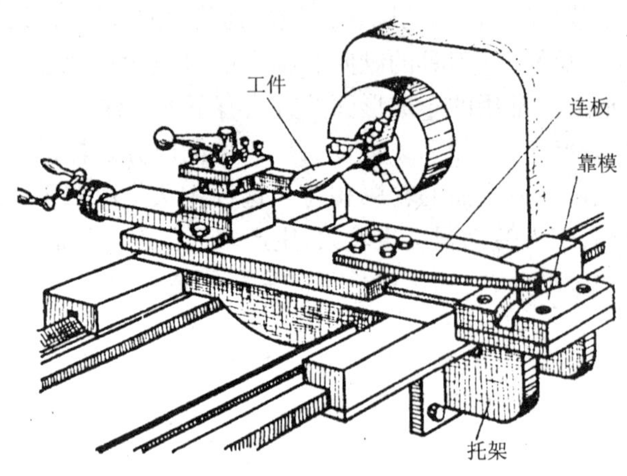

图 2.14　用靠模法车成形面

2.1.3　车削加工的精度范围

车削加工的精度范围很广，尺寸精度可达 IT12 ~ IT6，若采用精细车，精度还可更高，一般应根据零件的要求选用不同的加工步骤，具体应用详见表 2.1。

表 2.1　车（镗、铣、龙门刨）削加工的精度范围

加工步骤	尺寸精度范围	表面粗糙度 Ra 范围
粗加工	IT12 ~ IT11	25 ~ 12.5 μm
半精加工	IT10 ~ IT9	6.3 ~ 3.2 μm
精加工	IT8 ~ IT7 （外圆 IT6）	1.6 ~ 0.8 μm （有色金属达 0.2 μm）

2.1.4　车削加工的工艺特点

车削加工的工艺特点如下：

(1)车削加工容易保证轴套类零件和轮盘类零件各表面之间的位置精度。这两类零件的一个共同特征是都具有回转轴线，将其安装在车床上，可使工件轴线与机床主轴轴线同轴；由于零件上各端面（包括台阶面）垂直其回转轴线，而机床横拖板导轨（slideway）与主轴（pindle）轴线垂直，所以利用车床本身的精度在一次装夹中加工，容易保证这两类零件的位置精度。

(2)切削过程平稳。由于车削加工是连续切削（continuous Cutting），切削用量在每次切削过程中无变化，切削力变化小，所以切削过程平稳。这样有利于加工精度的提高，并可以采用较大的切削用量，提高生产率。

(3)使用的刀具简单、容易制造，并且成本低廉。

(4)特别适合有色金属的加工，其精细车（$a_p < 0.15$mm，$f < 0.1$mm/r）后，零件的表面粗糙度 Ra 可达 1.6 ~ 0.2 μm，尺寸精度可达 IT6 ~ IT5，克服了磨削难以加工有色金属等硬度低材料的困难，并且加工成本比磨削低。

思考与练习题

1. 车床主要有哪些类型？它们的适用范围是什么？
2. 常用车锥面方法有哪几种？分别用在什么场合？
3. 车削加工有哪些特点？
4. 什么叫成形面？车削成形面的方法有哪几种？分别用在什么场合？

2.2　钻削加工

2.2.1　钻孔

利用钻床（drilling machines）［也可以用车床、镗床（boring machines）和铣床（milling machines）］在实体材料上用钻头（drills）加工出孔的方法称为钻孔。钻床主要有台式钻床（bench – type drilling machine）、立式钻床（vertical drilling machine）、摇臂（arm）钻床（参见图 2.15、图 2.16 和图 2.17）和专用（包括多孔钻）钻床之分。

各种钻床大致使用范围见表 2.2。一般孔径大于 ϕ80 mm，则采用先钻后镗（或车）削加工。

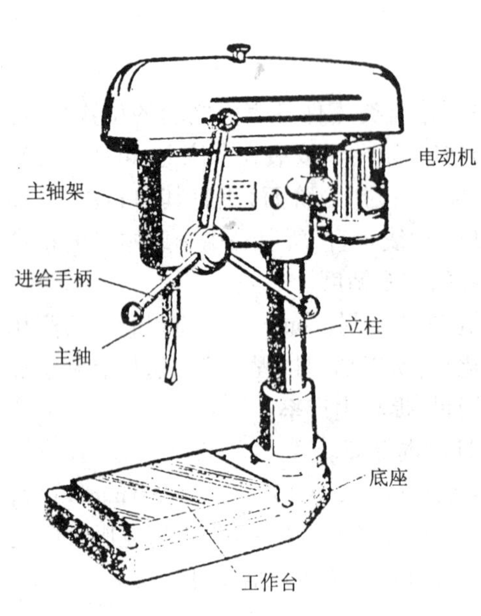

图 2.15　台式钻床

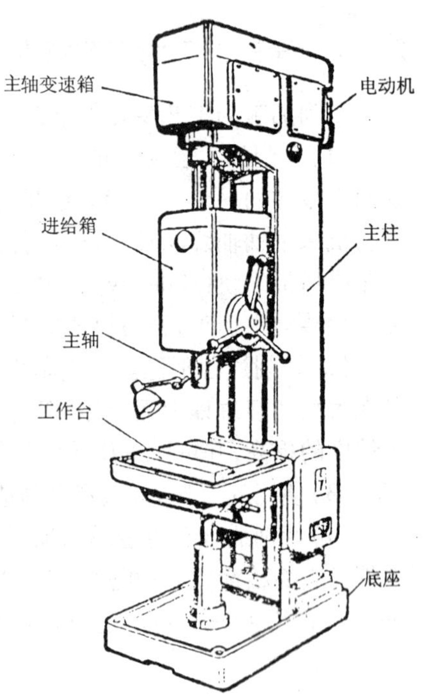

图 2.16　立式钻床

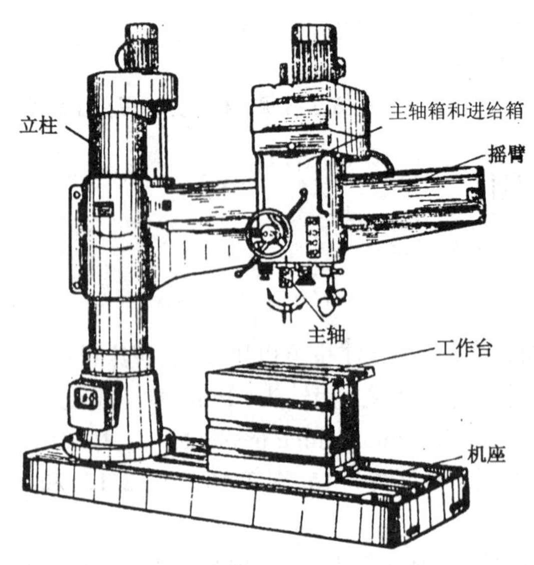

图 2.17　摇臂钻床

表 2.2　各种钻床钻孔尺寸范围

钻床类别	钻孔尺寸范围
台式	$D\leqslant\phi12$ mm
立式	$\phi12<D\leqslant\phi50$ mm
摇臂	$\phi50<D\leqslant\phi80$ mm
专用或多孔钻	成批大量的孔

钻削用的钻头一般都是麻花钻，它属于标准刀具，其直径规格为 $\phi0.1\sim\phi100$ mm，常用的是 $\phi3\sim\phi50$ mm，其结构如图 2.18 所示，它是由两个"三面二刃一刀尖"对称地组合在一起。钻孔时，它相当于两把反装车孔刀（如图 2.19 所示）同时切削。两把车孔刀的刀尖连在一起构成了"横刃"。这样，麻花钻就有五个切削刃：两个主切削刃、两个副切削刃和一个横刃。钻孔时，刃具所受的轴向力主要是由横刃产生的，所以应设法修磨横刃，减少轴向力。

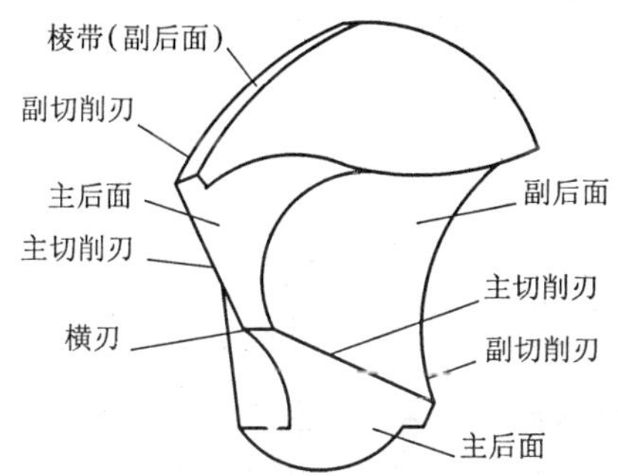

图 2.18　麻花钻切削部分的结构

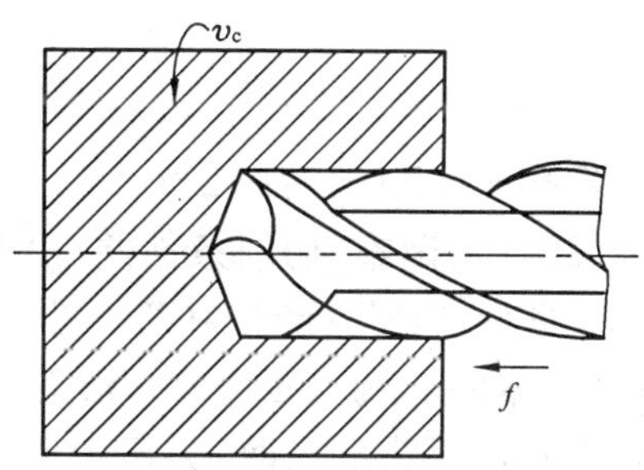

图 2.19　麻花钻相当于两把反装车孔刀

钻床的主运动是钻头的旋转运动，进给运动是钻头轴向移动。可见钻削加工的主运动和进给运动都是由钻头来完成的。

钻削加工范围较广，如图 2.20 所示，可以完成：钻、扩、铰孔、攻丝、锪孔（包括圆柱孔、锥孔、鱼眼坑和凸台）锪平面等工作。

钻削的工艺特点如下：

（1）导向差，容易"引偏"，由于钻头只有两条很窄的棱边与孔壁接触，所以导向差，容易使所钻孔的轴线歪斜或扩大孔径。

（2）钻头钢性差，由于钻头一般较长，受孔径尺寸所限，钻头的长径比较大；加之在钻头上开了两条尽可能大的排屑槽，更加削弱了它的刚性。钻孔时，钻头

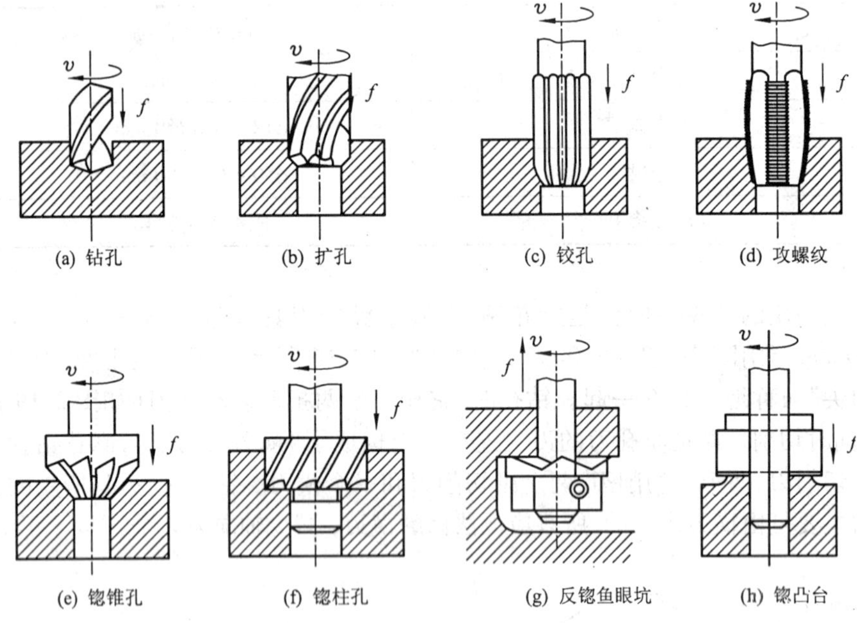

图 2.20　钻床的加工范围

弯曲将产生斜孔(参看图 2.21)。

(3)排屑困难、切削条件差,由于钻孔是在实体上进行,切屑只能是靠两条排屑槽排除,加之排屑方向一般与其重力方向相反,更加不易排屑。因此切削热不易散发,切削条件很差。此外。切屑流出时与孔壁摩擦,有时切屑还可能卡阻在排屑槽里,常常出现因切屑无法排除而使钻头扭断的现象。

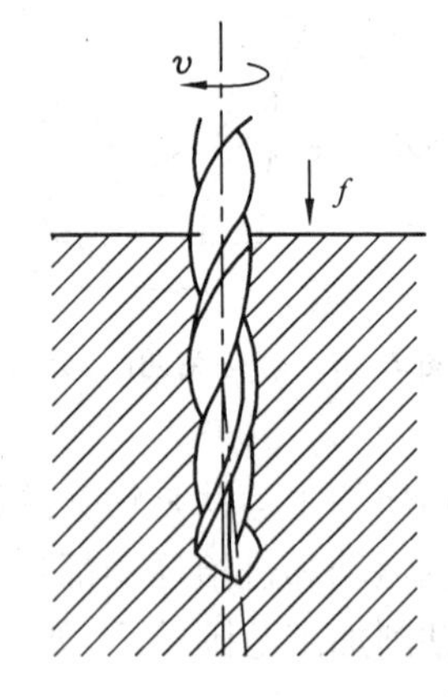

图 2.21　钻头弯曲产生斜孔

(4)加工精度差,切屑与孔壁摩擦、挤压、拉毛和刮伤已加工面,使其表面粗糙度大($Ra = 50 \sim 12.5\ \mu m$)。钻头的"引偏"使孔的轴线歪斜或孔径扩大;钻头的长径比较大以及横刃引起的轴向力增大,使远离支点的切削部分运动不平稳,造成尺寸精度较差,仅有 IT12 ~ IT11,只能用于粗加工。

虽然钻削存在"四差一大"(导向差、钢性差、加工精度差、切削条件差和轴向力大)的缺陷,但是对于螺栓通孔、需要攻丝的螺纹孔、用于汽、水、油的通道等一些要求不高的孔，都可以用钻削来完成；特别是在传统切削加工方法中，钻削是惟一能实现在实体上开出原孔的方法，所以钻削加工还是被广泛用于生产中。

2.2.2 扩孔

利用扩孔钻扩大工件上已有孔径的方法称扩孔。扩孔使用的机床与钻孔相同。如图 2.22 所示，由于扩孔钻中心部位不切削，无横刃，大大减小了轴向力；如图 2.23 所示，扩孔的背吃刀量 a_p 减小了，切屑薄且窄，故可将排屑用的螺旋槽减小，这样增加了扩孔钻的刚性。因此，扩孔可以修正原孔的歪斜。此外，在扩孔钻上制作了较多的刀齿（一般有 3 ~ 4 个齿），相当于 3 ~ 4 把反装车刀同时切削。切屑因为窄小而容易被排除，改善了切削条件。所以扩孔钻克服了钻孔“四差一大”的缺陷，提高了生产率和加工质量。一般扩孔精度可达 IT10 ~ IT9，表粗糙度 *Ra*6.3 ~ 3.2 μm。

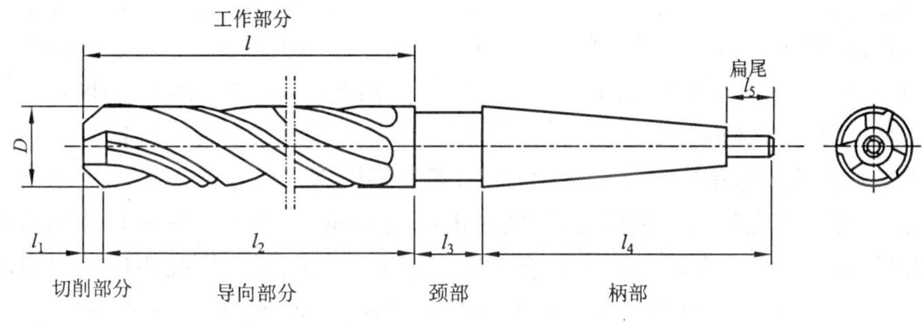

图 2.22 扩孔钻

扩孔钻属于标准刀具，其直径规格为 $\phi10 \sim \phi100$ mm，其中常用的是 $\phi15 \sim \phi50$ mm。扩孔的余量（$D - d$）一般为孔径的 1/2 ~ 1/8，精扩时取小值，

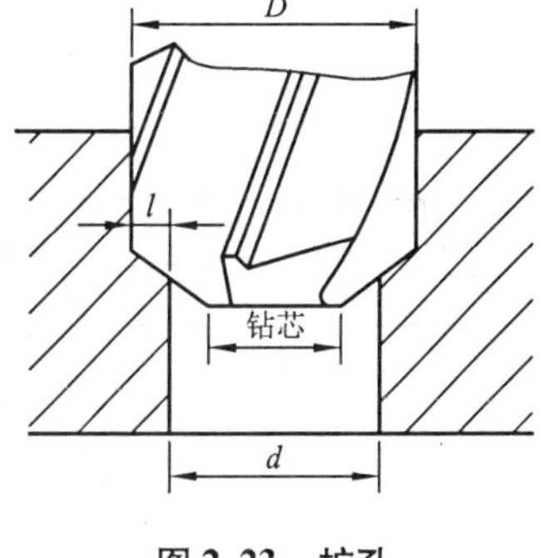

图 2.23 扩孔

2.2.3 铰孔

利用铰刀（reamers）在孔（一般为扩孔后的孔）壁上切除微小余量，用来提高加工精度和降低表面粗糙度的方法称铰孔。铰刀分为机用铰刀和手用铰刀两种，如图 2.24 所示。

每种铰刀又分为圆柱铰刀和圆锥铰刀，常见的圆锥铰刀有 1∶50 锥度铰刀

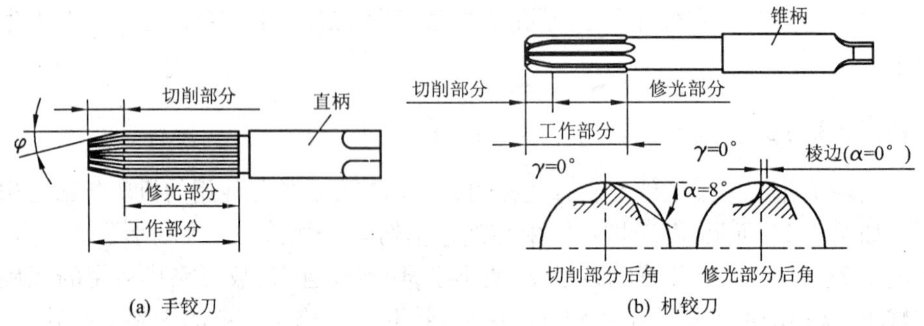

图 2.24　铰刀

和莫氏锥度铰刀两种。

为了减少机床主轴的偏斜和径向跳动以及安装铰刀带来的误差，避免出现孔不圆或孔径扩大等缺陷，影响铰孔的精度，使用机用铰刀时常采用浮动连接方式(称浮动铰刀)，如图 2.25 所示，浮动铰刀的锥套 4 与其锥柄 1 通过锥销 3 相联，其间存在一定的间隙，使锥套 4 的轴线与锥柄 1 的轴线可以作微小偏移。钢球 2 在锥套 4 和锥柄 1 之间，承受并传递铰削时的轴向切削力。锥柄 1 可插入钻床主轴孔或车床尾座套筒孔，锥套 4 用来安装铰刀。由于铰刀是用浮动夹头装夹，铰刀可以在径向微量浮动，铰削时由原孔导向，切削力使铰刀自动调节背吃刀量，这样可以避免因钻床主轴或车床尾架套筒的轴线与原孔不同轴而引起的加工误差。所以铰孔只能保证孔本身的形状精度，而不能保证孔间的位置精度。铰刀由工作部分、颈部和尾部组成，工作部分又分切削部分和修光部分。铰刀属于标准(定径)刀具，它的有关参数见表 2.3。

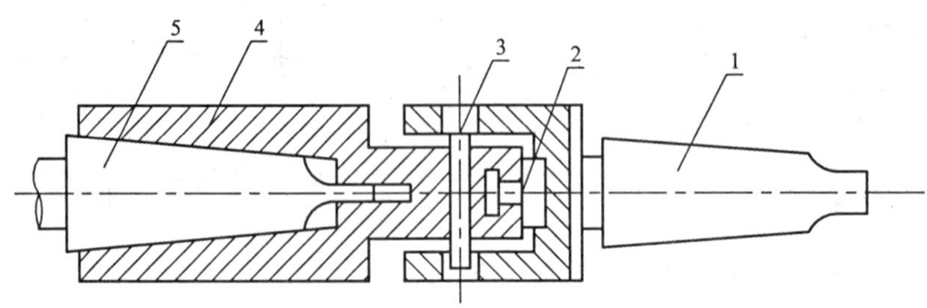

图 2.25　浮动铰刀

1—锥柄;2—钢球;3—锥销;4—锥套;5—铰刀锥柄

表 2.3 铰刀有关参数表

铰刀直径规格	ϕ10 ~ ϕ100 mm，常用 ϕ10 ~ ϕ40 mm
铰孔精度	粗铰 IT8 ~ IT7，Ra = 1.6 ~ 0.8 μm　精铰 IT7 ~ IT6，Ra = 0.8 ~ 0.4 μm
铰孔余量	0.05 ~ 0.25 mm

单件或小批量小孔的生产，常采用的加工路线有：钻—扩—铰、钻—铰和粗车孔(hole turning)—半精车孔—铰孔等，它们可以配合使用。对于拉削难以完成的小盲孔和精度要求高的小孔，铰孔有它独特的优势。

1. 扩孔钻与麻花钻有何区别?
2. 简述钻孔偏移的原因?
3. 钻削的加工特点是什么?
4. 钻—扩—铰这一工艺路线适宜于加工什么样的零件? 为什么?

2.3 镗削加工

镗刀(boring)旋转作主运动，工件或镗刀直行作进给运动的切削加工方法称为镗削加工。镗削使用的机床称为镗床(boring machines)。

镗床分为卧式镗床、坐标镗床和金刚镗床等多种类型。如图 2.26 所示的卧式镗床应用最为广泛。镗削加工的加工步骤、加工精度和表面粗糙度与车削相同，可参看表 2.1。

镗削主要用于加工直径较大的已有孔(孔径 $D = \phi 40 \sim \phi 330$ mm)和孔系，还可以将镗刀装在铣镗床上加工外圆和平面。它的最大特点是：利用镗床的精度来纠正原孔轴线的偏斜，保证孔及孔系的位置精度。如箱体零件上的同轴孔、轴线互相平行或垂直的孔，以及机架等结构复杂零件上的孔的位置精度，与其他一般切削加工方法相比，镗削具有独特的优势，特别适宜于箱体类零件上孔系的加工。

镗削使用的镗刀有单刃镗刀和双刃镗刀。由于孔的尺寸精度依靠调整刀具位置来决定，特别耗费时间，图 2.27 所示的单刃镗刀一般用于单件小批量生产。双刃镗刀一般为可调浮动镗刀。双刃镗刀由两块刀片对称地组合而成，将两切削刃调整(adjusting)到孔径尺寸，经百分尺检测后紧固在一起。图 2.28 为浮动镗刀，工作时，组合后的刀片不是固定在镗杆上，而是插在镗杆的槽中。来自两

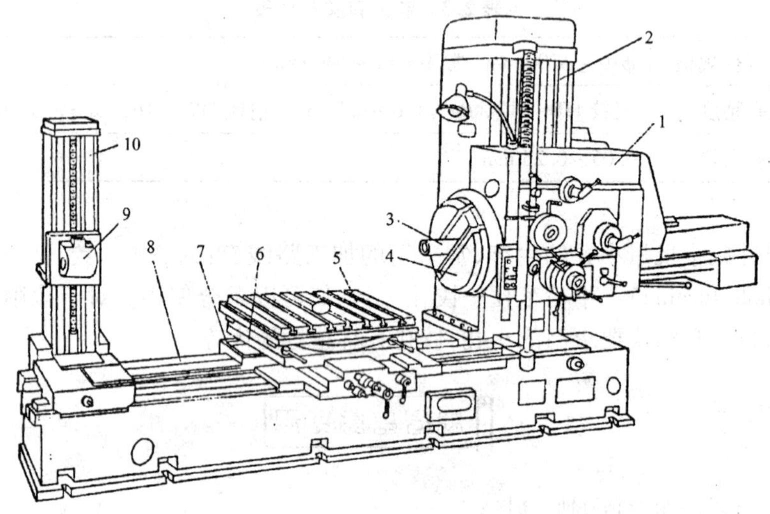

图 2.26　卧式镗床

1—主轴箱;2—前立柱;3—主轴;4—平旋盘;5—工作台;
6—上滑座;7—下滑座;8—床身;9—后支承;10—后立柱

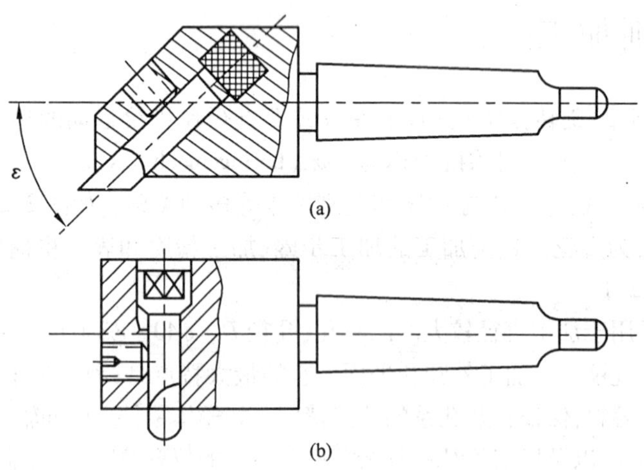

图 2.27　单刃镗刀

切削刃的径向切削力,使刀片在槽中自动平衡位置。因此,浮动镗削实质上是铰削,它只适用于精镗,提高孔的形状精度和降低表面粗糙度,并不能纠正孔的位置误差。生产中,浮动镗削和铰削在孔径方面相互弥补,分别对大孔和小孔进行精加工,大大提高了产品质量。

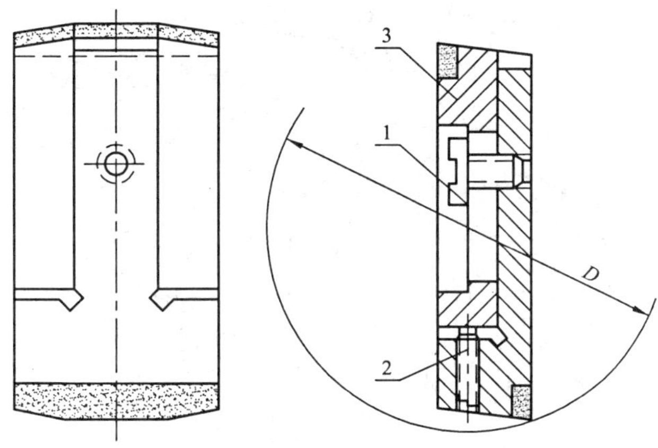

图 2.28 可调浮动镗刀

1—紧固螺钉;2—调节螺钉;3—镗刀

1. 镗削的加工特点是什么？它特别适宜于加工何种类型的零件？
2. 镗削加工可以纠正零件原加工误差吗？为什么？

2.4 刨削和插削加工

2.4.1 刨削(planning)加工

刨削加工使用的设备主要是如图 2.29 所示的牛头刨床(planing machines)和如图 2.30 所示的龙门刨床(double column planer)。牛头刨床的滑枕(ram)带动刀架(tool post)上的刨刀,相对于工作台上的工件作水平间隙往复直线运动的切削方法称为刨削加工。

1. 牛头刨床与龙门刨床的主要区别

(1)主运动不同,牛头刨床的主运动是刨刀作水平往复直线运动,工件作间隙进给运动;而龙门刨床的主运动是工件作水平往复直线运动,刀具作间隙进给运动。因此,龙门刨床比牛头刨床的工作行程(travel stroke)长,加工的工件也就大。

(2)与牛头刨床比较,龙门刨床有两个立柱,所以刚性好,运动平稳,其加工

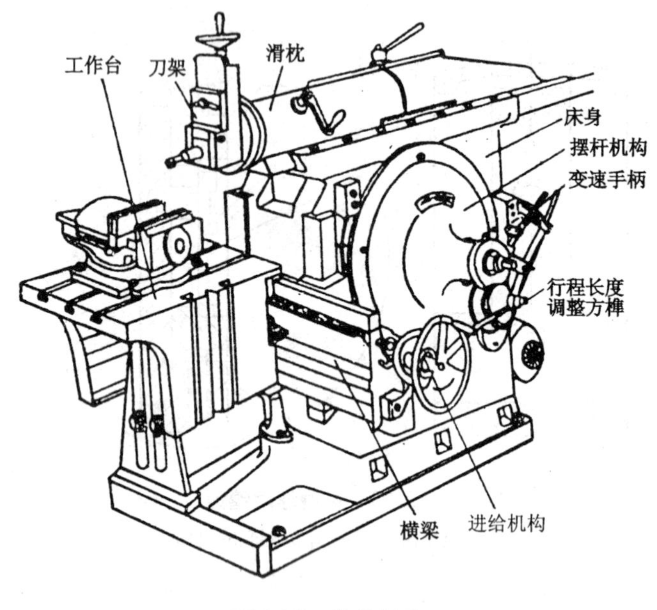

图 2.29　牛头刨床

质量也较高。

(3)龙门刨床一般有两个直立刀架和两个侧刀架,可以实现多刀同时加工工件的不同表面。因此,容易保证工件各表面之间的位置精度,且生产率比牛头刨床高。

2. 刨削的加工范围及结构特点

(1)刨削加工的加工范围　前面介绍的车、钻、扩、铰和镗削加工,主要用于具有回转表面零件的加工。平面形表面的加工,则主要采用刨、插、拉和铣削加工。

牛头刨床的主要加工范围参见图 2. 31。

(2)牛头刨床的两个典型机构:

① 曲柄摇杠机构:其作用是把摇杠齿轮的旋转运动转变为滑枕的往复直线运动,为刨削实现了直线走刀。

② 棘爪棘轮机构:其作用是使工件作间隙进给运动。

3. 刨削加工的发展趋势

由于刨削是不连续切削,刀具切入和切离工件将产生冲击和振动,使得加工精度低,尺寸精度为 IT8 ~ IT7,表面粗糙度为 Ra12. 5 ~ 3. 2 μm(但刨削可以保证一定的相互位置精度)。目前用的牛头刨床因受行程等的限制,只适宜于刨削精度要求不高的中小平面,而且只有在刨削窄长平面时才有优势,所以一般平面

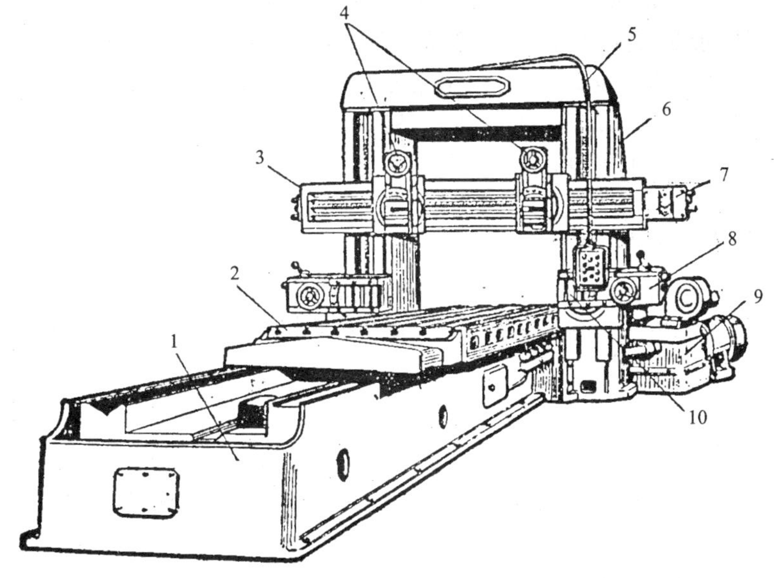

图 2.30 龙门刨床

1—床身;2—工作台;3—横梁;4—垂直刀架;5—操纵开关;6—立柱;
7—垂直刀架进给箱;8—侧刀架进给箱;9—减速箱;10—侧刀架

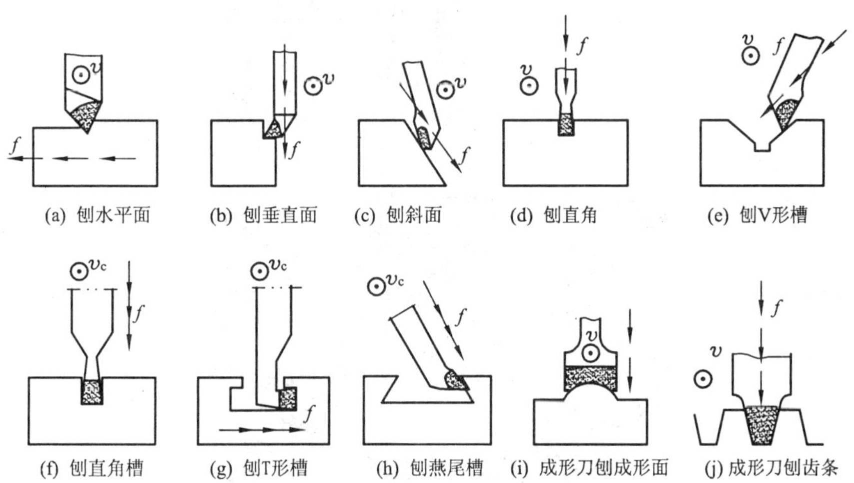

图 2.31 牛头刨床的主要加工范围

的刨削加工大都被铣削代替。但是,龙门刨床的刚性好、运动平稳、工作行程长,并且可以实现多刀同时加工不同表面,特别是生产率较高;尺寸精度和表面粗糙度与车削相同,参见表 2.1。若采用宽刃精刨,尺寸精度可达 IT7 ~ IT6,*Ra*1.6 ~ 0.8μm,直线度达 0.02mm/m,可以代替刮削加工。加上刨刀比铣刀简单,成本低廉,所以刨削加工仍被采用。

2.4.2　插削加工

插刀作垂直的上下直行往复运动为主运动,工作台纵向或横向直行作进给运动、圆工作台旋转作圆周进给运动(或利用分度机构进行分度)等两种进给运动的加方法称为插削加工。

插削使用的机床称为插床(slotting machines)。如图 2.32 所示,插床又称立式刨床。由于其进给运动与刨床不同,所以加工范围与刨削有很大区别。从图 2.33 可以看出,插削主要用于加工零件的内、外侧壁和孔内各种直槽。孔内单键槽一般都是插削而成的。插内直槽时,插刀的前面、后面、主切削刃、副切削刃及前、后角等主要参数参见图 2.34。

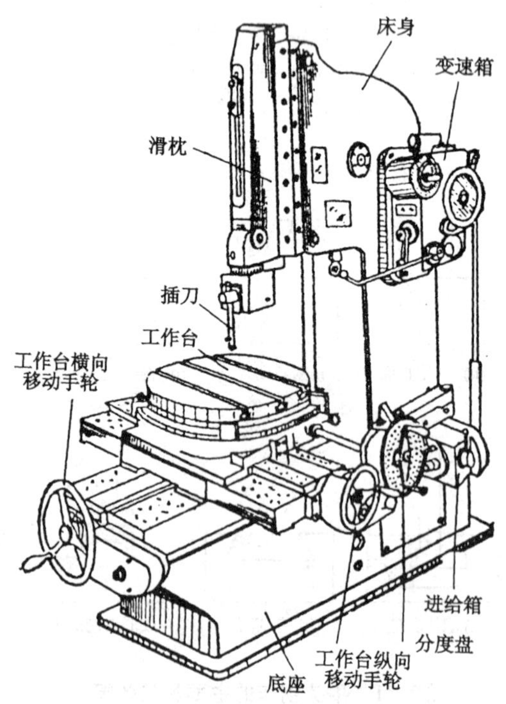

图 2.32　插床

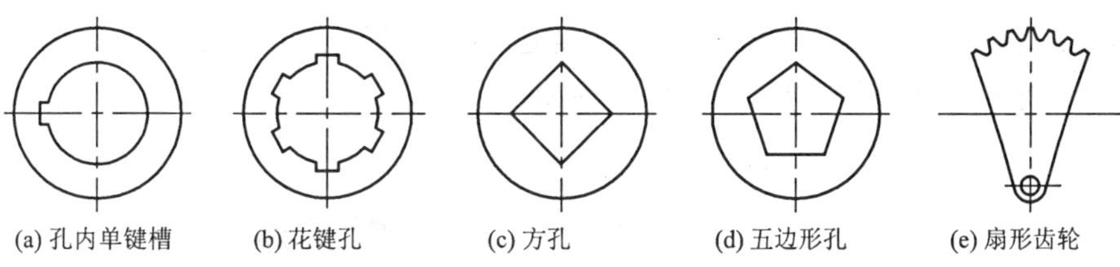

图 2.33　插削主要加工范围

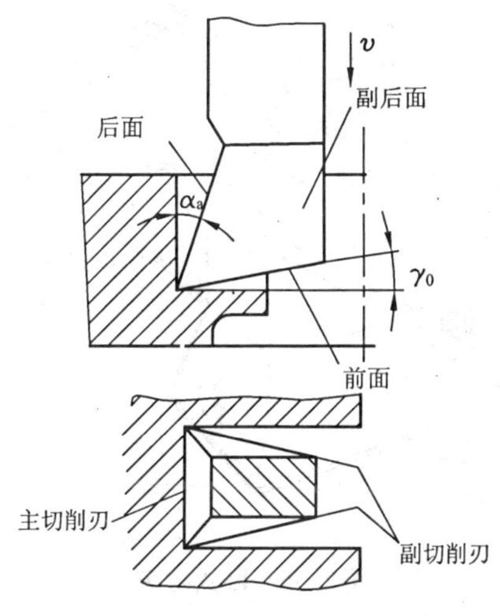

图 2.34　插槽示意图

1. 刨削和插削在加工范围方面有哪些异同处？
2. 刨削和插削的直线进给运动是如何实现的？

2.5　拉削加工

用定形、定径和多刃的拉刀加工工件内、外表面的方法称为拉削加工。拉削使用的机床称为拉床(broaching machines)，如图 2.35 所示的卧式拉床是应用最广的一种。拉削的主运动是拉刀的直线运动，由每个刀齿依次的齿升量代替进给运动。拉削加工可以看成是按高低顺序依次排列成行的多把刨刀进行的刨削加工。拉削可以加工内、外表面，其主要加工范围与插削类似，如前图 2.33。拉削可分粗拉和精拉，粗拉削的尺寸精度达 IT8 ~ IT7，表面粗糙度达 $Ra1.6 \sim 0.8\mu m$；精拉削为 IT7 ~ IT6，$Ra0.8 \sim 0.4\mu m$。

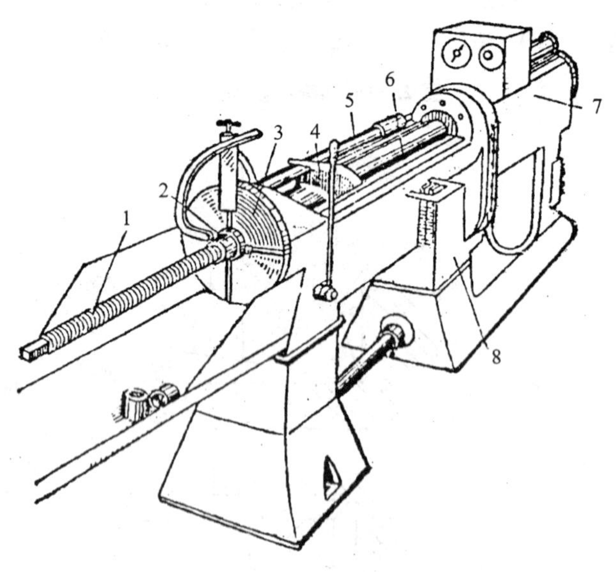

图 2.35　卧式拉床

1—拉刀；2—工件；3—固定支架；4—滑块；5—托架；
6—主轴（活塞杆）；7—油缸；8—床身

由于拉刀形状复杂，制造困难，因而成本高；但它有一次成形及生产率高的突出优点，所以拉削适宜于大批量产品的加工生产。

一般孔径为 $\phi8 \sim \phi120$mm、长径比 $L/D \leqslant 3$，并通过预加工的通孔，当其为大批量生产时，可以采用拉削加工方法。

现以圆孔拉削为例介绍一般的拉削方法。图 2.36 为圆孔拉刀及拉削方法。加工时，工件不需要夹紧，它利用球面浮动支承装置，在拉削力作用下自动调节定位，使拉力方向始终与工件孔的轴线方向一致。在工件安装后，开始拉削前期间，装置中的弹簧提供了使工件与球面贴合、不会脱离装置的力，这样不但保护了刀具的使用寿命，而且装卸方便。

若改变拉刀的形状和尺寸，并根据工艺需要添加一些相应的工艺设备，就可以拉削加工某些其他的零件。

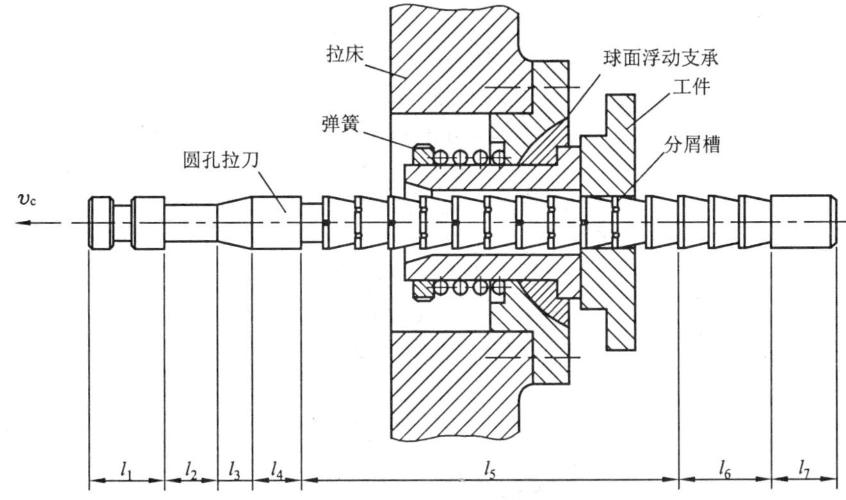

图 2.36 圆孔拉刀及拉圆孔

l_1—拉刀柄部,夹持拉刀部位;l_2—颈部,拉刀强度薄弱部位,过载折断,在此处焊接修复;
l_3—过渡锥,起引导对准孔中心作用;l_4—前导部分,引导拉刀进入预加工孔中;
l_5—切削部分,前部为粗切齿,后部为精切齿;l_6—校准部分,无齿升量,起校准、修光已加工表面作用;
l_7—后导部分,保持拉刀的最后的正确工作位置

1. 拉削适宜于加工什么类型的零件?
2. 为什么拉削零件通常只需一次走刀就可以使零件成形?

2.6 铣削加工

铣刀旋转作主运动,工件作进给运动的切削加工方法称为铣削加工。铣削加工使用的机床称为铣床,最常用的有立式铣床(如图 2.37)、卧式铣床(图 2.38)和龙门铣床(图 2.39)三类,此外还有工具铣床和仿形铣床等。

2.6.1 铣削方法及特点

铣削主要用于加工各种位置的平面、各种形状的沟槽,以及成形面和曲面,还可以进行孔的加工(铣孔和钻、扩、铰孔),铣削的主要加工范围参见图 2.40。

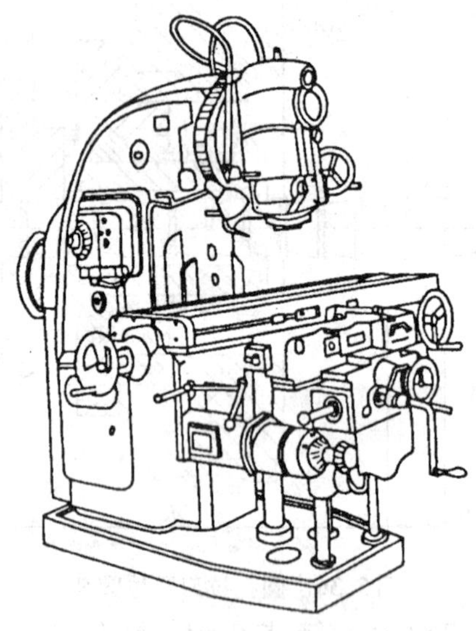

图 2.37　立式铣床

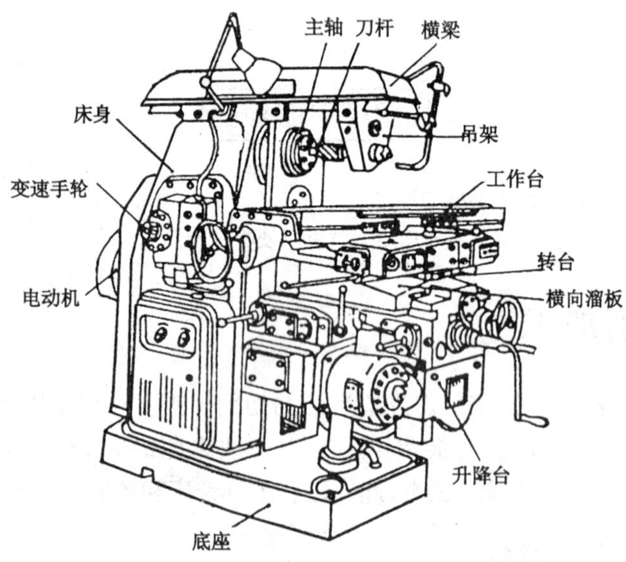

图 2.38　卧式铣床

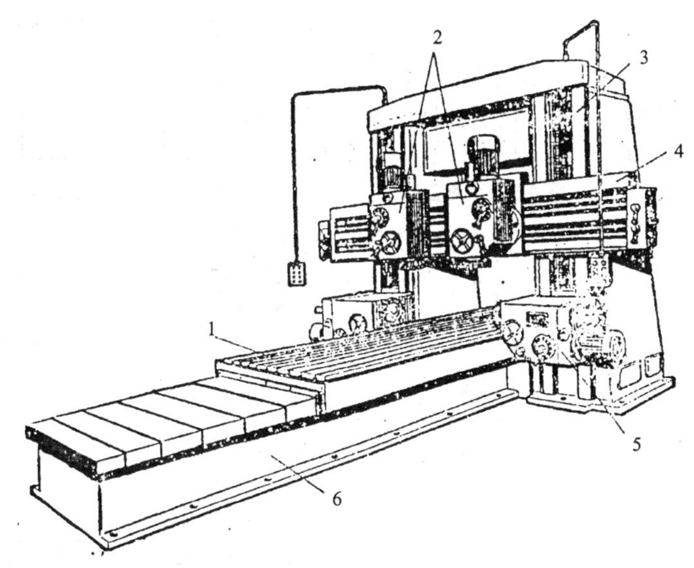

图 2.39　龙门铣床

1—工作台;2—垂直主轴箱(铣头);3—立柱;4—横梁;5—侧主轴箱(铣头);6—床身

其加工步骤、加工精度和表面粗糙度与车削基本相同,可参见表 2.1。

铣削是平面加工的主要方法之一,它有端铣(face milling)和周铣(peripheral milling)两种方式。如图 2.41 所示,用铣刀端面上的刀齿铣削的方法称为端铣[如图 2.41(a)]。用端铣法铣削平面,可以获得比用周铣更低的表面粗糙度,端铣的生产率也高于周铣,所以目前生产中大都使用端铣。

用铣刀圆周上的刀齿铣削的方法称为周铣[如图 2.41(b)]。它比端铣较灵活,在成批加工组合平面时,一次可以加工数个平面,如图 2.42 所示,用两把铣刀组合起来铣削,其功效快一倍。

周铣又分为顺铣和逆铣两种方法,如图 2.43(a)和(b)所示。铣刀的旋转方向与工件的进给方向相同称为顺铣;与工件的进给方向相反称为逆铣;目前生产中一般采用逆铣法。

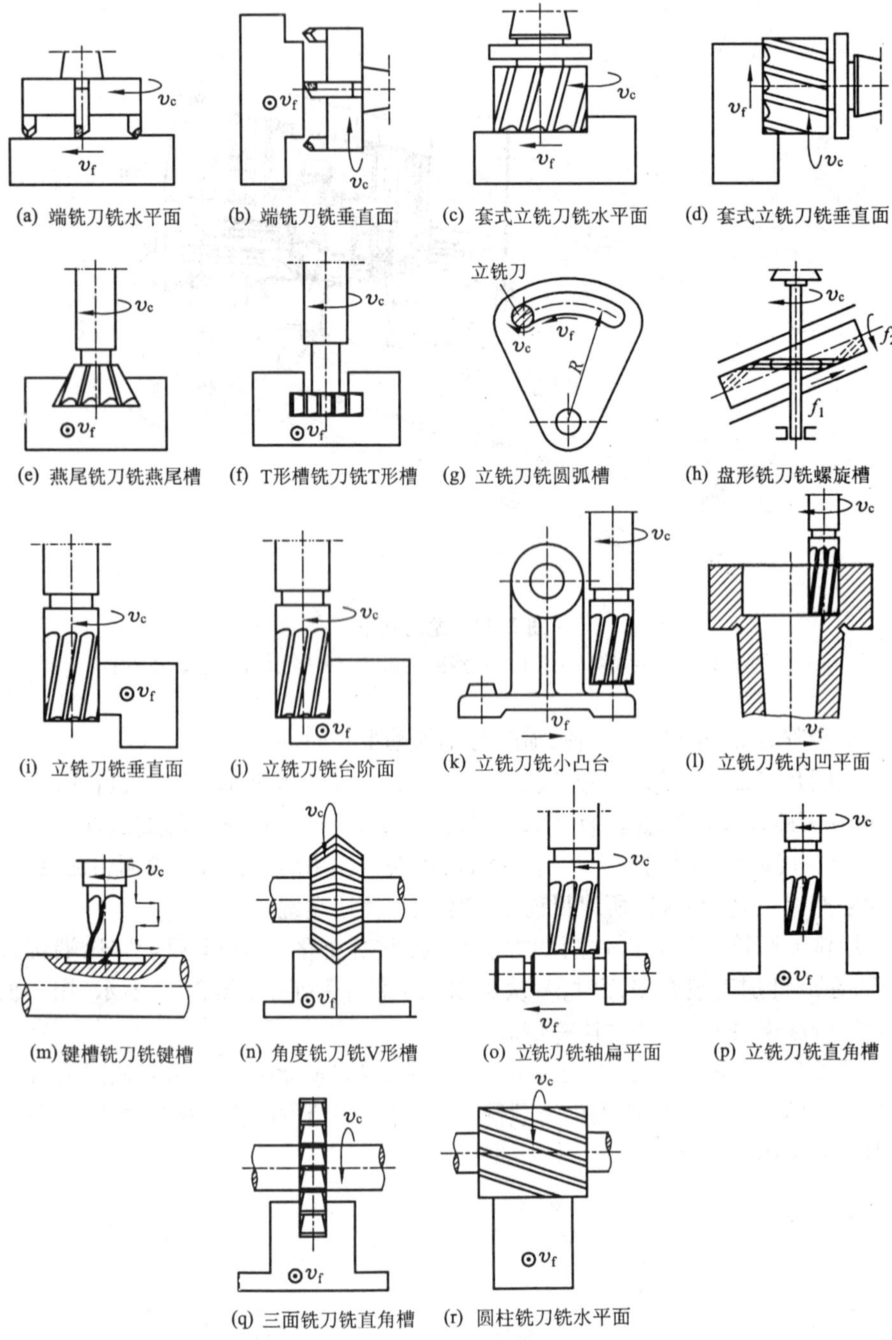

图 2.40　铣削主要加工范围

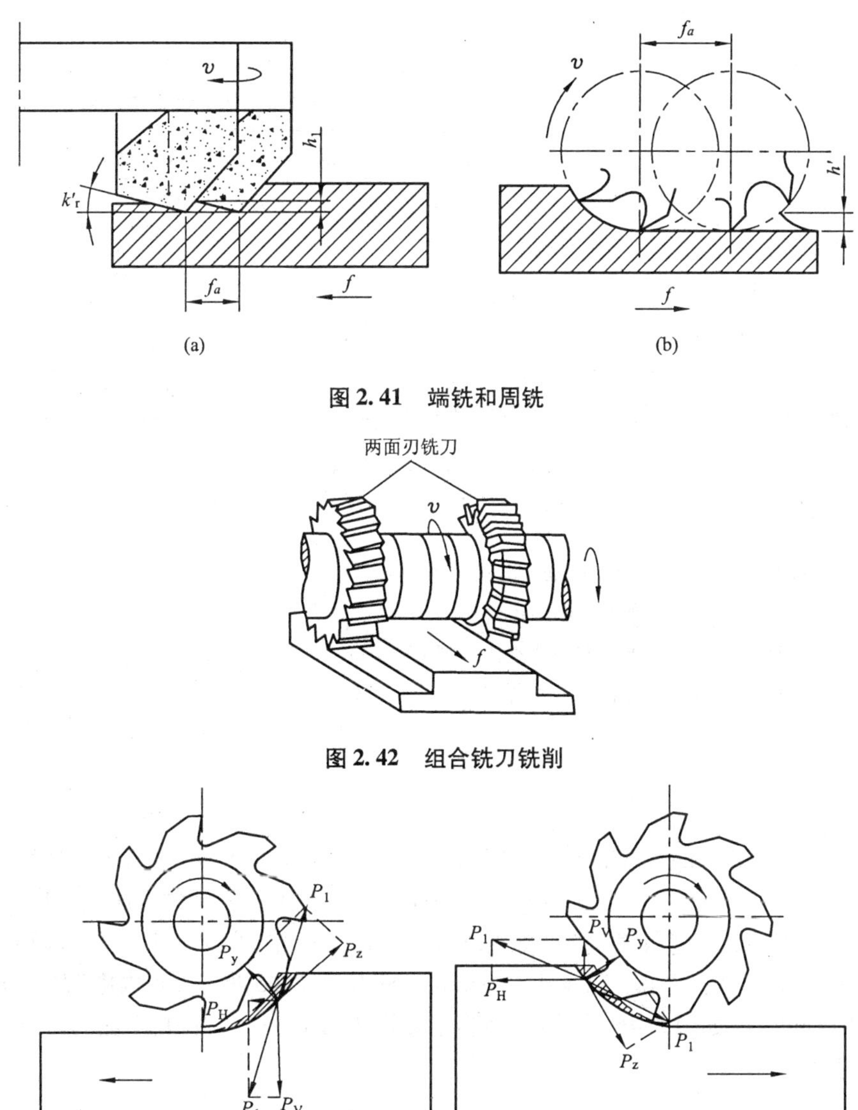

图 2.41 端铣和周铣

图 2.42 组合铣刀铣削

(a) 顺铣　　(b) 逆铣

图 2.43 顺铣和逆铣

铣削加工是铣刀的每个刀齿依次不断投入切削，是不连续切削。每个刀齿的切入和切离都会引起冲击和振动，影响加工质量，并且容易打坏刀齿。但是，铣削因其加工范围较广，特别是平面和沟槽的加工，精度中等，生产率较高，所以被广泛地应用于生产。

2.6.2 铣刀

铣削用的刀具称为铣刀。铣刀的种类较多,经常使用的铣刀见表 2.4。表中镶齿端铣刀的刀齿材料是硬质合金刀片,它允许最高切削速度达 100m/min,生产效率较高,适宜于铣削大平面和较硬材料的工件。其余铣刀的材料均为高速钢,高速钢刀具的切削速度仅为 30 ~ 40 m/min,故适宜于铣削中、小平面和硬度不太高的工件。

表 2.4 铣刀名称及规格

铣刀名称	直径规格范围(mm)
镶齿端铣刀	$\phi75 \sim \phi300$
套式立铣刀	$\phi40 \sim \phi160$
圆柱铣刀	$\phi50 \sim \phi100$
三面刃铣刀	$\phi50 \sim \phi200$
立铣刀	$\phi2 \sim \phi71$

思考与练习题

1. 铣削与刨削相比较,其工艺特点及应用有哪些异同?
2. 为什么通常采用逆铣而不用顺铣?
3. 一般情况下刨削的生产率为什么比铣削低?
4. 试分析铣削多面体时容易出现哪些质量问题?如何防止?

2.7 磨削加工

在磨床(grinding machines)上用磨削工具(abrasive tool)以很高的线速度旋转作主运动,工件作进给运动的加工方法称为磨削加工。使用的机床叫磨床,目前主要使用的有普通外圆磨床(如图 2.44 所示)和万能外圆磨床(universal cylindrical geinder)、平面磨床(surface geinders)(如图 2.45 所示)和内圆磨床(internal geinder)(如图 2.46 所示)。磨削主要用于具有外圆、内圆、平面和锥面等零件表面的精加工。

2.7.1 磨削(grinding)过程

磨削加工所用的砂轮,其表面上的磨粒都是由很硬的非金属材料经粘接而成,分布很不规则,高低不平。磨削时,凸出最高的磨粒对工件进行切削;凸出较少和已经磨钝的磨粒在工件表面刻出细沟;凹下去的磨粒只是与工件表面滑擦而过,起着抛光的作用。也就是说,实质上磨削过程就是切削、刻划和滑擦综合作用于工件表面的过程;如图 2.47 所示。

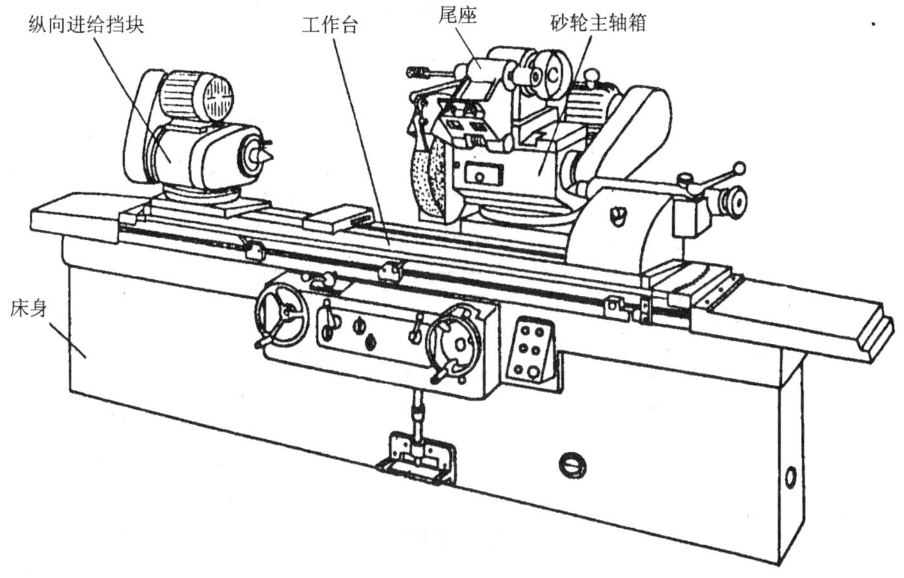

图 2.44 外圆磨床

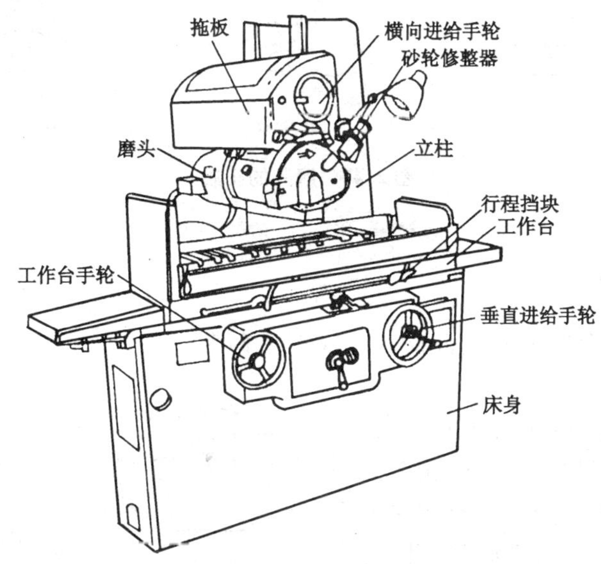

图 2.45 平面磨床

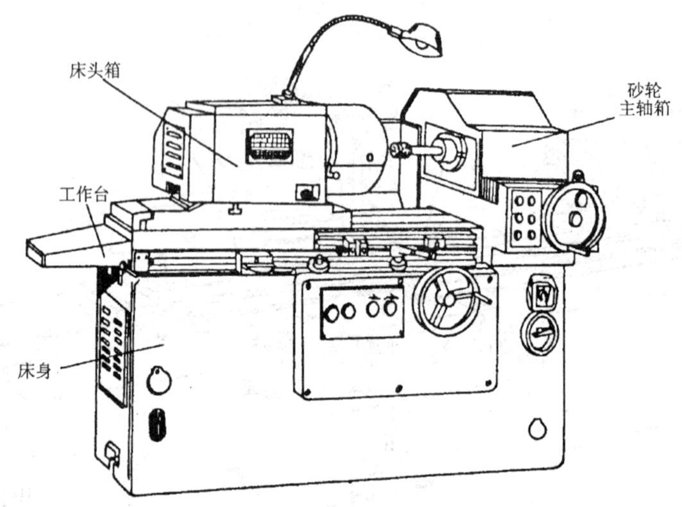

图 2.46　内圆磨床

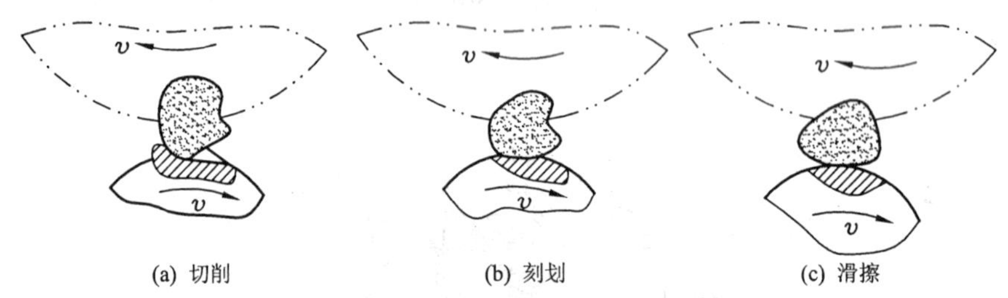

图 2.47　磨削的实质

2.7.2　磨削工具

磨削工具主要有砂轮(grinding wheel)和砂带。

1. *砂轮*

砂轮是磨削的主要工具,其磨粒被粘接时是随机分布的,砂轮表面凹凸不平,如图 2.48 所示。凸出来的磨粒担任切削工作;磨粒间的孔隙为容屑槽。因此,砂轮实质上是多刃刀具,无数颗磨粒就是无数把刀具。

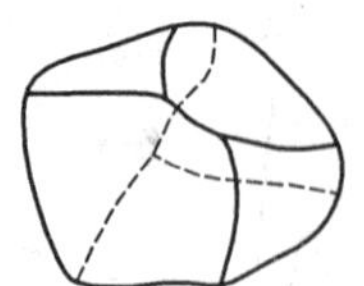
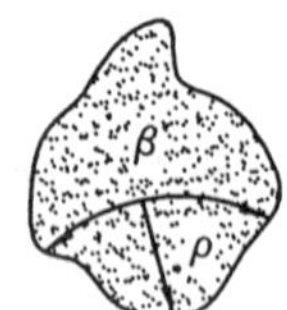

图 2.48　磨粒外形及断面

2. 砂带

在砂带磨床上利用砂带进行磨削，（如图2.49所示）这是近年来发展起来的一种高效工艺方法，与砂轮比较，砂带磨削有如下特点。

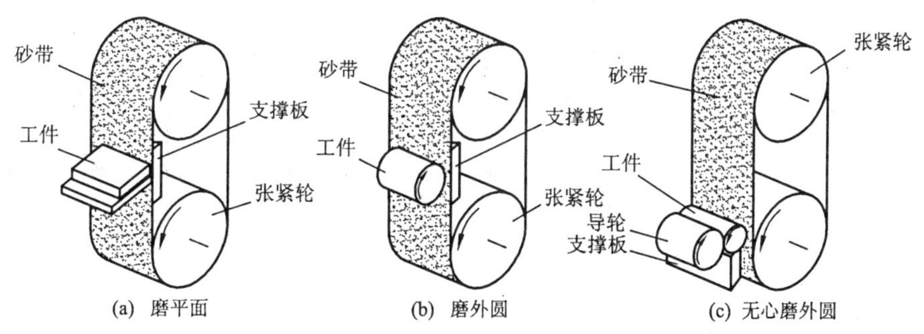

图2.49　砂带磨削

（1）所有磨粒都是经过挑选的针状磨粒，采用静电植砂工艺制作砂带。磨粒都是锋刃朝上、并且定向、均匀和整齐地排列好“站”在其基体上，所以比砂轮锋利。

（2）磨粒之间容屑空间比砂轮大，每颗磨粒与工件表面接触面积小，故切削热少，并且散热条件比砂轮磨削好。

（3）同时参加切削的磨粒多，磨削效率比砂轮高。

（4）利用砂带磨削后的工件，其表面变形强化程度小，残留应力小，其工件表面质量比砂轮磨削好。

2.7.3　磨削加工的工艺特点

（1）要求被磨削工件材料硬度高，它可以磨削淬硬钢和硬质合金等高硬度材料。但不宜磨削硬度过低的（如铜、铝等有色金属）材料。

（2）磨削速度高，故磨削温度高，必须用冷却液降低切削热，同时冲走磨屑。但磨削铸铁和青铜等脆性材料时，一般不用冷却液，而用吸尘器除尘。

（3）主要用于产品的精加工，其尺寸精度可达IT7～IT5，表面粗糙度Ra1.6～0.2μm。若采取一些工艺措施，精度还可更高。

由于磨削的方法很多，特别是近年来随着科技的发展，加工精度向原子级逼近，磨削方法也越来越多。但总的说来，它们都具有上述三个特点。为了对常见的磨削方法有所了解，现列表于2.5，简述如下。

表 2.5 常见磨削方法的特点及应用

<table>
<tr><td rowspan="5">普通磨削</td><td rowspan="2">磨外圆
（两法比较）</td><td>纵磨法</td><td colspan="2">加工精度较高，Ra 较小，但生产率较低。适宜于各种类型产品的生产。</td></tr>
<tr><td>横磨法</td><td colspan="2">加工精度较低，Ra 较大，但生产率较高。适宜于大批量精度较低产品的加工。</td></tr>
<tr><td>磨内圆
（与磨外圆比较）</td><td colspan="3">受孔径限制，切削速度较低；磨头悬臂工作，刚性差，易振动；Ra 较小；切削热多，且难散发，精度较低，表面质量难以控制。</td></tr>
<tr><td rowspan="2">磨平面
（两法比较）</td><td>周磨法</td><td colspan="2">加工精度较高，Ra 较小，但生产率较低。适宜于单件小批生产。</td></tr>
<tr><td>端磨法</td><td colspan="2">加工质量略低于周磨法，适宜于大批量精度要求较低产品的生产。</td></tr>
<tr><td colspan="2" rowspan="2">无心磨
（两法比较）</td><td>纵磨法</td><td rowspan="2">只能降低 Ra，不能纠正同轴度</td><td>适宜于大批量细长轴、柱销、轴套等外表面精度要求较高零件的加工。</td></tr>
<tr><td>横磨法</td><td>适宜于磨削带台肩且又较短的外圆、锥面和成形面等的加工。</td></tr>
<tr><td rowspan="4">高效率磨削</td><td>高速磨削</td><td colspan="3">砂轮的线速度在 45m/s 以上为高速磨削。国内一般采用 50 ~ 80m/s；生产率和砂轮耐用度可提高近一倍；Ra 达 0.8 ~ 0.4μm，适宜于各种批量的生产。</td></tr>
<tr><td>缓进给深磨削</td><td colspan="3">是一种强力磨削，其生产率很高，磨削质量高，砂轮损耗小；磨深是普通磨削的 100 ~ 1000 倍，一次磨削可达 3 ~ 30mm。但设备费用高，适宜于大批量丝杠、齿轮、转子槽等沟槽、齿轮槽的加工。</td></tr>
<tr><td>宽砂轮磨削</td><td colspan="3">增大砂轮宽度提高磨削效率。其砂轮宽度是普通砂轮宽度的 6 倍以上。加工精度与普通磨削相同，适宜于花键轴、电机轴及成形轧辊等大批量产品的加工。</td></tr>
<tr><td>多砂轮磨削</td><td colspan="3">用多个砂轮组合后，对同一工件各部位同时磨削，提高了效率。加工精度与普通磨削相同。适宜于大批大量具有多个外圆和平面产品的加工。</td></tr>
<tr><td>砂带磨削</td><td colspan="4">利用砂带在砂带磨床（或立、卧式车床）上磨削工件，其加工质量和效率略高于普通磨削，适宜于大、中型尺寸的外圆、内圆和平面的加工。</td></tr>
</table>

2.7.4 精密加工

随着科技的迅速发展，对零件的加工精度和表面质量的要求越来越高，所以精密加工的应用也就越来越广泛。

精密加工主要是指零件的加工精度在 IT1 以上或其公差值小于 1 μm，表面粗糙度 $Ra = 0.1 \sim 0.008$ μm 的加工技术。工件一般都是被高精度加工以后才进行精密加工（high accuracy machine tools），目前常用的主要有下列几种加工方法。

1. 刮削

这是传统的精密加工方法，习惯上叫刮花（又叫铲花）。例如制造平板（flat pallet）、机床导轨面等，有超高精度要求的平面，往往由钳工手持铲刀铲除平面上的高点，逐渐使平面趋于平整，如图 2.50（a），在刮削的过程中，每铲刮一次后，用高精密的标准平板，平尺等专用检具进行检测。检测方法是在工件上均匀地涂上一层薄薄的红丹油(它是由一氧化铅再度氧化,加上液压油、煤油等调配制成),也可以将红丹油涂在与工件相配的偶件上,再将工件与其对研,如图2.50(b),然后将工件上的高点刮平。这样重复对研—铲刮的过程,使工件上的接触点数越来越多,逐渐减少工件的平面度误差,表面粗糙度 *Ra* 也逐渐降低。一般刮削的质量常用 25 mm×25 mm 面积内均布的点数来衡量。如图 2.50(c)所示。

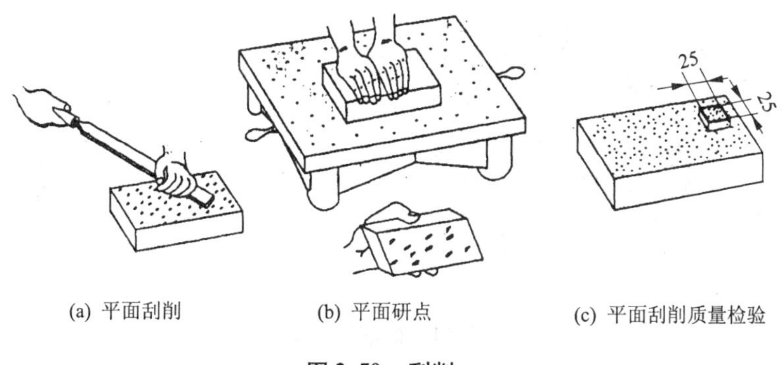

(a) 平面刮削　　(b) 平面研点　　(c) 平面刮削质量检验

图 2.50　刮削

在选定的平面内点数愈多,则平面的精度愈高。其直线度可达 0.01 mm/m,甚至更高。由于刮削是手工操作,劳动强度大,生产率低,故只适宜于单件小批量生产。

2. 研磨

研磨是在研具与工件之间放置研磨剂。利用研磨剂中的微细磨料与工件表面相互磨擦,从而达到去除金属的目的,这样的加工工艺被称为研磨。研磨一般是在工件经过精磨、精镗、精车及精铰等精加工工序后才进行的。

研磨剂由磨料(刚玉或碳化硅微粉)和油料(煤油、汽油或机油)调制而成。

研磨用的工具称为磨具,磨具的材料应比工件材料软,多用铸铁(或青铜)等材料做研具。有时也可以用与之相配合的零件表面加研磨剂相互对研。研磨分手工研磨和机器研磨两种,如图 2.51 所示为小型零件的研磨机示意图。

工件 6 套在隔离盘 3 的销杆 4 上,放在反向转动的研盘 1 和 2 之间。盘 1 比盘 2 的转速高,可以带动隔离盘 3 绕中心旋转。由于隔离盘中心 5 与研盘中心之间的偏心距 e,使工件除在销杆上自由转动外,同时又沿销杆轴向滑动,这样来保证均匀地研磨工件,可以得到很高的加工精度。

研磨是光整加工方法的一种,经研磨后的零件精度可达 IT5 及其以上,表面粗糙度为 *Ra*0.1 ~ 0.05μm,但因研磨量很少,(留给研磨的加工余量不应超过 0.005 ~ 0.010mm)。并且生产率很低,所以研磨只适宜于单件小批量生产,大批

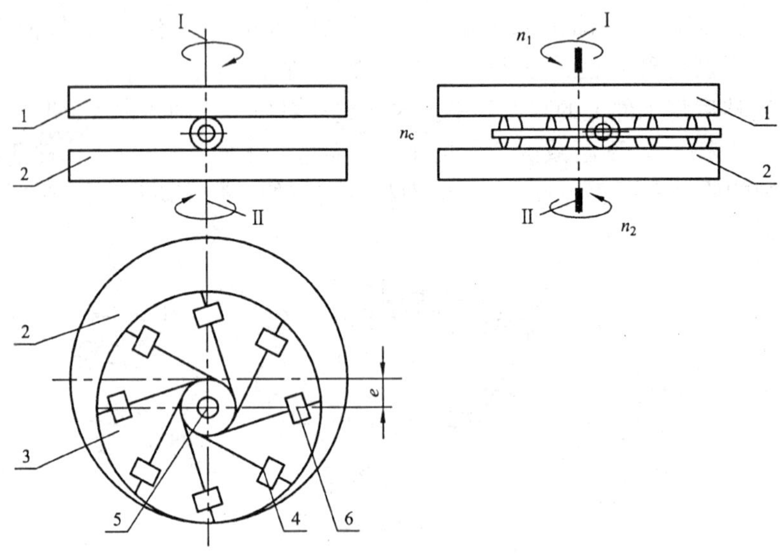

图 2.51　研磨机示意图

1、2—研盘；3—隔离盘；4—销杆；5—隔离盘中心；6—工件

大量生产一般都采用珩磨或其他生产率高的光整加工方法。

对于密封性要求较高的配合面，可以采用相互配合的两零件在配合部分进行对研。图 2.52 是内燃机的气门阀与汽门座的对研加工。加工时在配合面涂上研磨剂，用汽门阀直接研磨汽门座。这种方法有利于保证有密封配合的要求。

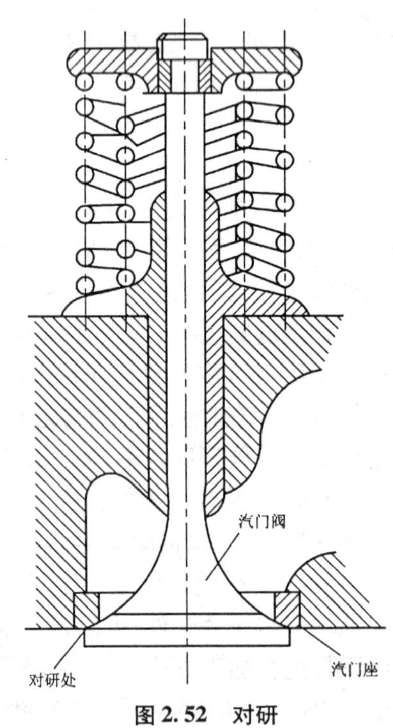

图 2.52　对研

3. 珩磨

珩磨使用的珩磨工具是珩磨头，珩磨是利用夹有油石条的珩磨头对经过精镗或精磨的内圆表面施加一定的压力，并作相对旋转和直线往复运动，从而达到切除工件上微小余量的精密加工方法。图 2.53 为一种简单珩磨头。

油石条 4 与支承条 6 粘合在一起，

并随支承条嵌在珩磨头主体5的槽中，两个圆弹簧8将支承条连同油石条向中心收拢不致散落。调整(改变)珩磨头直径的过程是：

旋紧调节螺母1→压缩弹簧2并推动调节锥3向下→将顶块7朝径向顶出→支承条连同油石条经向外移→珩磨头直径变大；

拧松调节螺母1→弹簧2将调节锥3推向上→弹簧8(带动支承条和油石条收缩将顶块7朝径向(向内)推动→珩磨头变小。

如前所述，珩磨头旋转在内孔圆周上进行磨削，同时珩磨头还作上下往复直线运动，即在内圆母线方向磨削，这两种运动的合成，形成了不重复的交叉网纹，如图2.54所示。因此珩磨的加工精度高，可达IT6～IT4，*Ra*0.2～0.05 μm。

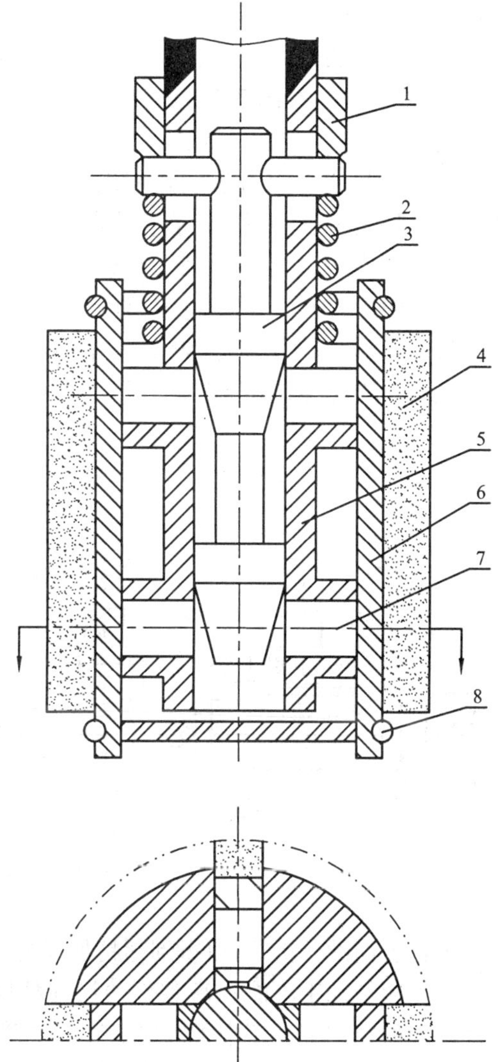

图2.53 珩磨头

1—调整螺母；2—弹簧；3—调整锥；4—油石条；5—珩磨头主体；6—支承条；7—顶块；8—弹簧箍

珩磨加工的孔径范围较大，直径达15～1500 mm，而且生产率较高，在孔的光整加工中应用很广。但是，珩磨的缺点是不能纠正孔的轴线位置偏差，因此，孔的位置精度应该在前面的精加工工序中予以保证。

4. 超精加工

超精加工是用极细粒度的磨料制成的磨具(一般为细油石)，对已经精加工后的工件表面施加一定压力，并且一方面横向往复移动并振动，另一方面工件旋转(加工回转面时)或纵向进给运动(加工平面时)，形成不重复的交叉网纹的加工路线(与珩磨网纹相似)从而磨削工件表面微观的凸点,降低凸点峰值的一种光整加工方法[如图 2.55(a)所示]。

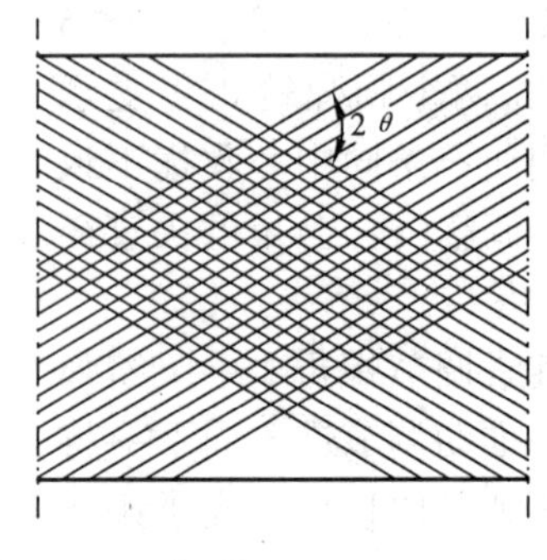

图 2.54　珩磨网纹

超精加工时[如图 2.55(b)],在磨具与工件之间注入润滑油或切削液,在工件与磨具之间形成一层油膜。在磨具的振动和压力下,因工件表面的凸峰单位面积上的压力大而穿透油膜接触且被磨具磨削。随着凸峰降低,磨具与工件的接触面积增大,而使凸峰压力减少[如图 2.55(c)],磨削作用相应减弱。当压力小于油膜的表面张力时,油膜隔开了磨具与工件的接触,磨削作用自行停止。

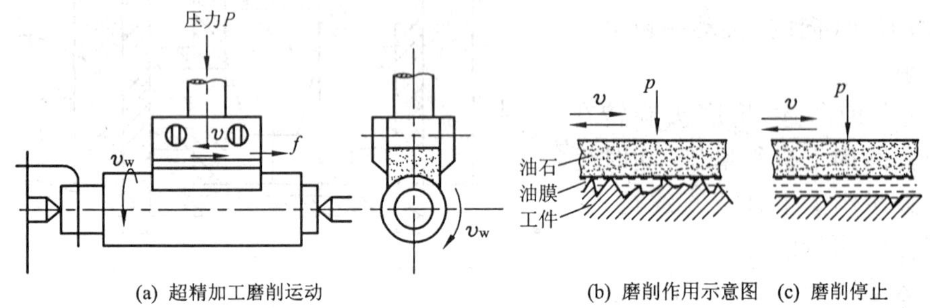

图 2.55　超精加工

根据上面的分析,可以得到超精加工的特点和注意事项。

(1) 超精加工不能提高零件的尺寸精度、形状精度和位置精度(这些要求应在前面的精加工工序中予以保证),只能降低零件的表面粗糙度。

(2) 超精加工的生产率很高,主要用于配合要求很高的工件表面的加工。如凸轮和曲轴的轴颈外圆、离合器的端平面和滚动轴承的滚道等。

(3) 磨具的振动频率一般为 12 ~25 Hz,不宜太快;振幅为 1 ~5 mm,不宜太大。

(4) 磨具对工件的压力不宜太大,一般为 5 ~20 MPa。

(5) 工件的旋转速度或往复移动速度不宜太快。

(6)不留超精加工余量,或只留 0.003 ~0.01 mm 的极小加工余量。

思考与练习题

1. 磨削过程的实质是什么?
2. 磨削加工的特点是什么?为什么会有这些特点?
3. 外圆磨削和内圆磨削相比较,有哪些特点?
4. 用无心磨法磨削带孔的外圆面时,为什么不能保证它们的同轴度要求?
5. 研磨、珩磨和超级光磨(超精加工)都带“磨”字,它们有哪些共同点和不同点?
6. 目前常用的精密加工方法有哪些?

3 特殊表面的加工

在机械工程训练中，利用车床的中拖板和小拖板，采用双手联动的方法，或采用靠模法，调整刀具的运动轨迹才能加工出成型面。这就说明了刀具与工件的合成运动轨迹决定了被加工零件表面的形状。前面介绍的外圆面、内圆面、锥面和平面等基本表面，由于他们的形成十分简单，所以刀具的运动轨迹也很简单。对于螺纹(screw)、齿轮(gear)和成形面，由于它们的形成较为复杂，所以刀具的运动轨迹相应地也较复杂。

3.1 螺纹加工

螺纹的结构简单、形式多样、传动稳定、连接可靠、调整迅速准确、装拆方便、成本低廉，在日常生活中、特别是在机械行业中得到广泛应用。通常说的螺纹，是国家规定的标准螺纹，也就是说，螺纹的牙型、直径和螺距都符合国家标准。标准螺纹一般是由专门生产厂家生产，其他厂家只在生产类型为单件、小批量或修配时才少量生产。对于特殊螺纹(只有牙型符合国家标准，直径或螺距不符合国家标准)和非标螺纹(牙型不符合国家标准)，一般很少使用。

3.1.1 螺纹的种类和用途

螺纹的种类很多，按其用途可分为联接螺纹和传动螺纹两大类。

1. 联接螺纹

联接螺纹主要起联接和调整的作用。这类螺纹的牙型采用三角形，这是因为三角形螺纹副之间的接触面积较大，故摩擦力大，自锁性能好，能承受动载荷、冲击和振动，联接牢固可靠。联接螺纹分为普通螺纹和管螺纹两种。

(1) 普通螺纹　如图3.1所示，普通螺纹的牙型角为60°，它又可分为粗牙普通螺纹和细牙普通螺纹两种。代号为M。细牙普通螺纹的小径较大，螺杆强度较高。但螺纹牙细，牙的强度不及粗牙螺纹。所以细牙螺纹主要用在薄壁零件以及精密机构的调整件上面。

(2) 管螺纹　如图3.2所示，管螺纹的牙型角为55°，它又分为下列四种：

① 圆柱螺纹 代号为 G；② 圆锥内螺纹 代号为 Rc；
③ 圆锥外螺纹 代号为 R；④ 圆柱内螺纹 代号为 Rp。

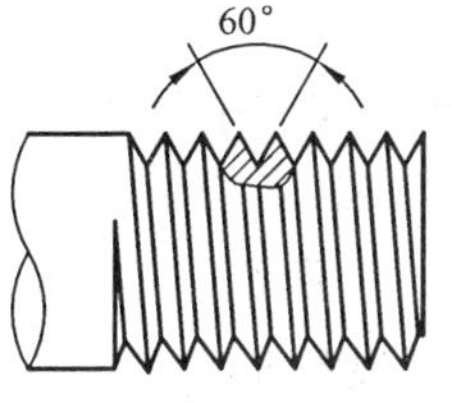

图 3.1 普通螺纹

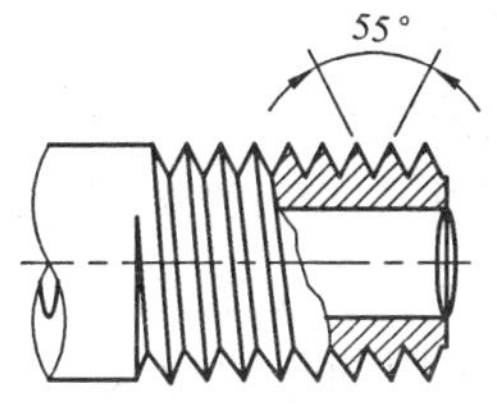

图 3.2 管螺纹

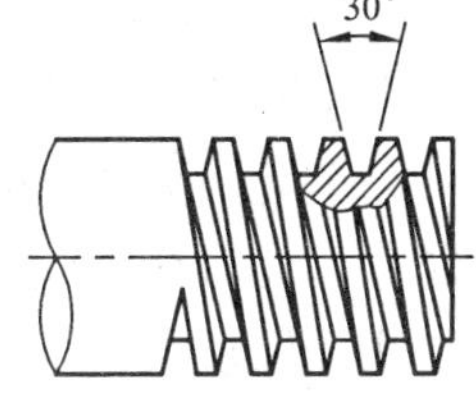

图 3.3 梯形螺纹

由于管螺纹的牙型角较小，特点是螺纹深度较浅，圆锥管螺纹连接紧密，具有密封性。因此，管螺纹常用于水管、气管和油管等有防泄漏要求的场合。

2. 传动螺纹

传动螺纹主要用于传递运动和动力。这类螺纹要求能承受一定的力，所以它的牙型常采用梯形、矩形和锯齿型等几种形状。

（1）梯形螺纹 如图 3.3 所示，梯形螺纹的牙型角为 30°，牙型为等腰梯形；代号为 Tr。它是传动螺纹的主要形式，如机床丝杠等。

（2）矩形螺纹 矩形螺纹的特点是传动效率较其他螺纹高。但强度较低、对中准确性较差，特别是磨损后轴向和径向的间隙较大，因此应用受到了一定的限制。一般主要用于力的传动。

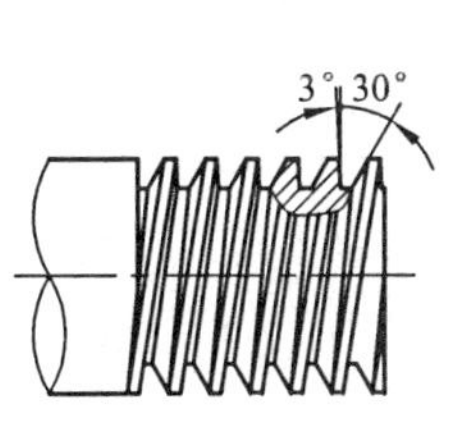

图 3.4 锯齿形螺纹

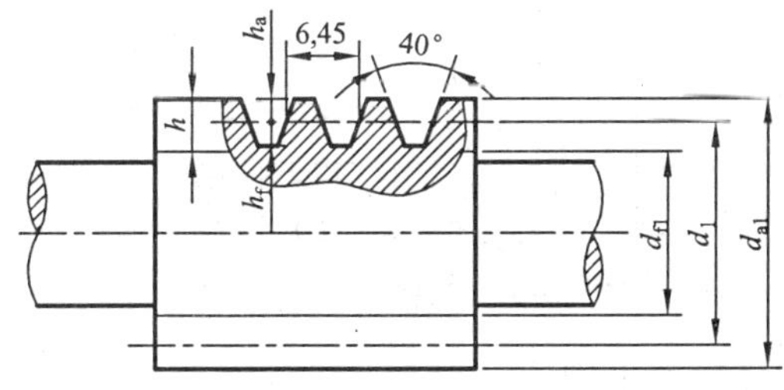

图 3.5 模数螺纹

（3）锯齿形螺纹 如图 3.4 所示，其牙型为锯齿形，代号为 B。锯齿形螺纹的工作面牙型角为 3°，非工作面牙角为 30°。它只用于承受单向压力。由于它的传动效率及强度比梯形螺纹高，常用于轧机的压下螺旋、螺旋压力机及水压机等单向受力机构。

（4）模数螺纹 如图 3.5 所示，模数螺纹即为蜗杆蜗轮螺纹，其牙型角 $\alpha=40°$。它具有传动比大、结构紧凑、传动平稳、自锁性能好等特点，主要用于减速装置。

3.1.2　螺纹的公差等级、应用及其标注简介

1. 螺纹的公差等级及应用

在 GB197—81 普通螺纹公差与配合中，规定常用普通螺纹的中径和顶径的尺寸公差等级为 4 ~ 9 级。其中 4、5 两级精度较高，主要用于较重要的机件。要求防止因动载荷引起振动的场合，如轻型汽车上的螺纹；6 ~ 7 两级为中等精度，主要用于风动机械及一般机床用的普通螺纹；8 ~ 9 两级精度较低，主要用于一般性连接及农用机械等要求不高的场合。

由于螺纹公差的位置由基本偏差确定，规定内螺纹有 G 和 H 两种位置，外螺纹有 e、f、g 和 h 四种位置。H 和 h 分别代表内、外螺纹的基本偏差，并规定基本偏差值为零，G 的偏差值为正值，e、f 和 g 的偏差值为负值。不难看出，对于内螺纹，其偏差值大于或等于零，对于外螺纹，其偏差值小于或等于零。因此，内外螺纹副配合时存在一定的间隙(最小间隙为零)，所以螺纹才能拧动。

2. 螺纹的规定标注

螺纹的标注示例如下：

(1)普通螺纹

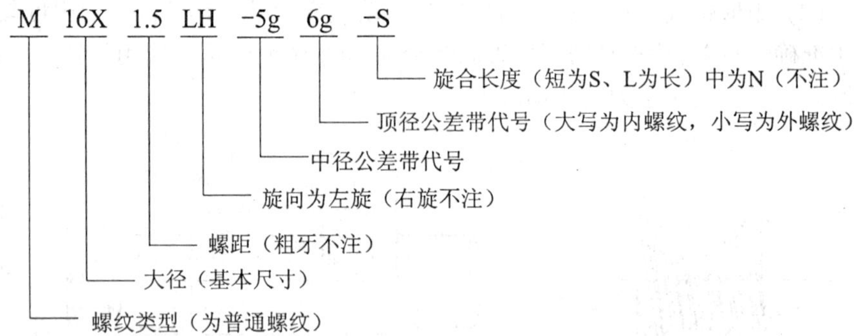

(2)梯形螺纹

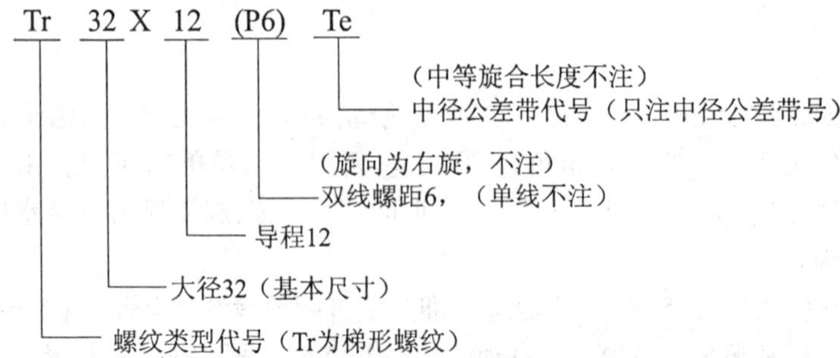

(3) 锯齿形螺纹

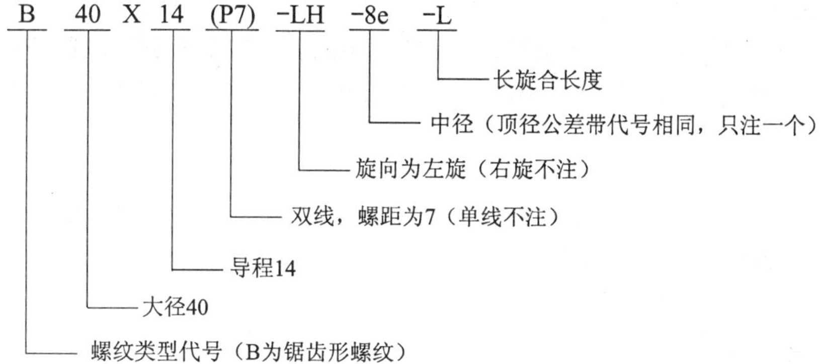

(4)用螺纹密封的管螺纹

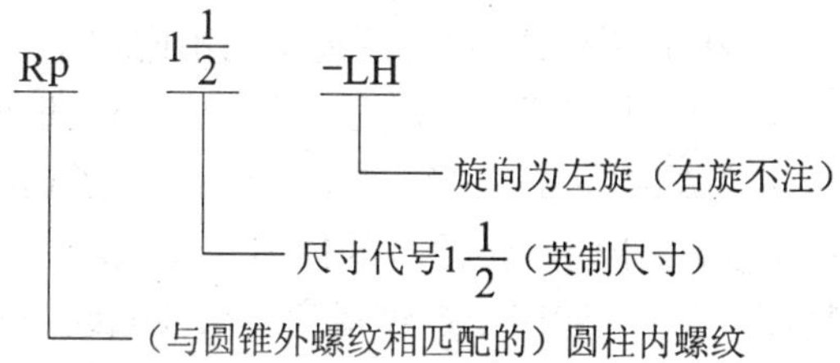

3.1.3 螺纹加工

螺纹加工的方法都是根据螺纹的形成原理而设计的,常用的方法有下列几种。

1. 车螺纹(screw cutting)

如图 3.6 所示,在车床上车螺纹是应用最普遍的螺纹加工方法。

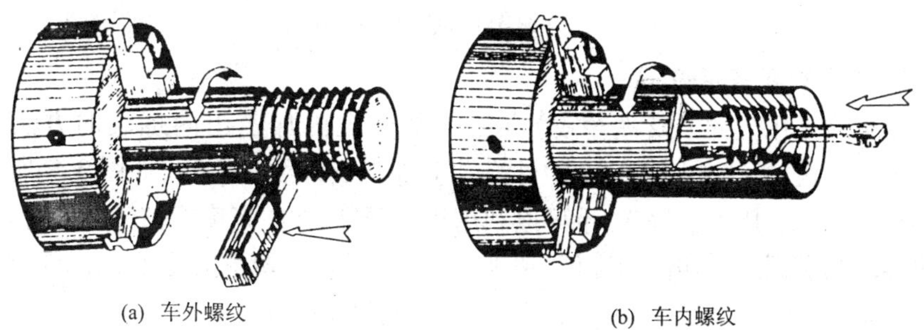

(a) 车外螺纹 (b) 车内螺纹

图 3.6 车螺纹

车螺纹在《机械制造工程训练》中已有较详尽介绍,且通过了操作训练。值得指出的是,由于只有牙型、直径和螺距都符合国家标准才算合格螺纹,其中直径包含大径、中径和小径，而中径往往被忽视。由于中径直接影响螺纹副配合的精度，因此必须予以重视。

获得准确的中径尺寸的关键，在于控制车削过程中的总切削深度。同一种螺纹的螺距不同，其总切深则不同，这里提供三种常见螺纹总切深的参考值，供学习时参考。

普通螺纹：　$\Sigma a_p \approx 0.6\ p$

梯形螺纹：　$\Sigma a_p \approx 0.5\ p + z$（$p=2\sim4$ 时，$z=0.25$；$p=5\sim12$ 时，$z=0.5$）

模数螺纹：　$\Sigma a_p \approx 2.2\ m$

式中　Σa_p——总切削深度；

p——螺距；

z——系数；

m——模数。

车螺纹的特点是可以通过车床机构的调整，能很方便地车削不同螺距、不同线数、不同直径和不同牙型的螺纹，所用刀具简单、经济，适宜于单件小批量螺纹的生产。当批量较大时，可以采用滚压螺纹等方法进行加工。当然，为了提高生产率，在车床上也可以利用如图 3.7 所示（棱形或圆形）的梳刀车螺纹。由于梳刀是多把刀同时进行加工，加工精度较低，只能用于螺纹精度要求较低或精密螺纹的粗加工工序。

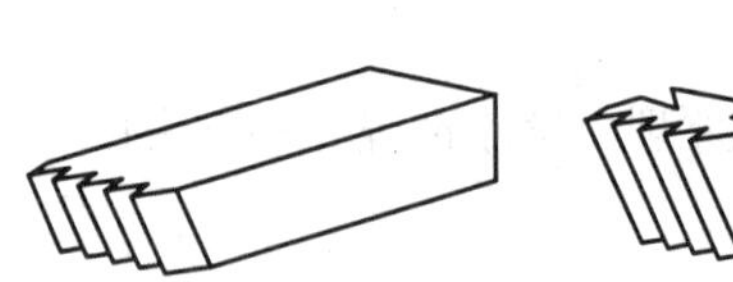
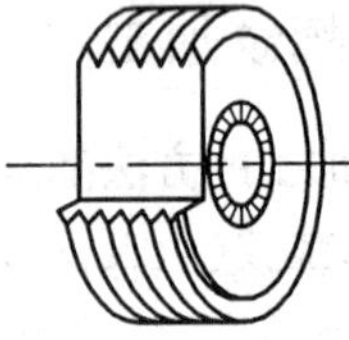

图 3.7　梳刀

2. 攻螺纹和套螺纹

攻螺纹是用丝锥（或称丝攻）在工件的光孔内加工出内螺纹的方法，如图 3.8 所示，套螺纹是用板牙在工件光轴上加工出螺纹的方法，如图 3.9 所示，这两种方法一般用手工操作，也可以利用机械帮助，如在车床或钻床上进行。由于攻螺纹和套螺纹的切削速度低，切削深度大，需要的切削力也就大，所以在攻螺纹和套螺纹时，螺纹大径不宜太大，一般不超过 16 mm。

利用机械帮助攻螺纹时，常采用机动攻螺纹夹头来夹紧丝锥。如图 3.10 所示，夹头右端为模氏锥度，可以装在钻床主轴孔内；左端孔与快换装置右端的轴体配合，拧紧右端螺母时，推动摩擦块紧紧压在轴上；利用摩擦块与轴的摩擦力将钻床主轴的动力，通过快换装置传递给丝锥。丝锥被装在快换装置的孔内，调节快换装置[旋紧滚花(knurling)处]即可夹紧丝锥。丝锥的大小可以根据螺纹的大小进行选择,然后利用快换装置迅速更换。

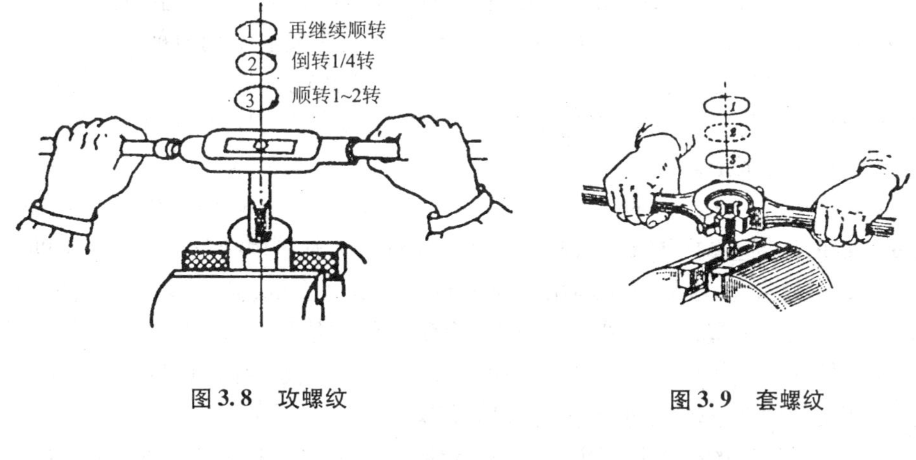

图 3.8　攻螺纹　　　图 3.9　套螺纹

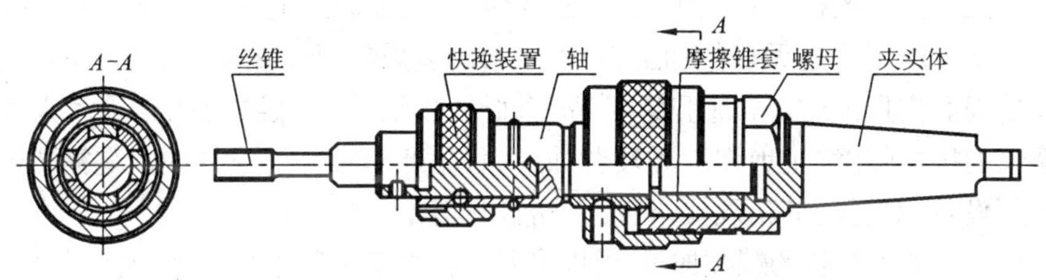

图 3.10　机动攻螺纹夹头

攻螺纹和套螺纹的特点是特别适宜于小尺寸的螺纹加工。对于特别小的螺纹,攻螺纹和套螺纹几乎是其他切削加工方法不能代替的。

攻螺纹和套螺纹的另一特点是操作十分灵活,特别适宜于成批大量箱体类零件上小螺纹的加工。

3. 铣螺纹、磨螺纹和滚压螺纹简介

(1)铣螺纹　铣螺纹是在螺纹铣床(专用机床)上进行的,也可以在万能卧式铣床上进行。螺纹大径较大、螺距较大的梯形螺纹和模数螺纹,可以利用盘状梯形螺纹铣刀在万能卧式铣床上进行铣削加工。铣螺纹比车螺纹的加工精度略低,一般为 9 ~ 8 级,表面粗糙度略大,一般 Ra 为 6.3 ~ 3.2μm。但铣螺纹的生产率高,适宜于大批大量螺纹生产的粗加工和半精加工。

(2) 磨螺纹　磨螺纹是在螺纹磨床(专用机床)上进行的。它主要是对需要热处理(硬度较高和精度要求高)的螺纹进行精加工。例如量具(如量规)、工具(如丝锥)、刀具(如滚刀)和工件(如精密丝杆)等,这些零件上的螺纹都须经

过磨螺纹工序。

一般需要磨削的螺纹都是经过车螺纹或铣螺纹等半精加工后才进行的。

(3) 滚压螺纹　滚压螺纹是使坯料在滚压工具的压力下产生塑性变形,强行压制出相应的螺纹。滚压螺纹的滚压方式,目前主要有下列两种。

① 搓螺纹　搓螺纹是在搓丝机上进行的,搓丝机上装有上下两块搓板,搓板上开有截面形状与待搓螺纹牙型相符的斜槽。搓螺纹时,坯料在上下搓板之间被强行搓压成形。

利用搓丝机压出来的螺纹精度高,可达 5 级,表面粗糙度达 $Ra = 1.6 \sim 0.8$ μm。目前市场上购买的螺钉、螺栓等螺纹零件。大都是由搓丝机生产出来的。

② 滚螺纹　滚螺纹是利用两个滚轮来完成加工的,两个滚轮的外圆面开有与待滚螺纹牙型相符的螺纹,其中一个滚轮的轴线固定不动(称定滚轮),另一个滚轮的轴线作径向平行进给运动(称动滚轮)。滚螺纹时,坯料在转速相同、方向相反的两个滚轮之间,被强行滚压成形。

被滚压出来的螺纹精度更高,可达 3 级,表面粗糙度达 $Ra = 0.8 \sim 0.2$ μm。

由于滚压螺纹是无切削加工,螺纹材料的金属纤维未被割断;加之滚压力使螺纹的表面变形强化,表面粗糙度 Ra 降低。因而滚压螺纹的优点是大大提高了螺纹的抗拉强度、抗剪强度和疲劳强度,且生产率很高。它的缺点是需要贵重的专用设备,对坯料的精度要求较高,而且只能滚压外螺纹 。

对于难加工材料的螺纹加工,可以采用特种加工方法进行,如电火花加工等。

思考与练习题

1. 常用的螺纹主要有哪几大类? 它们的主要用途分别是什么?
2. 我们生活中用的水管上的螺纹,它的代号是什么? 其牙型角是多大?
3. 螺纹的精度等级共有几级? 自行车上用的螺纹属于哪一级?
4. 螺纹 G1 $\frac{1}{2}$A - LH 的含义是什么?
5. 螺纹的主要加工方法有哪几种? 哪一种加工方法的精度最高? 哪一种加工方法用得最广? 直径很小的螺纹的最好加工方法是哪一种?

3.2　齿轮齿形加工

齿轮是机械传动中应用最广泛的一种重要零件,几乎没有任何一台机器或仪器不用到齿轮传动(gear transmission)机构。齿轮的主要作用是传递动力和传递并改变运动的速度和方向。

3.2.1 齿轮的种类和用途

齿轮的种类很多,按其传动方式可分为如图3.11所示的三种类型。

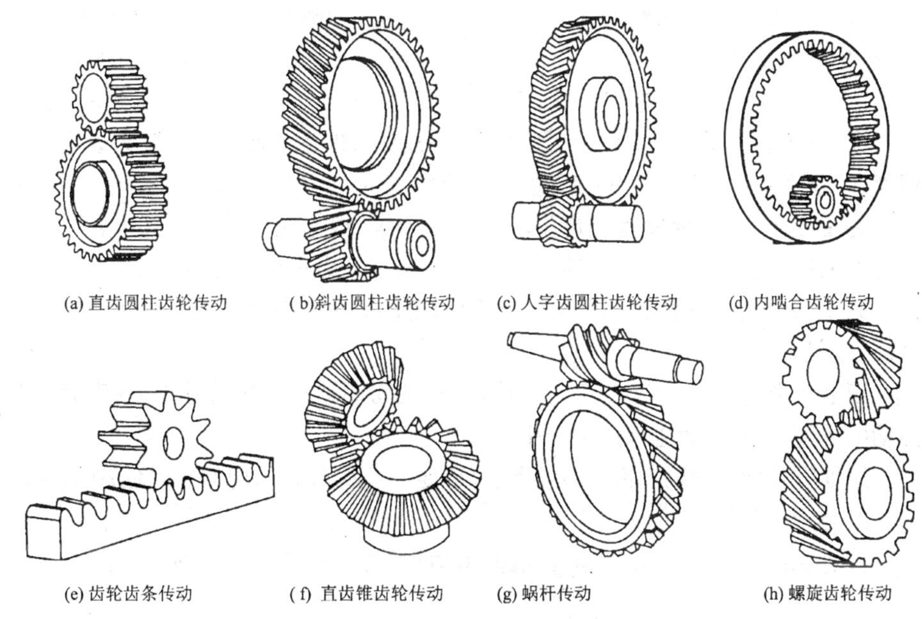

(a) 直齿圆柱齿轮传动 (b)斜齿圆柱齿轮传动 (c) 人字齿圆柱齿轮传动 (d) 内啮合齿轮传动

(e) 齿轮齿条传动 (f) 直齿锥齿轮传动 (g) 蜗杆传动 (h) 螺旋齿轮传动

图3.11 齿轮传动的类型

(1)直齿圆柱齿轮、斜齿圆柱齿轮、人字齿圆柱齿轮、内啮合齿轮和齿轮齿条等传动——用于平行两轴间的传动[图3.11(a)、(b)、(c)、(d)、(e)];

(2)圆锥齿轮传动(按轮齿方向也有直齿、斜齿和人字齿之分,后两种图3.11中未例举)——用于相交两轴间的传动[图3.11(f)];

(3)蜗轮、蜗杆和 螺旋齿轮传动——用于交叉两轴间的传动[图3.11(g)、(h)]。

3.2.2 齿轮齿形精度及应用范围简介

1. 齿轮的精度等级

为了使齿轮在传动过程中能工作平稳,目前齿轮的齿形轮廓曲线采用的有渐开线、摆线和圆弧线三种,其中渐开线用得最多。除了对齿轮的齿形轮廓曲线作出要求外,现代工业对齿轮传动还提出了下列要求:

(1) 具有一定的运动精度,以保证运动传递准确。

(2) 具有一定的工作平稳性,故应保证传动平稳,冲击及振动小、噪声低。

(3) 具有一定的接触精度,以保证足够的承载能力和使用寿命。

(4) 在齿轮副啮合轮齿的非工作面之间,具有合适的齿侧间隙,以补偿热变形和贮存润滑油。

根据对齿轮传动的要求,GB10095—88 规定了齿轮及齿轮副的精度为 12 个等级,分别用 1、2、3、…、12 表示。其中 1 级精度最高,以后各级的精度依次降低,12 级精度最低。齿轮副中两个齿轮的精度等级一般取成相同,也允许不同。

在 12 个精度等级中,1 级为预留给将来使用,即远景级精度,2 ~5 级为高级精度,6 ~8 级为中级精度,9 ~12 级为低级精度。

为了便于制造、检验和评定齿轮的精度等级,根据对传动性能和齿轮加工误差特性的影响情况,标准将各项公差与极限偏差分为三个公差组。

第Ⅰ公差组——测定以齿轮一转为周期的误差,来确定其传递运动的准确性(运动精度);

第Ⅱ公差组——测定在齿轮一转内,多次周期地重复出现的误差,来确定其传动的平稳性、噪声和振动(工作平稳性);

第Ⅲ公差组——测定齿向线误差,来确定其载荷分布的均匀性(接触精度)。

2. 齿侧间隙

齿轮副的齿侧间隙分为圆周侧隙和法向侧隙。(如图 3. 12 所示)。

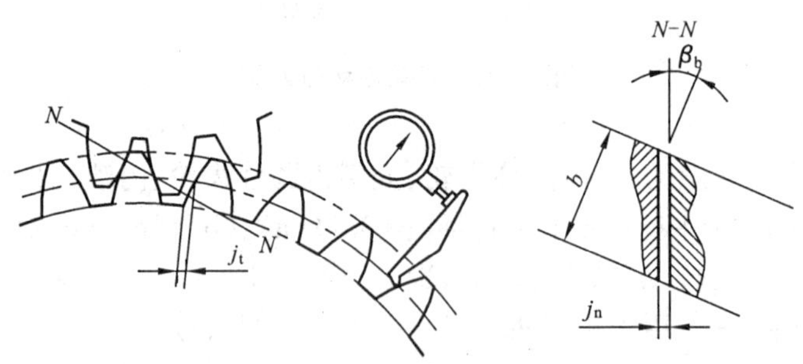

图 3. 12　齿轮副侧隙

(1) 圆周侧隙　将齿轮副中的一个齿轮固定,另一个齿轮的圆周晃动量,称为齿轮副的圆周侧隙 j_t,可以用指示表测量,其读数为分度圆弧长值。

(2)法向侧隙　齿轮副工作齿面接触时,非工作齿面之间法向的距离,称为齿轮副的法向侧隙 j_n。

前三项指标满足了要求,则单个齿轮合格,只有上述四项指标都合格,才能认为齿轮副合格。

3. 齿轮齿形精度的应用范围

齿轮齿形精度等级，应根据传动的用途、使用条件、传递功率、圆周速度等技术要求进行选择。常用齿轮齿形精度等级的应用范围参见表3.1。

表3.1　齿轮齿形精度等级应用范围

应用范围	精度等级	应用范围	精度等级
测量仪器用齿轮	2~5	重型汽车用齿轮	6~9
精密蜗轮减速器用齿轮	3~5	通用减速器用齿轮	6~8
精密切削机床用齿轮	3~7	拖拉机用齿轮	6~10
航空发动机用齿轮	4~7	起重机用齿轮	6~9
内燃机、电机车、轻型汽车用齿轮	5~8	矿用绞车、轧钢机用齿轮	6~10

3.2.3　齿轮齿形加工

由于齿形比较复杂，相对来说，加工起来较为困难。加工齿轮齿形时，分析齿轮零件工作图后，应注意根据其精度要求、生产批量等条件选择好加工方法和确定好齿轮加工的工艺过程。

齿形加工是根据其形成原理来设计加工的。目前齿形的加工，按加工原理可分为成形法和展成法（又称包络法或范成法）两种。

1. 铣齿

铣齿的加工原理是应用成形法。成形法是用与被切齿轮的齿槽法向截面形状相符的成形铣刀切出齿形的方法。

（1）工件（齿轮坯）的装夹

图3.13所示为铣削齿形的情形。铣削时，工件通过心轴被装夹在分度头（dividing head）和尾座两顶尖之间，分度头和尾座安装在工作台上面。铣刀旋转作主运动，工件随工作台作直线进给运动。当铣完一个齿槽后，铣刀沿原进给方向退回，进行分度后再铣下一个齿槽。

（2）铣刀及其应用范围

铣齿用的成形刀具有盘状铣刀和指状铣刀两种。如图3.14所示，铣削模数 $m \leq 20$ 的齿轮，多用盘状铣刀在卧式万能铣床上进行；铣削模数 $m > 20$ 的齿轮，一般用指状铣刀在立式铣床上进行。

铣削同一模数、不同齿数的铣刀，共有8个刀号，每个刀号可以铣削模数相同、多种齿数的齿轮，表3.2列出了刀号及其加工的齿数范围。

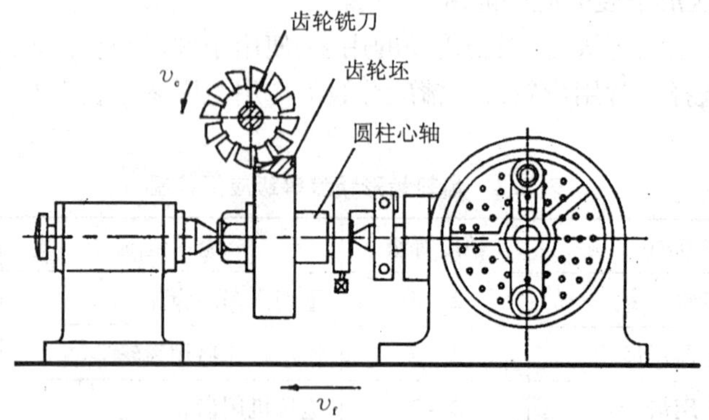

图 3.13　铣齿

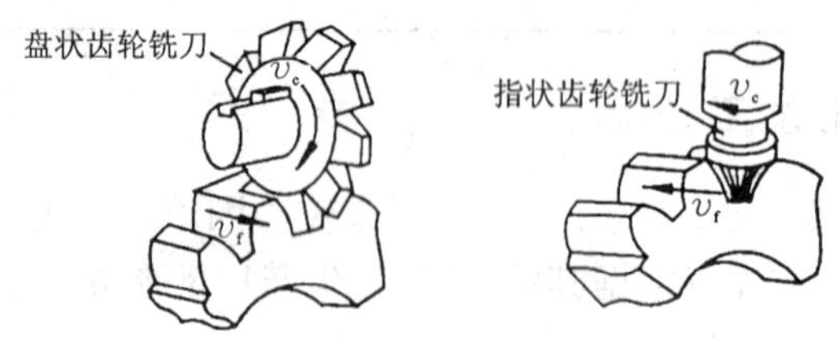

图 3.14　齿轮铣刀

表 3.2　齿轮铣刀刀号及其加工的齿数范围

铣刀刀号	1	2	3	4	5	6	7	8
加工的齿数范围	12～13	14～16	17～20	21～25	26～34	35～54	55～134	135 以上及齿条

(3)铣齿的加工特点

用成形法铣齿的优点是使用的设备简单,刀具成本较低,加工灵活。通过对机床及附件的调整,还可以铣削斜齿轮和锥齿轮。常用于非齿轮专业生产厂家。

但是它的最大缺陷是生产率和精度低。这是由于铣刀每铣一个齿,都要重复切入、切出、退刀和分度等辅助时间。影响了生产率,而且因其为不连续切削而降低了精度。

降低铣齿精度的主要原因在于铣刀的刀齿轮廓形状。由于铣削同一模数不同齿数的齿轮共用一把铣齿刀,而铣齿刀是按该刀号范围内最小齿数齿轮齿槽的理论轮廓设计和制造的。该刀号范围内的其他齿数齿轮齿槽,只能获得近似齿形。而且随着该号范围内齿数的增加,渐开线齿形误差增大。加之分度头的分度误差(分齿不均)以及加工误差,使得铣齿的精度低,一般只有9级精度及其以下,齿面粗糙度 $Ra=6.3\sim3.2\ \mu m$。因此,用成形法铣齿只适宜于一般修配或单件小批量生产某些低速以及精度要求低的齿轮。

(4) 螺旋齿轮及其加工简介

螺旋齿轮的轮齿和齿槽在圆柱表面的形状为螺旋线状,为此可以分析出螺旋齿轮的铣削运动,相当于铣削螺旋槽和铣削直齿轮两种铣削运动的合成;螺旋齿轮的模数分为端面模数和法面模数两种。垂直于齿轮轴线截面上的模数称为端面模数 m_t,垂直于螺旋线法截面上的模数称为法面模数 m_n。根据铣削刀具沿螺旋槽的走向,规定在螺旋齿轮的零件工作图中以法面模数 m_n 和法面压力角 α_n 为标准进行标柱。

与铣削一般齿轮不同的另一点是,铣刀刀号的选择,不能直接按实际齿数 Z 选择,而是按当量齿数 Z_d 选择。实际齿数和当量齿数的关系可用下式表示:

$$Z_d=\frac{Z}{\cos^3\beta}$$

式中 β——螺旋角。

因此,铣削螺旋齿轮时,应按照法面模数 m_n 和当量齿数 Z_d 选择齿轮铣刀。

铣削螺旋齿轮,可以采用圆盘铣刀在万能卧式铣床上(也可以在专用齿轮铣床上)进行。为了使圆盘铣刀的旋转轴线与螺旋槽切线方向处处保持一致,首先要根据被切螺旋齿轮的螺旋角 β 的大小和旋向,将铣床工作台由正常位置,按顺时针或逆时针方向旋转一个螺旋角 β,如图3.15所示。

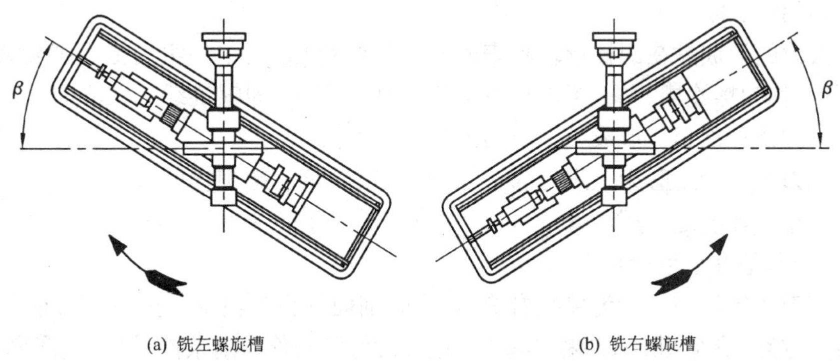

图3.15 铣削螺旋齿轮时铣床工作台的旋向

其次,必须在纵向工作台丝杆与分度头挂轮轴之间选择配换齿轮,以便满足螺旋齿轮的其他要素。有关具体计算,可参阅有关手册。

2. 滚齿

滚齿是在齿轮加工专业设备——滚齿机(gear hobbing machine)上进行的，如图 3.16 所示，滚齿机由床身、工作台、支撑架、刀架、立柱和电器箱等组成。

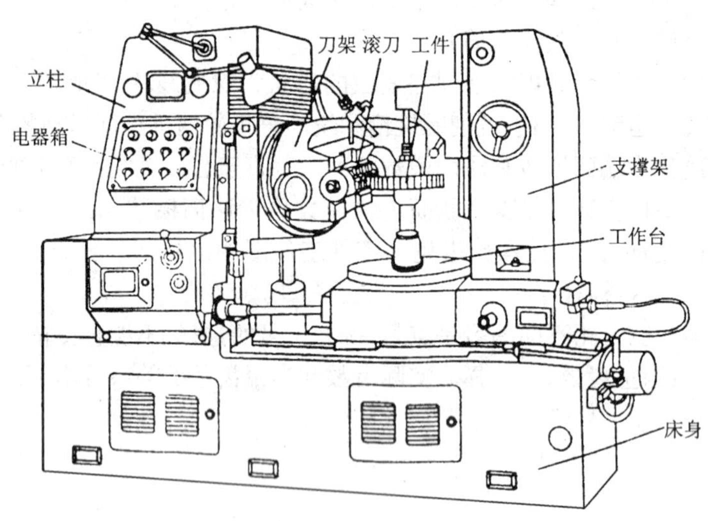

图 3.16　滚齿机

滚齿用的刀具称为滚刀，它是齿轮刀具(gear cutters)中的一种，如图 3.17 所示。

(1)滚刀的形成

滚刀的形成是在圆柱形坯料表面开了两组沟槽，其中一组沟槽沿螺旋线方向开出，称为螺旋槽；另一组沟槽沿螺旋线垂直方向(即螺旋线法向方向)开出，这两组沟槽分别相交形成了滚刀的刀齿和容屑槽。

滚刀可在专用磨床上进行加工，此时须按照滚刀螺旋槽的螺旋升角和导程进行调整。如缺乏专用设备，也可以在万能工具磨床上采用靠模法(如图 3.18 所示)或其他办法进行加工。

滚刀的螺旋槽一般为单线右旋，其法向剖面呈齿条齿形。刀齿顶刃前角 γ_p 一般为零度(参见图 3.17)称为零前角滚刀；为了改善切削条件，提高生产率，也有将顶刃前角做成 $\gamma_p = 5 \sim 10°$，称为正前角滚刀。

滚刀刀齿的后角 α_p 一般为 $\alpha_p = 10° \sim 12°$。

后角需经铲背才能形成，它主要是有利于重磨后齿形(包括齿高和齿厚)不发生改变，同时也可以减少刀齿与工件的摩擦。

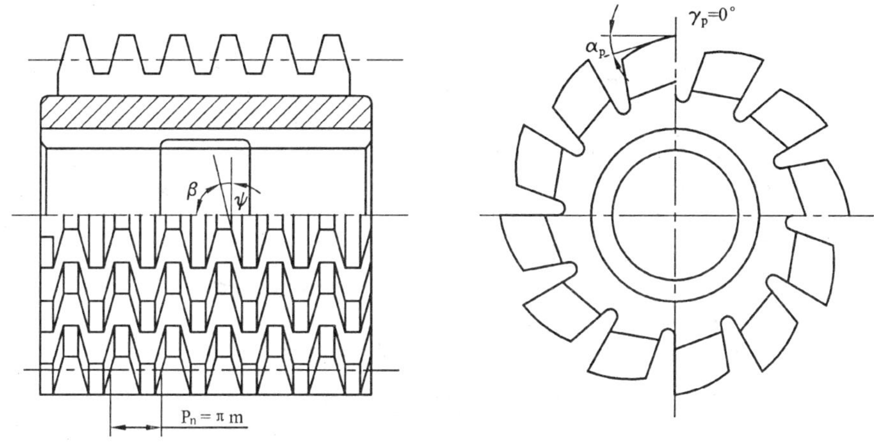

图 3.17 滚齿刀

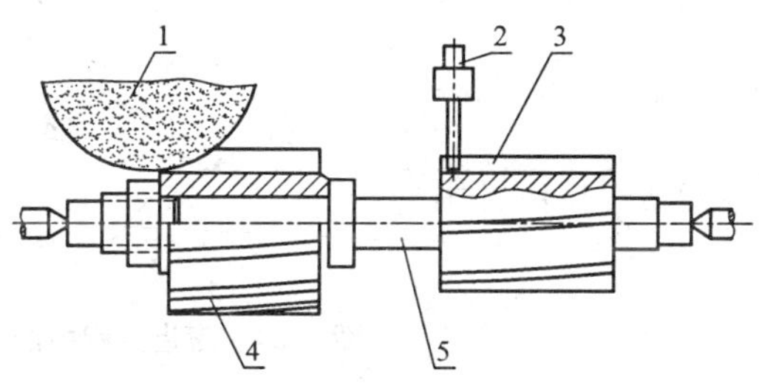

图 3.18 靠模法磨滚刀

1—砂轮;2—挡销;3—靠模;4—心轴;5—滚刀

(2)滚齿的工作原理

滚齿是应用展成法原理进行的。如图 3.19 所示,滚齿过程和蜗杆与蜗轮的啮合运动相似。由于滚刀的齿形与齿条形状相似,如果将齿条开出切削刃,它与齿轮形成无间隙啮合,当滚刀旋转一周,相当于齿条移动一个齿距,齿坯的分度圆也相应地转过一个周节的弧长。滚刀连续转动,像一条无限长的齿条在连续移动[相当于齿轮齿条传动(gear and rac transmission)],滚刀对齿坯之间形成强制啮合时,滚刀刀齿在齿坯一系列的位置上的包络线,逐步形成了正确的渐开线齿廓,如图 3.20 所示。

(3)滚齿的运动

滚齿主要有下列三个运动:

① 主运动　滚刀的旋转运动为主运动,其转速用 $n_{刀}$(r/min)表示。

② 分齿运动　保证滚刀转速 $n_{刀}$ 与齿坯转速 $n_{工}$之间强制啮合运动关系的

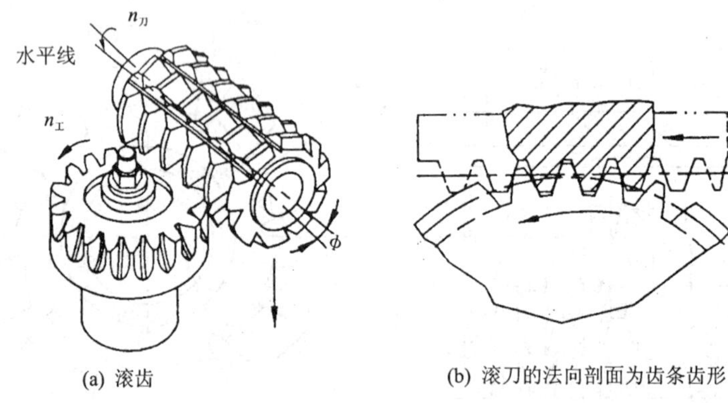

(a) 滚齿　　(b) 滚刀的法向剖面为齿条齿形

图 3.19　滚齿的工作原理

运动称为分齿运动。滚齿时，当滚刀旋转一转，齿数为 $Z_{工}$ 的齿坯旋转一个齿，即$\frac{1}{Z_{工}}$转；若滚刀线数为 K，则滚刀旋转一转，则齿坯旋转$\frac{K}{Z_{工}}$转，可用下式表示：

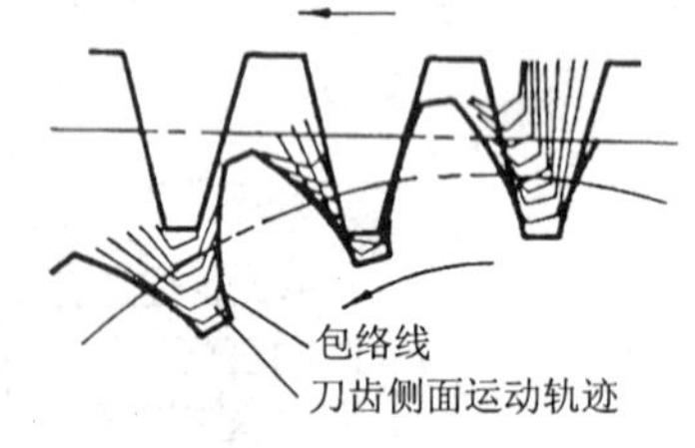

图 3.20　滚齿过程中渐开线齿形的形成

$$\frac{n_{刀}}{n_{工}}=\frac{Z_{工}}{K}$$

式中　$n_{刀}$、n_{I}——分别为滚刀和齿坯的转速，r/min；

$Z_{工}$——被切齿轮的齿数；

K——滚刀螺旋线的线数。

③ 垂直进给运动　滚刀沿齿轮坯轴线方向，切削出整个齿宽的运动称为垂直进给运动。工作台每旋转一转，滚刀沿齿轮坯轴线方向移动的距离(mm/r)，称为垂直进给量。

由于齿轮滚刀只能作垂直进给运动，在加工斜齿轮时，必须将滚刀连同刀架旋转一个角度，使刀齿运动方向与齿轮方向一致。为此，通过滚齿机的差动机构使滚刀除作垂直进给运动外，增加一个旋转运动，这两个运动的合成运动轨迹正好形成斜齿轮的螺旋线。

(4) 滚刀的安装

在滚齿加工前，应根据被切齿轮的齿向，将滚刀轴旋转一个安装角 δ，使滚刀齿的运动方向与被切齿轮的齿向一致。如图 3.21 所示。

设滚刀的螺旋升角为 λ，被切齿轮的螺旋角为 β，则有：

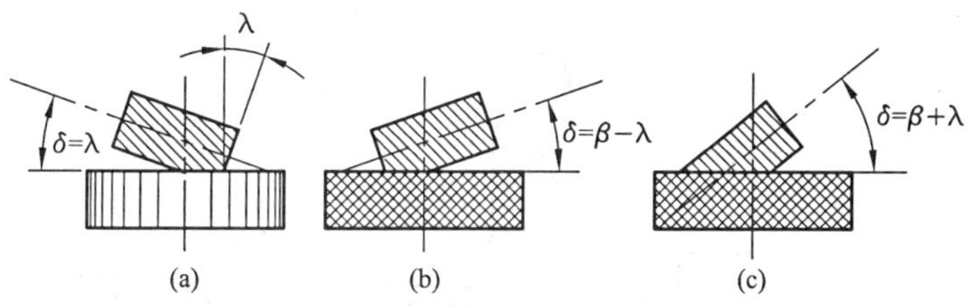

图 3.21 滚刀的安装角

① 加工直齿轮时[图 3.21(a)]:$\delta=\lambda$;

② 加工斜齿轮时:$\delta=\beta\pm\lambda$;

A. 滚刀与被切齿轮的螺旋方向相同时[图 3.21(b)]:$\delta=\beta-\lambda$;

B. 滚刀被切齿轮的螺旋方向相反时[图 3.21(c)]:$\delta=\beta+\lambda$。

一般应力求采用与被切齿轮螺旋方向相同的滚刀,以保证滚齿机运动的平稳性,确保加工精度。

(5) 滚齿加工的特点

① 滚齿获得的齿形是按展成法原理形成,与铣齿轮相比,无论是齿形精度,还是机床分度精度都要高,可以获得 8 ~7 级精度的齿轮;

② 滚齿方法可以用同一模数的滚刀,滚削出相同模数而不同齿数的齿轮,可以减少大量刀量,不但提高了精度,还降低了刀具成本;

③ 滚齿加工范围广泛,可以加工直齿轮、斜齿轮及蜗轮等;

④ 滚齿属连续切削,精度和生产率都较高;

⑤ 滚齿一般不能滚削内齿轮和相距太近的多联齿轮;

⑥ 滚齿适宜于单件小批生产,也适宜于成批大量生产。

3. 插齿

插齿是在专用设备——插齿机(gear shaping machine)上进行的,它的组成如图 3.22 所示。插齿用的刀具称为插齿刀,简称插刀,如图 3.23(a)。

(1)插齿原理

插齿是利用一对齿轮的啮合原理来进行加工的,因此,插齿与滚齿一样,也是应用了展成法原理。

插齿时,插刀对被切齿坯执行强制的啮合关系,逐步从齿坯上切除金属。插齿刀一边旋转,一边作上下往复运动,其合成运动使刀齿侧面在齿坯一系列位置上的包络线,逐步形成了正确的渐开线齿廓,如图 3.23(b)。

(2) 插齿运动

插齿需要具备下列五个基本运动:

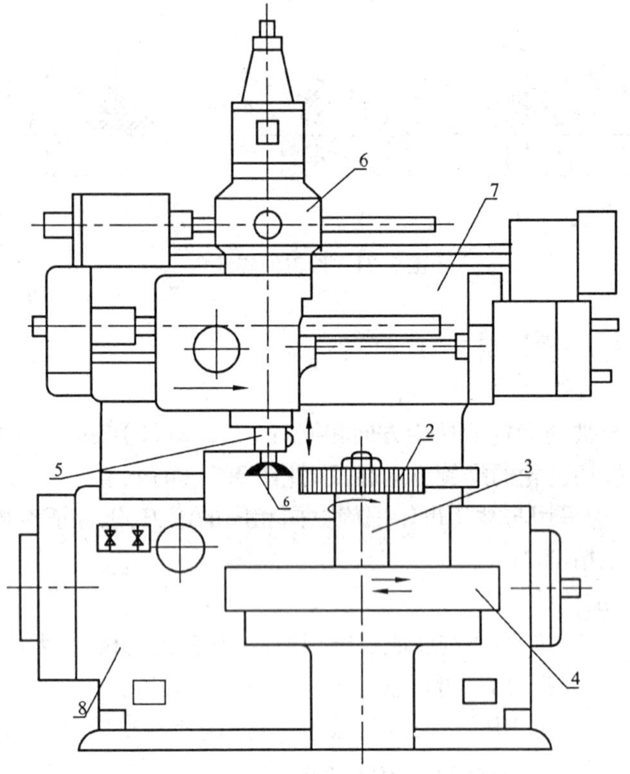

图 3.22　插齿机

1—插齿刀;2—工件;3—心轴;4—工作台

5—刀轴;6—刀架;7—横梁;7—床身

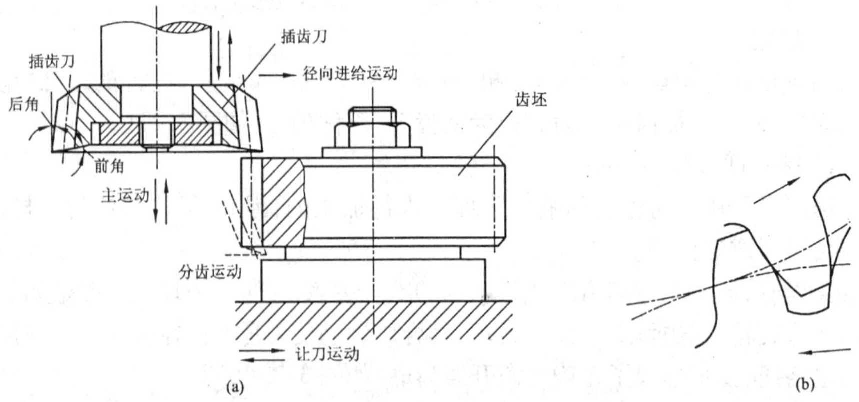

图 3.23　插齿原理

① 主运动 插刀沿其轴向的往复直线运动,称为主运动。每分钟的往复行程数 n_r 可用下式计算:

$$n_r = \frac{60 \times 1000v}{Zl} \qquad (\text{str/min})$$

式中 v——切削速度,m/s;

l——行程长度,mm。

②分齿运动 插刀与齿坯之间除各绕自身轴线旋转外,还被强制保持一定速比啮合关系的运动,称为分齿运动;也叫展成运动。其啮合关系可用下式表示:

$$\frac{n}{n_{刀}} = \frac{Z_{刀}}{Z}$$

式中 n、$n_{刀}$——分别为齿坯和插刀的转速;

Z、$Z_{刀}$——分别为被切齿轮和插刀的齿数。

③圆周进给运动 插齿刀自身的旋转运动称圆周进给运动 。插齿刀每往复行程一次,工件分度圆所转过的弧长(mm)称为圆周进给量(mm/str)。

④ 径向进给运动 插刀逐渐向齿根圆作径向移动的运动,称为径向进给运动。插齿刀每往复行程一次径向移动的距离,称为径向进给量(mm/str)。

⑤ 让刀运动 齿坯径向脱离与插刀接触的运动,称为让刀运动。为了避免插刀回程中与齿坯已加工表面发生摩擦,齿坯在径向让开插刀;当插刀工作行程再次开始前,齿坯又恢复原位,插刀再进行插削。

(3) 插齿加工的特点

① 插齿与滚齿一样,其加工原理都是应用展成法,因此,刀具的选用只要求模数和压力角与被切齿轮相同,与齿数无关。因此,可以节省大量刀具,降低了刀具成本。

② 插齿与滚齿的加工精度基本相同。由于插齿时插刀是沿全齿宽连续包络出齿廓,而滚齿是由滚刀经多次断续包络出齿廓,所以,虽然插齿与滚齿的尺寸精度相差不大,都可以加工出 8 ~ 7 级的齿轮,但插齿的表面粗糙度则略低于滚齿,可达 $Ra1.6\ \mu m$ 左右。

③ 插刀的制造及检测比滚刀简单和方便,容易控制刀具精度,因此,加工出的齿形比滚齿高。但插齿机的分齿传动链较复杂,累积传动误差较大,所以分齿精度略低于滚齿,一般只为 8 ~ 7 级。

④ 插齿时,在插刀的往复运动中,回程是空行程,所以生产率不如滚齿高。

⑤ 插齿的加工范围与滚齿一样较广泛,但各有所长:对于内齿轮、相距很近的多联齿轮、蜗轮和轴向尺寸较大的齿轮轴等,滚齿无法或难以加工,插齿占有

优势;而对于螺旋齿轮和斜齿轮,滚齿比插齿既方便又经济。因此,在选择加工方法时,应根据它们的特点进行。

⑥ 插齿和滚齿一样,在单件小批或成批大量的生产类型中都被广泛应用。

前面介绍的铣齿、滚齿和插齿,都只适宜于加工精度要求不高,一般为低级或中等(7级及其以下)精度的齿轮加工,或精度要求较高齿轮的粗加工。对于(7级以上)精度要求较高的齿轮,则需采用加工精度高的加工方法。常用的齿面精加工方法主要有剃齿、珩齿、磨齿和研齿,下面分别对它们进行简单介绍。

4. 剃齿

剃齿是在剃齿机上进行的一种齿形精加工方法,所用的刀具称为剃齿刀。如图3.24所示,剃齿刀的形状很像螺旋齿圆柱齿轮。它的齿面上开有许多小沟槽,以形成很多条小的切削刃。在与被切齿坯啮合运转的过程中,剃齿刀齿面上众多的小切削刃,从齿坯的齿面上逐步剃下细丝状的切屑,最后形成齿轮齿面,这种加工方法能提高齿形的精度,降低表面粗糙度。

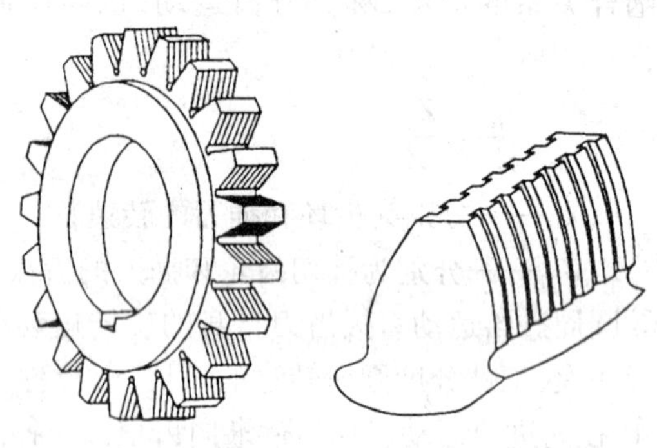

图3.24 剃齿刀

(1) 剃齿工作原理

剃齿是利用一对螺旋齿轮“自由啮合”的原理进行展成加工的,剃齿刀像一个高精度、高硬度的变位螺旋齿轮。如图3.25是剃削圆柱齿轮的剃齿原理示意图。剃齿时,齿坯被固定在心轴上,心轴被安装在剃齿机工作台上的双顶尖之间,齿坯本身不能旋转,而是由剃齿刀带动,有规律地顺时针(正转)和逆时针(反转)交替旋转。正转时剃削轮齿的一个侧面,反转时剃削轮齿的另一个侧面。

由于剃齿刀的刀齿是螺旋状的,其螺旋角为β,要使它与齿坯啮合,必须使其轴线相对于齿坯轴线倾斜β角。如图3.25所示,当剃齿刀高速旋转剃齿时,剃齿刀在A点的圆周速度v_A可以分解为下列两个分速度:即沿齿坯圆周切线方向的分速度v_{An}和沿齿坯轴线方向的分速度v_{At}。v_{An}使齿坯旋转,v_{At}为齿面相对滑移速度,即剃齿速度。为了能剃削轮齿的全齿宽,齿坯被工作台带动作往复直线运动。齿坯每往复一个行程,剃齿刀则作一次径向进给运动,直至剃削全部余量。剃齿刀的每次进给量一般为0.007~0.04 mm厚的金属层。

剃齿的特点是适宜于加工精度要求较高,未经淬火的齿轮,能提高齿形精度

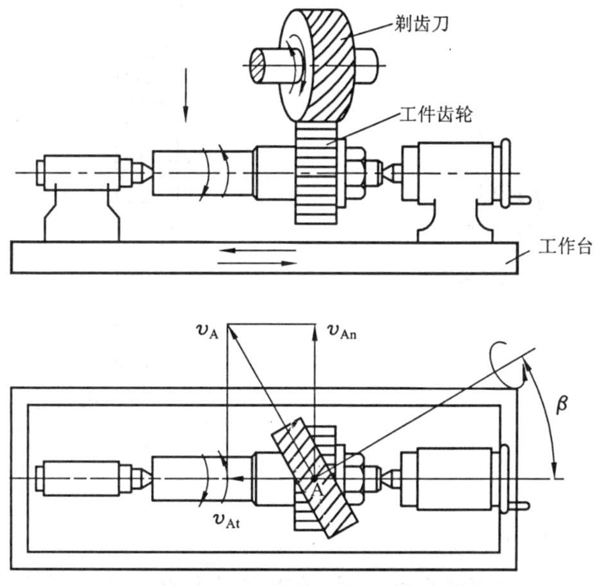

图 3.25 剃齿原理示意图

和齿向精度，降低齿面粗糙度。剃齿精度可达 7 ~ 6 级，表面粗糙度可达 *Ra* 0.8 ~0.4 μm。

由于剃齿时没有作强制性的分齿运动，所以不能修正被切齿轮的分齿误差。因此，采用剃齿加工的齿轮，一般都由分齿精度较高的滚齿进行粗加工。

对齿轮的精加工，剃齿的生产率很高，多用于大批量生产。留给剃齿的加工余量一般为 0.08 ~0.12 mm。

5. 珩齿

珩齿是在珩齿机上对淬硬齿轮进行齿形精加工的一种方法，其加工原理和方法与剃齿基本相同，使用的机床也区别不大。

珩齿用的工具称珩磨轮，如图 3.26 所示，珩磨轮是由金刚砂和白刚玉磨料与环氧树脂合成后浇铸或热压而成的，可以看成是具有较高精度和切削能力的“螺旋齿轮”。珩磨轮的齿面上密布的磨粒，其结构和砂轮相似，但粒度还要细。当被珩磨齿轮的模数 <4 时，采用不带齿芯的珩磨轮，模数 >4 时，采用带齿芯的珩磨轮。

珩磨轮的转速比剃齿刀高很多，一般为 1000 ~ 2000 r/min。珩磨轮高速带动被珩齿轮旋转时，它们在相啮合的齿面上产生相对滑移而实现切削。由于磨粒很细，结合剂的弹性大，且珩齿速度远低于磨削，所以珩磨过程具有剃、磨和抛

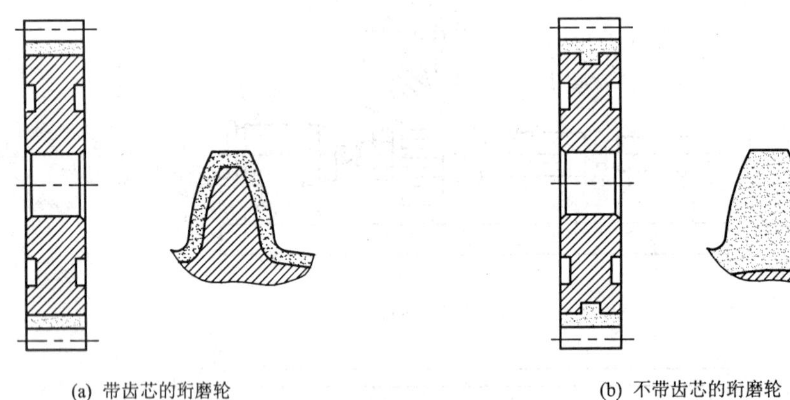

(a) 带齿芯的珩磨轮　　(b) 不带齿芯的珩磨轮

图 3.26　珩磨轮

光等精加工的综合作用。

珩齿主要是提高齿面的表面质量,有效地降低齿面粗糙度和齿轮啮合运转时的噪音。其表面粗糙度可达 *Ra* 0.4 ~ 0.2 μm。

但是,珩齿对齿形和齿向误差的修正作用不大,一般适宜于 7 ~ 6 级精度的淬硬齿轮的精加工。珩磨余量一般为 0.01 ~ 0.02 mm。

6. 磨齿

磨齿是利用砂轮在磨齿机上对齿轮进行加工的一种加工方法,它在目前诸多的齿轮加工方法中,加工精度最高。精度可达 6 ~ 4 级,齿面粗糙度可达 *Ra* 0.4 ~ 0.2 μm。磨齿对原齿轮的误差具有很强的修正能力,可以磨削淬火或未经淬火的高精度齿轮。由于磨齿的生产率低、加工成本高,故只适宜于高精度齿轮、插齿刀和剃齿刀等硬齿面的精加工。

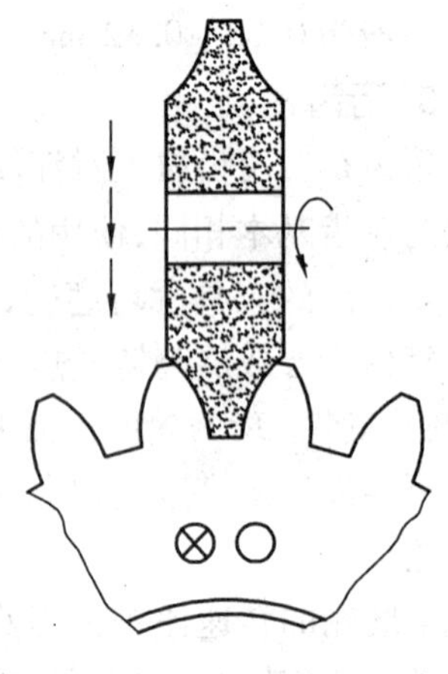

图 3.27　成形法磨齿

根据磨齿原理不同,磨齿可分为成形法和展成法两种。

(1) 成形法磨齿

图 3.27 所示为成形法磨齿。磨齿用的砂轮靠外圆处的两侧需要修整成与被磨齿轮的齿槽相同的渐开线齿形,然后对已经粗加工过的齿间进行磨削。

采用成形法磨齿虽然生产率较高,而且可

以磨削硬齿轮，但由于磨齿过程中砂轮的磨损不均，磨粒脱落不均使砂轮的形状略有改变，被磨削齿形也跟着改变，这种随机的误差严重影响了加工精度，其加工精度一般只有6~5级。加上每次修整砂轮也较麻烦。因此，目前生产中较少应用成形法磨齿。

(2) 展成法磨齿

根据砂轮的形状不同，展成法磨齿可分为锥形砂轮磨齿和双碟形砂轮磨齿两种形式。

① 锥形砂轮磨齿　如图3.28所示，所用砂轮是锥形砂轮，(又称双斜边砂轮)。砂轮靠近外圆部分需要修整成与被磨齿轮相啮合的、类似齿条的齿形。磨齿时，砂轮除高速旋转外，还要沿着齿坯轴线作往复直线运动。被磨齿轮沿着与砂轮保持齿条与齿轮强制啮合运动关系的轨迹，一边或左或右地分别磨出齿槽的1和2两个侧面，一边移动。砂轮与齿轮的合成运动(即展成运动)，使砂轮锥面在齿轮上包络出渐开线齿形。每磨完一个齿槽后砂轮将自动快速退离齿轮，接着齿轮自动进行分度，然后再磨削下一个齿槽。周而复此，直至把全部齿槽磨完。

② 双碟形砂轮磨齿　如图3.29所示，将两个碟形砂轮装在双砂轮磨齿机上进行磨齿的方法称双碟形砂轮磨齿。磨齿时，必须将两个碟形砂轮倾斜一定角度，构成假想齿条两个齿的外侧面，同时对齿轮的两个不同齿的侧面1和2或同一个齿的两个侧面进行磨削。其磨齿原理与锥形砂轮磨齿相同。为了磨出全齿宽，被磨齿轮必须沿齿向作往复运动。

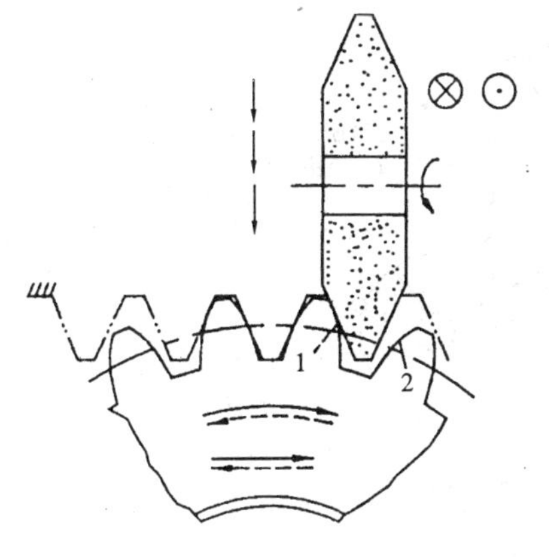

图3.28　锥形砂轮磨齿

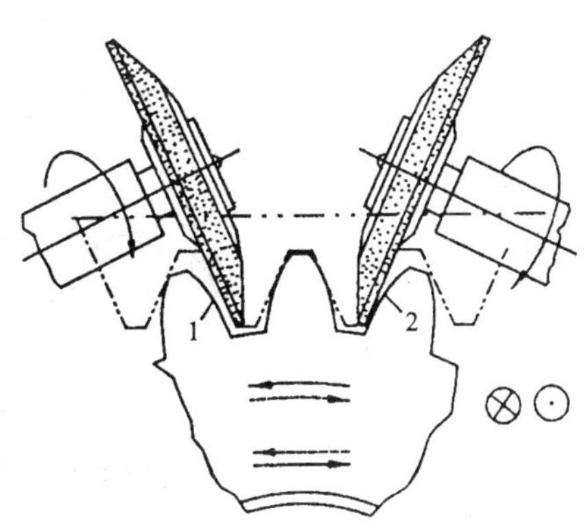

图3.29　双碟形砂轮磨齿

上述两种磨齿方法中，采用锥形砂轮磨齿，由于砂轮刚性较好、较大的切削用量使生产率较高。但砂轮因直径小而磨损快,其形状易改变,所以加工精度较低,只有 6 ~ 5 级。生产中常用来磨削 6 级精度的淬硬齿轮。

采用双碟形砂轮磨齿,由于砂轮磨损后可以通过自动补偿装置进行补偿,加之双砂轮磨齿机的传动误差较小等原因,使得双碟形砂轮磨齿比锥形砂轮磨齿的加工精度高,可达 4 级,表面粗糙度可达 Ra 0.4 μm 以下。但双碟形砂轮刚性较差,切削用量也就只能小,所以生产率较低,因此,它只适宜于单件、小批量生产,其应用不太广泛。

此外,利用展成法磨齿还有大平面砂轮型磨齿和蜗杆砂轮磨齿等方法。

7. 研齿

研齿是在研齿机上利用研齿轮(简称研轮)进行加工的。其加工原理与剃齿类似,都是利用轮齿啮合面之间的相对滑移进行加工的。

如图 3.30 所示,三个用铸铁制造的研轮分布在被研齿轮周围。若研磨直齿轮,其中应有两个是螺旋齿轮,另一个为直齿轮。被研齿轮在动力带动下与三个略带负荷(或轻微制动)的研轮,作无间隙的相互啮合运动。在啮合的齿面加入粒度很细的研磨剂(研磨剂一般为 180 ~ 240#的磨粒加润滑剂)。由于直齿轮与螺旋齿轮啮合时,齿面产生相对滑动,迫使研磨剂在齿面对被研齿轮产生极细微的切削。为了研磨全齿宽,被研齿轮除旋转外,还沿轴线方向作短距离的快速移动。当被研齿轮的一侧面被研磨好后,改变其旋转方向研磨另一侧,直至达到要求为止。

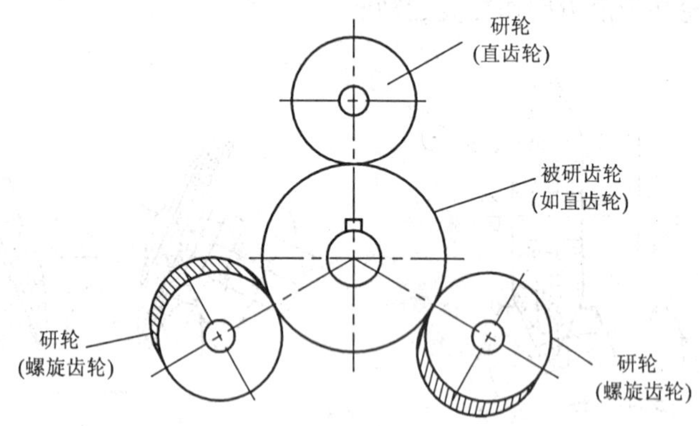

图 3.30 研齿原理示意图

由于研齿只能降低齿面的表面粗糙度,可达 Ra 1.6 ~ 0.2 μm。不能提高齿形精度,所以留给研磨工序的径向加工余量,一般在 0.03 ~ 0.04 mm 范围内。以保证研齿精度和提高生产率。

研齿主要是在没有磨齿机、珩齿机等设备的情况下，对淬硬齿面的精加工。除可以在研齿机上研齿外，还可以将被研齿轮安装在其他机床上进行研齿。方法是使被研齿轮及其偶件安装在机床上保持工作状态，然后在齿面加入研磨剂，使其慢速跑合一段时间，再逐步增快至工作速度，最后再拆卸清洗。也可达到一定的研磨效果。目前在实际生产中，这种方法应用得比较广泛。

思考与练习题

1. 按传动方式分类，齿轮可分为哪几类？试说明各类齿轮的应用场合。
2. 齿轮的精度等级是由哪些指标来评定的？
3. 若齿测间隙不合格，是否说明齿轮的制造不合格，为什么？
4. 常用的齿轮齿形加工方法有哪些？一般非专业齿轮生产厂家，主要是采用何种方法加工一般齿轮？
5. 什么叫成形法加工齿形？什么叫展成法加工齿形？两者各有何优缺点？
6. 试比较铣齿、插齿和滚齿的工艺特点。
7. 珩齿和研齿有何相同和不同之点？
8. 在没有高精度齿轮加工机床的情况下，如何尽可能降低齿轮啮合部分的表面粗糙度，以及减少齿轮副运转过程中的噪声？

4 零件表面的加工方案

零件是组成机器或部件最基本的单元，它服务于机器或部件，根据零件在机器或部件中应起的作用而对其提出各种要求。零件是由多个表面组成的，每一个表面又可以用多种加工方法获得。因此，应该对零件的结构特点、形状大小、技术要求、材料性能、生产批量、设备现状以及经济性等多方面进行分析，选择合适的加工方法。将多种加工方法按照一定的加工顺序链接起来，依次对各表面进行加工，多种加工方法的有机组合称为加工方案。加工方案是拟订工艺过程的基础。

4.1 零件表面的精度等级及其应用

4.1.1 零件表面的精度及精度等级

零件被加工后，其实际几何形状、尺寸、表面粗糙度及性能与其对应的理想状态的符合程度称为零件的精度。它主要包括下列内容：

1. 尺寸精度

零件的实际尺寸数值（如直径、长度、表面间的距离等）与其理想数值的接近程度称为尺寸精度。它用尺寸公差来控制，公差愈小，精度越高。例如在 20 个公差等级中，IT01 公差最小，精度最高。IT0，IT1，…，IT18 的公差依次增大，精度依次降低，IT18 的精度最低。

2. 形状精度

零件上的线、面的实际形状与理想形状的符合程度称为形状精度。它用形状公差来控制。在直线度、平面度、线轮廓度、面轮廓度、圆度和圆柱度等 6 个项目中，前四项各有 12 个精度等级，圆度和圆柱度各有 13 个精度等级，1 级精度最高，12 级或 13 级的精度最低。

3. 位置精度

零件上的点、线、面的实际位置与理想位置的符合程度称为位置精度。它用位置公差来控制。共有平行度、垂直度、倾斜度、同轴度、对称度、位置度、圆跳动和全跳动等 8 个项目。各项分别有 12 个精度等级，1 级精度最高，12 级精度最低。

4. 表面质量

主要指表面粗糙度 *Ra*,*Ra* 值越大越粗糙。

此外,表面质量还包括表面变形强化和表面残余应力;若零件需要热处理,则还包括表面硬度等性能指标。

(1)表面变形强化(原加工硬化) 被切削金属在刀具的作用下,工件已加工面表层硬度明显提高,塑性下降的现象称为表面变形强化。

(2)残余应力(residual stress) 外力消除后,残存在物体内部而总体又保持平衡的内应力称为残余应力。

应该说明的是:

① 上述各项指标在制订时是相互独立的,而在确定零件的精度时,它们又有内在联系,必须相互匹配。例如,尺寸精度要求很高的表面,其表面粗糙度 *Ra* 值相应地也会要求很低。

② 从使用的角度来说,零件的加工质量越高,即精度越高越好,但是,每提高一个精度等级,加工工艺就相应地复杂一些,加工成本也就高一些,因此,在制定零件的加工质量时,应按照在保证使用要求的前提下,尽量降低精度等级的原则来进行。

4.1.2 零件表面精度等级的大致划分及应用举例

根据对零件表面所要求的质量不同,大致可分为四类。尺寸精度和表面粗糙度等两项指标的大致匹配及应用举例参见表 4.1。

表 4.1 零件精度的分类及其应用

精度种类	尺寸精度范围	*Ra* 值范围(μm)	应 用 举 例
低精度	低于 IT12	*Ra*>50	用于非配合尺寸
	IT12~IT 11	*Ra*50~*Ra*12.5	用于不重要的配合
中等精度	IT10~IT 9	*Ra*6.3~*Ra*3.2	① 重要轴上的非配合面 ② 与轴套配合的表面 ③ 一般要求的配合 ④ 要求较高的键与键槽的配合
	IT8~IT 7	*Ra*1.6~*Ra*0.8	① 用于中等精度要求的配合 ② 通用机械的滑动轴承与轴颈的配合 ③ 重型机械与农业机械中较重要的配合

续表 4.1

精度种类	尺寸精度范围	*Ra* 值范围（μm）	应 用 举 例
高精度（机械制造业中应用最广）	IT7 ~ IT 6	*Ra*0.8 ~ *Ra*0.2	① 用于较重要的配合 ② 普通机床的重要配合 ③ 内燃机曲轴的主轴颈与轴承配合 ④ 与滚动轴承配合的主轴颈孔和轴 ⑤ 花键轴的定心表面
特别精密精度	IT5 ~ IT2	*Ra* < 0.2	① IT5 的轴与 IT6 的孔用于高精度的主要配合 ② 精密机床主轴的轴颈与轴承配合 ③ 内燃机的活塞与活塞孔的配合 ④ 塞规的主要表面

思考与练习题

1. 零件的精度为什么要划分等级？精度等级的分类是如何划分的？
2. 零件的精度主要包括哪些内容？

4.2 零件表面的切削加工方案

下面分别讨论几类常见零件的典型加工方案，可以根据具体情况参照选用。应该说明的是，零件表面的技术要求愈高，其加工路线就愈长，可采用的加工方法就愈多，仔细分析各种表面的各种加工方案的特点，对于初学者是大有益处的。

4.2.1 外圆面的切削加工方案

外圆面主要是具有回转轴线的轴套类和轮盘类零件，它的基本加工方法有车、磨、光整加工和特种加工。外圆面的典型加工方案参见图 4.1。

此外，对于特殊的难加工材料的外圆面，可采用特种加工方法进行加工。例如：零件材料为高硬度的导电材料，可采用旋转电火花加工（spark-erosion machining），精度可达 IT8 ~ IT6，*Ra*6.3 ~ 0.8；若零件的材料是又硬又脆的非金属材料，则可采用超声波套料进行加工，精度可达 IT8 ~ IT6，*Ra*1.6 ~ 0.8。

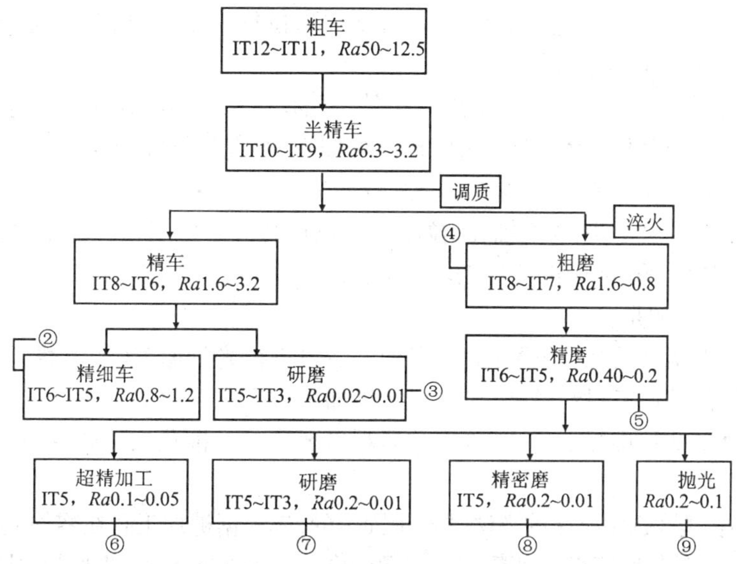

图 4.1 外圆面的典型切削加工方案

4.2.2 内圆面(孔)的切削加工方案

内圆面主要是具有回转轴线的套类以及箱体和支架类零件，它们的基本加工方法有车、铣、钻、扩、铰、镗、磨、拉及特种加工等。由于内圆面(孔)的加工比外圆面的加工更困难，特别是孔在零件上的位置多种多样，给零件的装夹带来了困难；加工孔时排屑困难，切屑热不易散发，所以加工要求较高的相同等级的轴和孔时，同一类孔的公差等级相应地比轴低一级。此外，由于孔的类型较多，所以加工方法及加工方案也较多。

1. 内圆面(孔)的类型

孔的类型划分方式较多。按照加工质量要求，可以大致划分成：低精度孔、中等精度孔、高精度孔和精密精度孔四类；按照孔本身的特点，可以大致划分成：一般直径孔、特大孔、微孔、通孔和盲孔(分别有柱孔和锥孔)以及深孔[孔的长度与直径之比(L/D)大于 5 的孔]六类；按照孔的加工工艺特点，可以大致划分成：非配合孔，回转体零件上的孔，箱体、支架零件上的孔和深孔等四类。现按孔的加工工艺特点的划分及相应加工机床的选择简述如下。

(1)非配合孔　如油孔、螺栓孔等。这类孔要求不高，属低精度孔，通常在钻床上进行加工。

(2)回转体零件上的孔　如套类零件[套筒(quill)]、轮系类(如带轮、齿轮等)零件上的配合孔。这类孔的尺寸精度和形位精度都要求较高,属于中等精度孔,一般在车床上进行加工。

(3)箱体、支架上的孔　如减速箱体、泵体上的起容纳作用零件上的配合孔。这类孔的尺寸精度和形位精度也要求较高,特别是位置精度,在车床上加工较难保证,通常都是在镗床或铣床上进行加工。

(4)深孔　如车床的主轴孔、拉床上的拉杆孔等。由于深孔加工更为困难,通常用特殊的深孔钻床进行加工。

必须说明的是:

① 特别精密的孔,需要在高精度加工后再进行光整加工(如珩磨、研磨等);

② 各种难加工材料的孔,应选用特种加工机床进行加工;

③ 对于某些难加工的孔(如有位置精度要求的盲锥孔),一般在加工中心机床上进行加工。

上述各类孔选用机床的方法并不是固定的,应根据被加工孔在零件上的位置、孔的大小、孔的精度等级等因素,特别是要结合现有条件灵活、合理地进行选择。

2. 内圆面(孔)的切削加工方案

孔的切削加工方案很多,常用的典型内圆面(孔)的切削加工方案参见4.2。

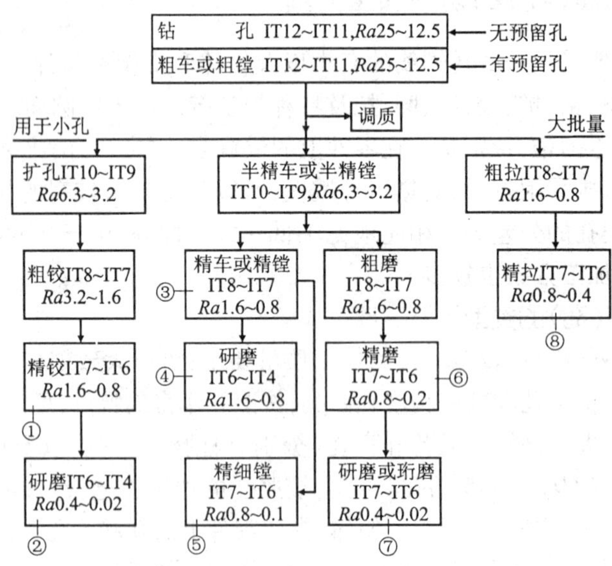

图4.2　内圆面(孔)的切削加工方案图

此外,对于各种难加工材料的孔,可采用特种加工方法进行加工。例如:加工高硬度的导电材料上的型孔、微孔和深孔,可采用电火花穿孔,表面粗糙度可达 *Ra*3.2~0.4;加工又硬又脆的非金属材料上的型孔、微孔和深孔,可采用超声波穿孔,表面粗糙度可达 *Ra*1.6~0.1;对于小孔,特别是微孔,无论金属材料或非金属材料,用激光打孔最佳。

4.2.3 平面的切削加工方案

平面是零件的主要表面之一,常见的平面有:平板、床身及其导轨面、机架(或机座)、箱体、轴套类零件的台肩和端平面、六面体零件等,还有零件上常见的各种形状的沟槽(如T型槽、V型槽、燕尾槽等),大多是由平面组成。它们的基本切削加工方法有:拉、刨、铣、车、刮研、磨和特种加工等。由于平面本身无尺寸精度,只有形位精度和表面粗糙度。加工时应特别注意控制这两项指标。

平面的切削加工方案参见图4.3。

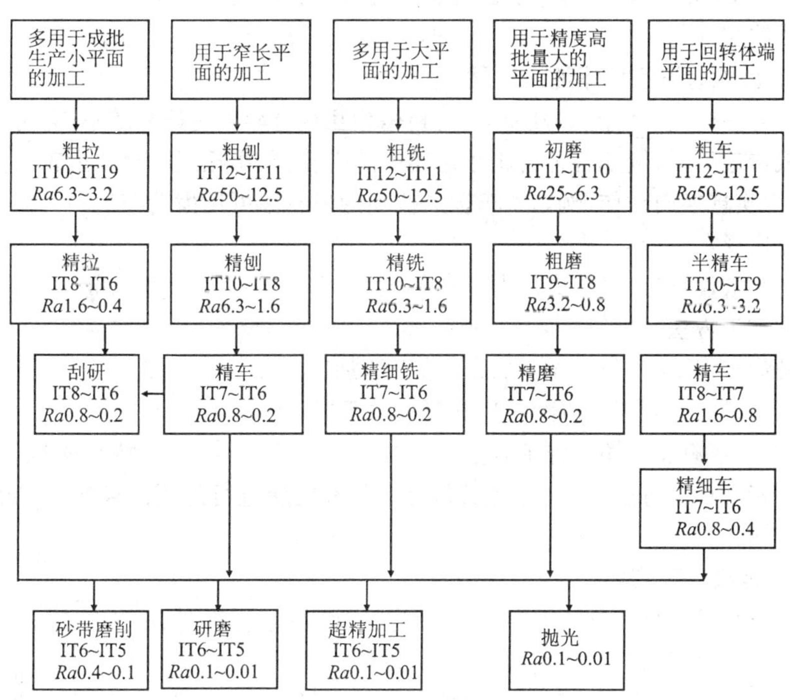

图4.3 平面的切削加工方案图

4.2.4 成形面的切削加工方案

成形面在机器零件中使用较普遍,例如各种手柄、凸轮、齿轮齿面及螺纹等都属于成形面。

成形面的加工方法主要是前面介绍的轨迹法、成形法和展成法三种。在选择成形面的加工方法时,应根据零件的形状特点、尺寸大小、表面质量、精度要求、生产批量及经济性等因素综合考虑,选择合适的加工方法。

例如加工手柄、凸轮等零件,通常采用纵、横向综合进给(双手联动)法或靠模法进行加工。靠模法主要用于精度要求较高、批量较大的成形面的加工。这也就是应用轨迹法进行加工。

又如齿轮齿形的加工,若精度要求不高,批量小,零件尺寸小,则可以利用齿轮齿形成形铣刀进行加工。若手柄、凸轮等尺寸小,批量小时,可用成形车刀进行加工。这也就是应用了成形法进行加工。再如对于精度要求较高、批量较大的齿轮齿形加工,多用滚齿、插齿等机床进行加工。这些机床的加工成形就是应用展成法实现的。

1. 齿轮齿形的切削加工方案

齿轮主要用于传递动力和运动,利用相互啮合两齿轮齿数的不同,可以实现减速或增速传动,例如各种齿轮减速器中的齿轮;利用相互啮合两齿轮位置的不同,可以实现换向动作,例如汽车拨叉拨动的齿轮。可见齿轮在运动机械中的应用十分广泛。

齿轮被设计出来后,应根据齿形的大小、精度等级及生产批量等要求,选择相应的加工方法。

铣齿(利用成形铣刀加工)属于成形法加工。

滚齿、插齿、剃齿、磨齿、珩齿和研齿属于展成法加工。

此外,还有少无切削加工方法,如精锻、精铸齿轮等;对于特殊材料的齿面,可采用特种加工方法,如电解加工和线切割等机床进行加工。齿轮常见的加工方案如图 4.4。

2. 螺纹加工方案

标准化已是现代化生产的重要标志,螺纹属于标准件,非专业螺纹生产厂家,一般只在修配时进行少量加工。

螺纹加工的方案较简单,用得最多的是车螺纹,精度可达 9 ~ 4 级、*Ra*3.2 ~ 0.8。广泛用于加工精度要求不太高,生产批量不大的螺纹加工。

对于直径较大的梯形螺纹以及蜗杆蜗轮等模数螺纹,常用铣螺纹来完成,精度可达 9 ~ 8 级、*Ra*6.3 ~ 3.2。

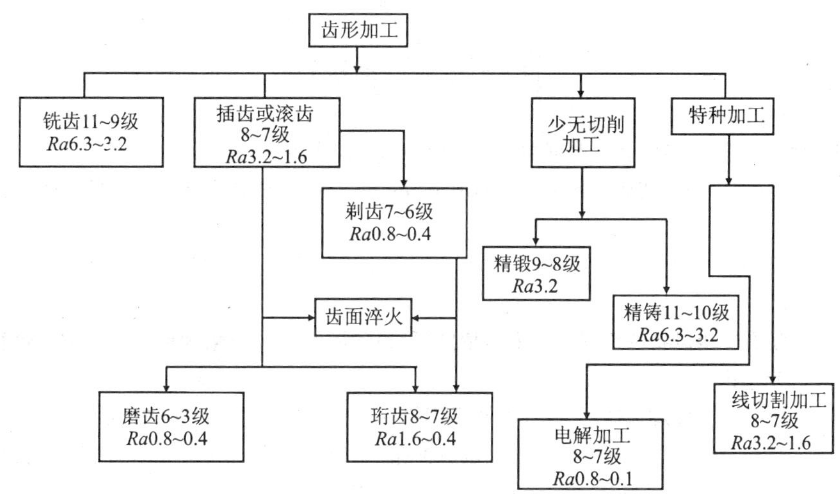

图 4.4 齿轮常见加工方案图

若精度要求较高或螺纹面有硬度或耐磨性要求时，可以在车或铣螺纹后，进行表面淬火或表面渗碳，然后再进行磨螺纹，精度可达 4 ~3 级、*Ra* 0. 8 ~0. 2；若要求更高，磨螺纹后还可以对螺纹面进行研磨，精度可达 3 级或更高、*Ra* 0. 1 ~0. 05 或更低。

对于直径较小、精度要求不太高的内、外螺纹，通常采用攻螺纹和套螺纹。这两种加工方法在螺纹专业生产厂家、特别是螺纹非专业生产厂家应用最广。攻螺纹精度可达 8 ~6 级、*Ra* 3. 2 ~1. 6。

对于大批量直径 $d \leqslant 25$mm 的螺钉、螺栓等外螺纹的加工，一般采用搓螺纹，精度可达 7 ~5 级、*Ra*1. 6 ~0. 8。

对于传动丝杠的加工，常用滚螺纹的方法来完成。滚螺纹的精度可达 6 ~4 级、*Ra* 0. 8 ~0. 2。

上述搓螺纹和滚螺纹均属少无切削加工，这两种加工方法不但可以节约大量材料、生产率很高，而且加工精度也比车螺纹和铣螺纹高很多。但是，搓螺纹和滚螺纹所用的设备搓丝机和滚丝机制造复杂，设备成本较高，多用于螺纹专业生产厂家。

对于难加工材料的螺纹加工，通常采用回转式电火花加工等特种加工方法，精度可达 9 ~5 级、*Ra*1. 6 ~0. 1。

这里应该说明的是，螺纹的精度不仅与其公差等级有密切关系，还与旋合长度紧密相关。前面介绍的螺纹精度等级是指国标规定的普通螺纹的中经公差等级。

思考与练习题

1. 对于初学者，各种表面典型加工方案的介绍有何作用？

2. 成批生产中，在实体材料上加工 ϕ50H6、Ra 0.2 的孔，试列出你所知道的可供选择的加工方案。

3. 常见的螺纹加工方案有哪些？非螺纹专业生产厂家加工中等精度的螺纹，常采用哪种加工方案？

4. 在没有专用设备的情况下修配某精度要求较高的齿轮，应采用何种加工方案进行加工才能达到使用要求。

5. 在中小企业修理机床的导轨时，常采用何种加工方法和加工方案进行加工？

6. 若结构设计要求某零件必须设计成盲锥孔？应怎样选择加工方案？试根据盲锥孔的尺寸大小、长短和精度要求，设计出各种情况下的加工方案。

4.3 零件表面加工方案的选择

零件表面加工方案的合理选择，是个十分复杂的问题。因为加工方法和加工方案的选择，不单纯是能否保证加工质量的问题，它与加工的生产率和经济性等许多因素密切相关。也就是说，零件的技术要求、结构形状、尺寸大小、生产批量以及生产的现场条件等都要影响其加工方法和加工方案的选择，可变因素较多。因此，同一零件的同一表面，在不同的生产条件下（如生产批量、加工设备、生产组织及资金状况等），都会产生不同的合理的加工方法和加工方案。如何正确选择，需要综合考虑。一般可以从以下几个方面进行分析。

4.3.1 零件的技术要求对加工方案的影响

能否保证零件的技术要求，这是加工方案选择的关键，4.2 中提供的各种加工方案，可以作为选择的依据。例如图 4.5 所示轴套中内孔 ϕ25 的加工，根据技术要求的不同，即精度要求的不同，可以有不同的加工方案。

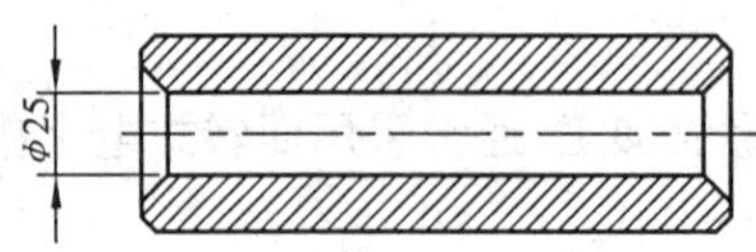

图 4.5 轴套

(1)当孔的精度要求为低精度要求时,采用钻孔或粗车就可以实现了。

(2)当孔的精度要求为中等精度要求时,可以从下列加工方案中选择。

①钻(粗车)—扩—粗铰

②钻(粗车)—半精车—精车

③钻(粗车)—半精车—磨

④钻(粗车)—半精车—浮动镗

⑤钻(粗车)—半精车—粗拉

(3)当孔的精度要求为高精度要求时,则可以在中等精度加工方案的基础上增加更精密的加工工序即可实现。

若零件表面的技术要求中还有热处理(淬火、渗碳、抛丸等)要求,则加工方案又将变动,大家可以自行分析。

4.3.2　零件的结构形状、尺寸大小对加工方案的影响

1. 零件的结构形状对加工方案的影响

零件的结构形状直接影响到安装(包括定位和夹紧,详见第5章)。对于轴、套和盘类等具有回转轴线的内、外圆面,可以优先考虑采用车削加工方案,因为三爪卡盘可以使零件自动定心(零件的轴线与车床主轴轴线一致),安装起来十分方便,大大减少了加工的辅助时间,有利于提高生产率。

对于无回转轴线零件的内、外圆面,一般可采用镗削加工方案。这是由于若在车床上加工,必须要利用花盘等附件来帮助安装,这样调试起来十分麻烦;特别是对于有位置度要求的箱体类零件(例如减速器箱体上的孔)若采用车削加工方案则无法达到零件的技术要求。因此,在选择加工方案时,必须要考虑零件的结构形状特点。

2. 零件表面的尺寸大小对加工方案的影响

零件的大小对加工方法和加工方案的选择起着关键作用,例如孔的大小适中,其加工方法较多。若孔径小于0.1mm,则无法采用切削加工方法加工,必须要选用特种加工方法来进行,例如采用激光打孔。因此,在选择加工方案时,必须充分考虑零件表面尺寸大小。

由上所述,可以分析出其他零件表面对加工方案的影响,所以在选择零件表面的加工方案时,要将零件的结构形状、尺寸大小进行综合考虑。

4.3.3　零件的生产批量对加工方案的影响

零件的生产批量即生产类型是指每批次生产零件的数量。大致可分为单件生产,成批生产和大量生产三种。目前采用的生产类型大致划分见表4.2。

表 4.2　生产类型(批量)的大致划分

生产类型(批量)		零件的年生产量(件)		
		重型零件	中型零件	轻型零件
单件生产		<5	<20	<100
成批生产	小批	5～100	20～200	100～500
	中批	100～300	200～500	500～5000
	大批	300～1000	500～5000	5000～50000
大量生产		>1000	>5000	>50000

同一零件表面的加工,因其生产批量不同,必然要选择不同的加工方案,这是由于生产批量不同,其生产组织、车间布置、毛坯生产、加工机床、刀具和量具等都不相同,对工人的技术要求也不相同。各种生产类型的工艺特点见表 4.3。

表 4.3　各种生产类型的工艺特点

类型特点	单件生产	成批生产	大量生产
毛坯制造方法及加工余量	铸件用木模造型 锻件用自由锻、毛坯精度低,加工余量大	部分铸件用金属模 部分锻件用模锻 毛坯精度中等,加工余量中等	高生产率毛坯制造方法:如:铸件广泛采用金属模机械造型,锻件广泛采用模锻;毛坯精度高,加工余量小
机床设备	采用通用机床	部分采用通用机床 部分采用高生产率机床	广泛采用高生产率的专用机床和自动机床
生产组织车间布置	机床按类别和规格大小,采用"机群式"排列布置	机床按加工零件类别,分工段排列布置	机床设备按流水线形式排列布置
夹具	多用标准附件,依靠画线及试切法达到加工精度	广泛采用夹具, 部分靠画线法达到加工精度	广泛采用高生产率夹具,靠夹具及调整法达到加工精度
刀具和量具	采用普通刀具和万能量具	多采用专用刀具和专用量具	广泛采用高生产率的刀具和量具
对生产工人的技术要求	较高	要求一般	要求较低,但对调试工人的技术要求较高。
技术文件	有简单的工艺路线卡	有工艺规程,对关键零件有详细的工艺规程	有详细的工艺文件

以上分析了影响零件表面加工方案的主要因素,学生可以自行分析其他的一些影响因素,例如现场条件,所在单位的经济状况等。在实际选择加工方案时,往往会遇到多个影响因素相互矛盾、并交织在一起的情况,这时应在诸多的影响因素中抓住关键所在,并按其影响大小排出顺序,进行综合分析,灵活应用,做到不要顾此失彼 ,从而达到选择出优质、高效、安全、低耗的加工方案。

思考与练习题

1. 应怎样选择零件的加工方案?当你选择的加工方案与你所在单位的具体条件相矛盾时,你应怎样处理?

2. 成批生产中,一般用样板对图4.6所示零件上的键槽尺寸及对称度进行检验,请设计出检验用样板,并画出其简图。

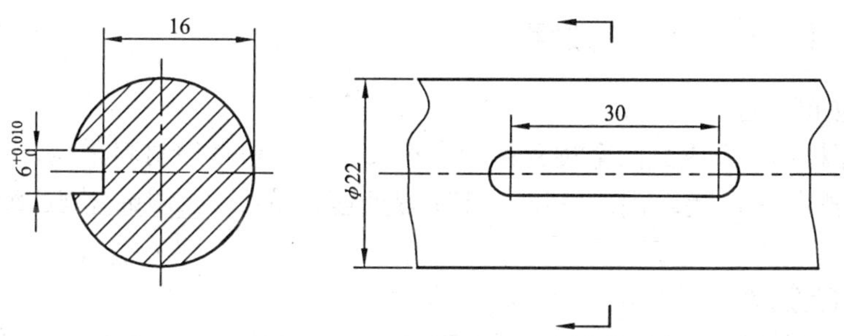

图 4.6 带键槽轴

3. 选择在单件小批量生产条件下加工下列表面的加工顺序及应采用的机床名称:

(1)车床主轴箱体上的轴承孔(ϕ120H7、Ra1.6);

(2)盘状齿轮坯的内孔(ϕ80H6、Ra0.8);

(3)轴承盖上的螺钉联接孔(6—ϕ13H11、Ra12.5);

(4)黄铜衬套内孔(ϕ30H7、Ra0.8);

(5)机床床身导轨平面($1200 \times 100\ mm^2$、Ra0.8)。

5 机械加工工艺过程

前面讨论了各种表面的加工方案及其选择，加工方案是制定加工工艺过程的基础。

5.1 工艺过程的有关概念

5.1.1 生产过程和工艺过程

1. 生产过程

将原材料变为成品的全过程称为生产过程。它包括原材料采购、运输和保管、生产技术准备、毛坯制造、零件加工和热处理、产品装配、调试、检验、油漆和包装等。

2. 工艺过程

工艺过程是生产过程中最重要的部分。直接改变生产对象的形状、尺寸、相对位置及性质，使之变为成品的全过程称为工艺过程。

例如铸造生产过程中有铸造工艺过程；此外还有锻造工艺过程、焊接工艺过程、热处理工艺过程、装配工艺过程等。

5.1.2 机械加工工艺过程的组成

利用机械加工的方法，直接改变毛坯形状、尺寸和表面质量，使其变为机械零件的过程，称为机械加工工艺过程。它由一系列的工序所组成，工序包含工步、走刀和安装等。

1. 工序

由一个（或一组）工人，在一台机床（工作地）上，对一个（或同时对几个）工件所连续完成的那一部分工艺过程称为工序。区别工序的主要依据是：工作地（或设备）是否变动，若有变动则构成了另一道工序。

例如图5.1所示阶梯轴，当零件加工数量较少时，则可以用三道工序完成加工。即Ⅰ：车端面（face turning）→打顶尖孔→车全部外圆→切槽→倒角；Ⅱ：划键槽加工线→铣键槽→去毛刺；Ⅲ：磨外圆。

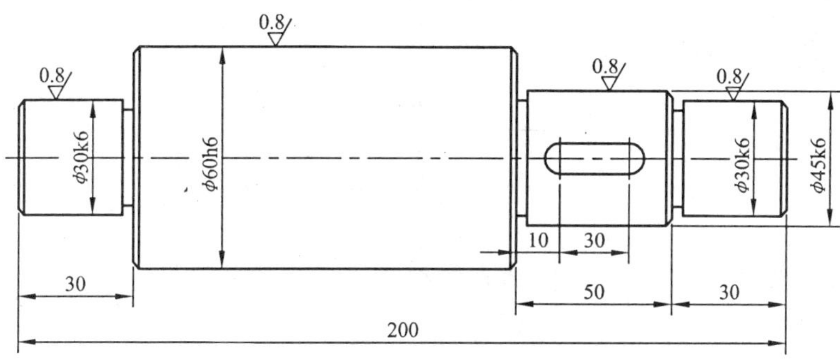

图 5.1　阶梯轴

当零件加工数量较大时，则需采用六道工序来完成加工。即Ⅰ：车端面→打顶尖孔；Ⅱ：车外圆→切槽(grooving)→倒角；Ⅲ：划键槽加工线；Ⅳ：铣键槽；Ⅴ：去毛刺；Ⅵ：磨各外圆。

2. 工步

在加工表面和加工工具不变的情况下，所连续完成的那一部分工序称为工步。例如图 5.1 所示阶梯轴，当加工数量很大时，在六道工序中的第二道工序里，包括了工步Ⅰ：车外圆面；工步Ⅱ：切槽；工步Ⅲ：倒角。其中工步Ⅰ车外圆又可分为四个工步，即加工每一个外圆面构成了一个工步。

应该说明的是，构成工步的因素有：加工表面、刀具和切削用量，它们中的任一因素改变后，一般就变成了另一工步。但是对于在一次安装中，有多个相同的工步，通常看成一个工步。例如图 5.2 所示零件上 4 个 $\phi15$ mm 孔的钻削加工，可以写成一个工步：钻 4—$\phi15$ mm。

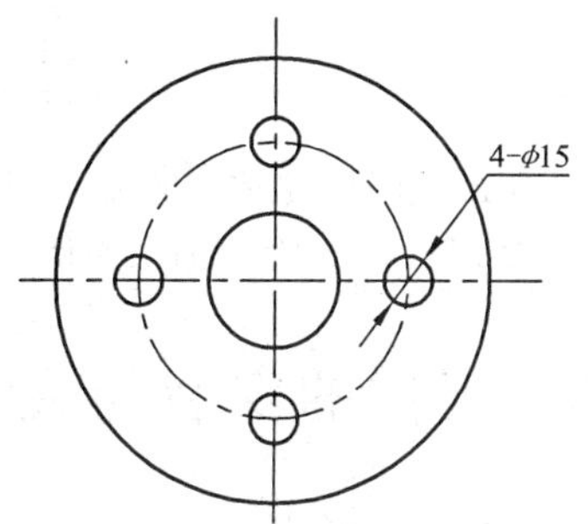

图 5.2　四个相同表面加工的工步

3. 走刀

在一个工步内，加工余量需要多次逐步切削，则每一次切削即为一次走刀。一个工步可以包括一次或多次走刀。

4. 安装

工件在一次装夹中所完成的那部分工序称为安装。在同一道工序中，工件的加工可能只需一次安装，也可能需要多次安装。例如图 5.3 所示轮坯，第一次安装为:用三爪卡盘夹住 ϕ102 外圆,车端面 C,车内孔 $\phi60^{+0.03}_{0}$,内孔倒角,车 ϕ223 外圆;第二次安装为:调头用三爪卡盘夹 ϕ223 位置上的外圆,车端面 A 和 B,内孔倒角。

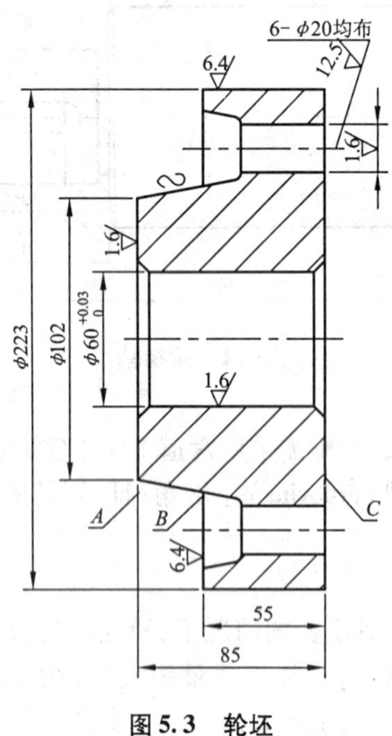

图 5.3　轮坯

1. 什么叫生产过程和工艺过程?机械加工工艺过程是由哪些内容组成?
2. 加工图 5.1 的阶梯轴时,为什么阶梯轴数量的多少(批量)不同,工序的安排则不同?

5.2　工件的安装与夹具

本节讨论的安装与工序中讨论的安装在含义上是不同的。工序中的安装是工艺过程的一个组成部分,安装的次数直接影响零件的加工质量。例如图 5.1 所示的阶梯轴,若不采用前面介绍的用双顶尖安装零件的方法,改用三爪卡盘直接夹住零件进行加工,即第一次安装为:夹住 ϕ60 h6 位置,车 ϕ45 h6 和 ϕ30 k6 的外圆;第二次安装为:调头夹住 ϕ60 h6 位置,车另一端 ϕ30 k6,这样的安装方法必然使零件两端 ϕ30 k6 的轴线不同轴,达不到零件的技术要求而不能被采用。

这里讨论的安装是研究工件的装夹过程。工件在加工前，必须在机床或夹具上首先占据一个正确位置，也就是工件要被定位，然后再对工件进行夹紧。从定位到夹紧的过程称为安装。安装的正确与否，直接影响加工精度；安装是否方便和迅速，直接影响辅助时间的长短。因此，工件的安装直接影响零件加工的经济性、质量和生产效率。

5.2.1 工件的定位

1. 六点定位规则（原理）

在空间不受约束的任一物体，存在着六个自由度，即沿三个互相垂直坐标轴的移动（用$\overline{X}$、$\overline{Y}$、$\overline{Z}$表示）和绕三个坐标轴的转动（用$\widehat{X}$、$\widehat{Y}$、$\widehat{Z}$表示）。如图5.4所示，工件在加工时，其位置必须要被完全确定下来，也就是必须限制其六个自由度。用一定规律分布的六个支承点（用定位元件实现）与工件的定位基准面紧贴来限制工件的六个自由度。使工件在机床或夹具中的位置完全确定，这就是常说的“六点定位规则”，简称“六点定则”。

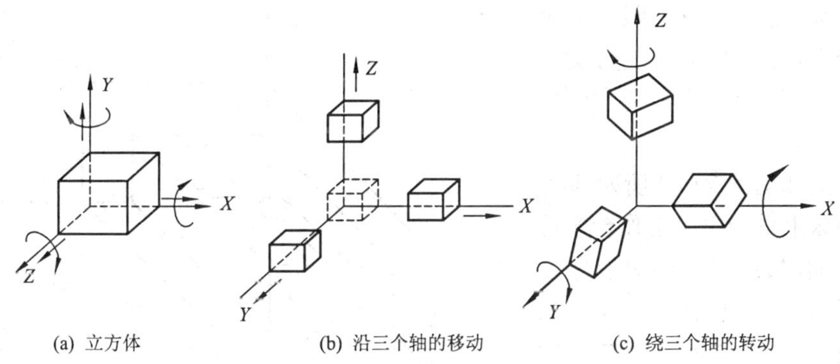

(a) 立方体　(b) 沿三个轴的移动　(c) 绕三个轴的转动

图5.4 物体的六个自由度

图5.5所示的六个支承点（用六个圆柱销钉代替）分布在三个互相垂直的平面内。其中在XOY平面上设置1、2、3三个圆柱销（三个支承点决定了平面），限制了$\widehat{X}$、$\widehat{Y}$和$\overline{Z}$三个自由度；在YOZ平面上设置了4、5两个圆柱销（二个支承点决定了直线）限制了$\overline{X}$和$\widehat{Z}$两个自由度；圆柱销6（一个支承点）在XOZ平面上，限制了$\overline{Y}$一个自由度。这样就限制了工件的六个自由度。

2. 工件的定位方式及种类

在实际生产中，工件加工时的定位，可能要将其六个自由度全部都限制，也可能只限制其中的一部分，因为只要限制那些影响加工精度的自由度就行了。工件定位总的原则是满足加工的需要，因而产生了下列各种定位方案。

(1)完全定位

在铣床上铣削如图 5.6 所示一批零件的沟槽时,为了保证图示尺寸 X、Y、Z 三个尺寸的加工精度,就必须限制该零件的六个自由度。工件定位时,限制了工件全部(六个)自由度的定位称为完全定位。

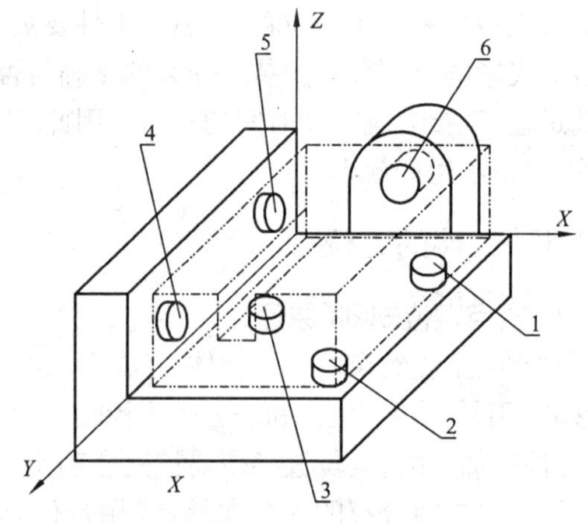

图 5.5　工件的六点定位

(2)不完全定位

在车床上车削如图 5.7(a)所示零件的通孔时,由于孔在 X 方向的移动$\vec{X}$和转动$\overset{\frown}{X}$都不会影响其加工精度,所以不需要限制,只需限制其余四个自由度($\vec{Y}$、$\vec{Z}$、$\overset{\frown}{Y}$、$\overset{\frown}{Z}$)就能满足加工需要,这种定位称四点定位。

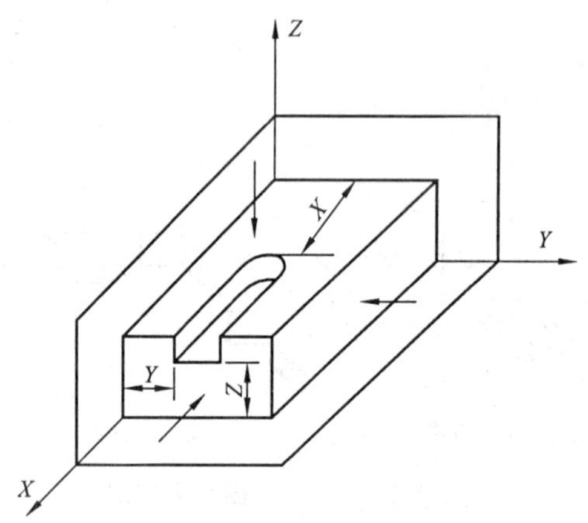

图 5.6　完全定位

又如图 5.7(b)所示零件在磨床上采用电磁工作台定位磨平面时,由于工件只有厚度和平行度的加工要求,所以只需限制$\overset{\frown}{X}$、$\overset{\frown}{Y}$和$\vec{Z}$三个自由度(即三点定位)就能满足加工需要。

工件定位时,限制自由度的个数少于六个,但已满足了加工的需要,这种定位方式称为不完全定位。

(3)欠定位

根据工件加工的需要应该限制的自由度,因没有设置适当的支承点而未得到限制的定位称为欠定位。如图 5.8 所示零件为在圆柱上铣键槽,如果只采用 V 形块 1、2 及止推销 3 定位,无防转销 4,工件绕工件轴线回转方向的位置将不确定,铣出的键槽将难以达到要求。这种定位方式是不允许出现的。

(4)过定位

工件的自由度被设置的定位元件重复限制的定位方式称为过定位。如图

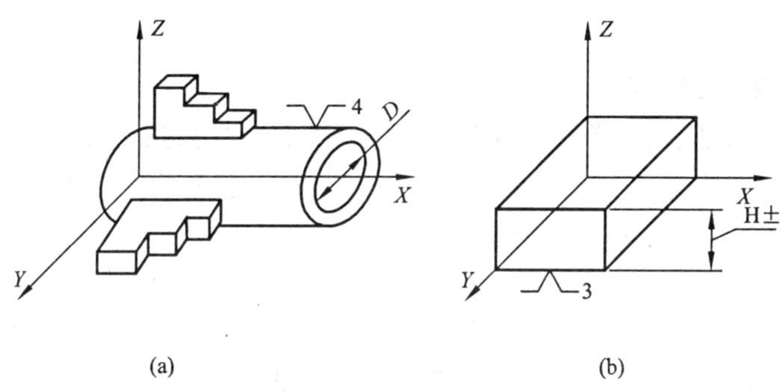

图 5.7 不完全定位

5.9 所示,车削轴类零件的外圆时若采用图示定位方法,即前后顶尖和三爪卡盘(卡盘夹住工件的一端)安装。由于前后顶尖已限制了$\overrightarrow{X}$、$\overrightarrow{Y}$、$\overrightarrow{Z}$、$\widehat{Y}$和$\widehat{Z}$五个自由度,而三爪卡盘也限制了$\overrightarrow{Y}$和$\overrightarrow{Z}$二个自由度。因此,$\overrightarrow{Y}$和$\overrightarrow{Z}$这两个自由度被重复限制了,这种定位方式称为过定位。

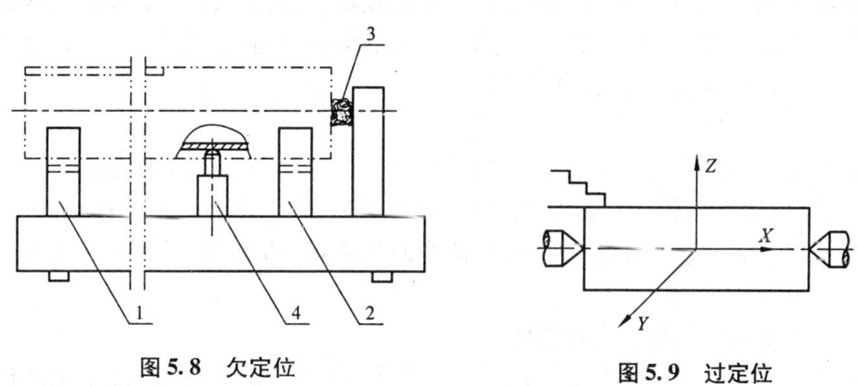

图 5.8 欠定位

图 5.9 过定位

过定位是不允许的,这是由于三爪卡盘的夹紧力将使顶尖或工件变形,增加加工后的误差,从而达不到零件的精度要求。但是,过定位有利于增加工件的刚性。因此,只要解决了过定位给加工带来的负面影响就可以采用,过定位在生产实践过程中采用得较多。常用的处理过定位的方法有两种:

①提高定位基准之间以及定位元件工作表面之间的位置精度。使产生的误差在允许的范围内。

② 改变定位元件的结构,使定位元件在重复限制自由度的部分不起作用。这种方法实质上已不是过定位了。

5.2.2 夹具常识

1. 工件的安装方法

在机床上加工工件,首先必须将工件进行安装,常用的安装方法有下列两种:

(1)直接在机床工作台或花盘上安装工件。这种安装方法的加工精度不高。生产率低,多用于单件、小批量生产。

(2)使用各种通用或专用的安装工件的工艺装备(简称工装)——机床夹具(简称夹具)安装工件。夹具是工装的一个重要组成部分。这种安装方法能迅速地使工件相对于机床占有正确位置,并且加工精度及生产率较高,还可以减少加工的辅助时间及减轻工人的劳动工作量,适用于大批大量生产。

2. 夹具的分类

夹具的分类方法较多,一般可分为通用夹具和专用夹具两种。此外还发展了通用可调夹具、成组夹具和组合夹具等类型的夹具。

(1) 通用夹具

指已标准化了的,在一定范围内可用来加工不同工件的夹具。例如三爪或四爪卡盘、圆形回转工作台、万能分度头、电磁吸盘、机用虎钳等。这些夹具常作为机床附件使用,适用于任何生产类型,特别是单件、小批量生产,应用更为广泛。这类夹具一般是由专门工厂制造。

(2) 专用夹具

指专为某一工件的加工而专门设计制造的夹具。这类夹具能保证工件的加工精度,提高了生产率。但是这类夹具的设计周期长、成本高,所以只适用于大批大量生产。对于生产批量为中等时,应全面核算其经济效益,从而决定是否采用专用夹具。

(3) 通用可调夹具和成组夹具

指通过调整或更换个别元件后,可以加工形状相似、尺寸相近、加工工艺相似的多种工件。在当前多品种变批量生产的条件下,更显示出这两类夹具的优势。因此,这两类夹具是改革工装设计的一个发展方向。

(4) 组合夹具

指用事先准备好的通用标准元件和部件组合而成的夹具。用完之后可以将这类夹具拆卸下来,更换元、部件组装成新夹具,供再次使用。这种夹具具有组装迅速、准备周期短、能反复使用等优点,被广泛用于多品种、小批量生产,特别是新产品试制尤为适用。

根据夹具使用的机床不同,上述各类夹具又可分为车床夹具、铣床夹具、钻床夹具、镗床夹具、齿轮机床夹具和其他机床夹具等类型。

若按夹紧力的来源不同，还可分为手动夹具、气动夹具、液压夹具、电磁和电动夹具等类型。

3. 夹具上自由度的限制举例

图5.10所示钻孔夹具为在轴上钻孔的简单专用夹具。安装时工件被夹在长V形块2上，限制了$\vec{X}$、$\vec{Z}$、$\widehat{X}$、$\widehat{Z}$四个自由度，这样保证了所钻孔的轴线与工件轴线正交；挡铁1与工件端面接触，限制了$\vec{Y}$一个自由度，以便保证所钻孔的轴线与工件端面的距离尺寸要求。以上用长V形块和挡铁共同限制了工件的五个自由度，属于不完全定位。为什么$\widehat{Y}$不需限制呢？这是因为所钻孔在轴的圆周方向没有位置度要求。

4. 夹具的组成

上述各类夹具，它们的工作原理是相同的，它们的元件或部件所起的作用是相同的。因此，可以由图5.10所示的钻孔夹具分析。得出夹具一般由以下部分组成。

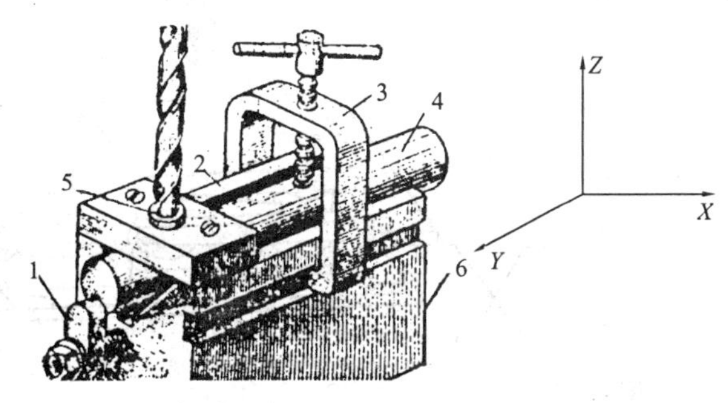

图5.10 钻孔夹具

1—挡铁；2—V形块；3—夹紧机构；4—工件；5—钻套；6—夹具体

(1)定位装置

用来确定工件正确位置的装置称为定位装置。它包括定位元件或定位元件的组合，例如挡铁1和V形块2都属于定位元件。

(2)夹紧装置

工件定位后，用夹紧的力来承受切削力的机构称为夹紧装置。它包括夹紧元件或其组合。通过外力将工件压紧夹牢，保证工件位置不因受外力而产生位移。例如夹紧机构3为夹紧元件丝杆和框架的组合。

(3)导向元件

用来确定刀具位置，并引导刀具进行加工的元件称为导向元件。钻套5就是导向元件的一种。

(4)夹具体

用来联系并固定前述各种装置和元件，使之成为一个整体的零件称为夹具体。它是夹具的基础零件，通过它将夹具安装在机床上。图5.10中的6就是夹具体。

5. 夹具应用举例

与机床配合使用的夹具称为该机床的夹具，例如在钻床上使用的夹具称为钻床夹具，习惯上又称为钻模。同理有车床夹具（车模）、镗床夹具（镗模）等。

如图 5.11 所示移动式钻模示意图，它是钻模中的一种。这种夹具主要用于加工小孔，它使用专门设计的导轨和定程机构来控制移动的距离（即工件上两孔的距离）。钻模在两导板中定程移动，当移至右端靠紧定程板时，可以钻削孔 A，移至左端靠紧定程板时，可以钻削孔 B。这种钻模可以节省钻头对准钻套的时间，同时导轨也能承受钻孔时的扭转力矩。不难分析，若工件在一直线上的孔数多于两个，在本夹具的基础上增加适当的附件仍可高效率地进行加工。

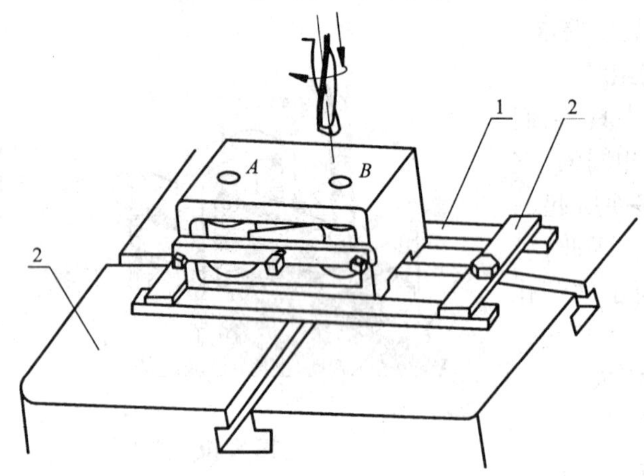

图 5.11　移动式钻模示意图

1—导轨；2—定程板

思考与练习题

1. 加工时将工件装夹在夹具中的安装与工艺过程中的安装有何区别？
2. 什么叫定位？不完全定位与欠定位有何异同处？
3. 试述夹具的组成部分及其功用。
4. 画出以下装夹方案简图，并根据六点定位原理进行定位点的分析：

（1）在车床上用三爪卡盘装夹盘状齿轮坯；

（2）在车床上用前后两顶尖装夹轴类零件；

（3）在车床上装夹轴类零件，一端用三爪卡盘夹住（夹紧部分很短），另一端用尾顶尖顶住；

（4）在牛头刨床上用平口钳装夹长方体工件；

（5）在立铣上用两个 V 形块装夹轴类零件铣键槽；

（6）在平面磨床上用电磁吸盘装夹板形零件磨平面。

5.3 基准及其选择原则

在进行机械零件的制造时,必须使工件在某物体上占有正确位置。用来确定生产对象上几何要素间的几何关系所依据的那些点、线或面称为基准。

5.3.1 基准的分类

根据基准的作用分类,可以将基准分为设计基准和工艺基准两大类。工艺基准又包含几种基准,可以归纳如下:

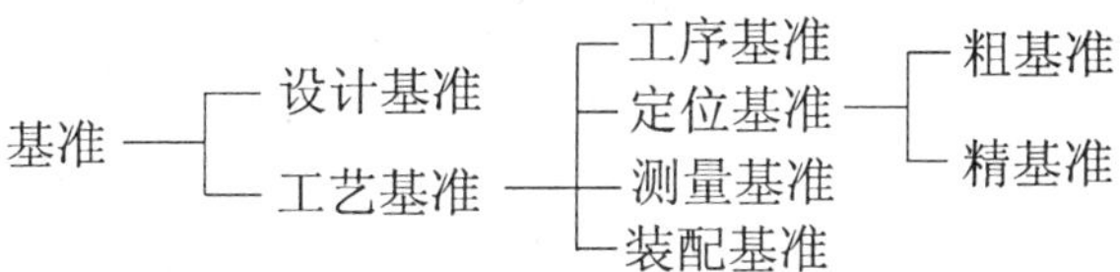

下面分别进行讨论:

1. 设计基准

在零件工作图上使用的、用以确定其点、线、面位置的基准称为设计基准。如图5.12(a)所示,齿轮的轴线是其内孔、大外圆、小外圆、齿轮分度圆等的设计基准;端面 B 是端面 E、F 的设计基准。

2. 工艺基准

在制造零件或装配机器的过程中使用的基准称为工艺基准。从零件毛坯到成品的生产过程中,往往需要经过许多工序,这些工序中大都有工艺基准,例如铸造工艺基准、锻造工艺基准等,机械切削加工中使用的基准称为机械加工工艺基准。工艺基准又分为工序基准、定位基准、测量基准和装配基准等。

(1)工序基准　在工艺文件上用以标定加工表面位置的基准称为工序基准。如图5.12(b)所示零件,两个孔在水平位置方向的尺寸为 l_2,设计基准为左端面 A。钻孔时,如果从工艺上考虑需要按 l_3 加工,则 B 面即工序基准,加工尺寸 l_3 叫工序尺寸。

(2)定位基准　在机械加工中,用来使工件在机床或夹具中占有正确位置的点、线或面称为定位基准。它是工艺基准中最主要的基准。如图5.12(a)所示,在齿轮的精加工过程中,加工方案可以是夹住已加工好的小外圆面,在一次安装中完成大外圆 C、大端面 B 和内孔等表面的加工。这样就可以保证大外圆 C、以及大端面 B,相对于内孔轴线 A 的径向跳动要求。此时,内孔轴线 A 即为加工时的定位基准。

(3)测量基准　用以测量已加工表面尺寸及位置的基准称为测量基准。如

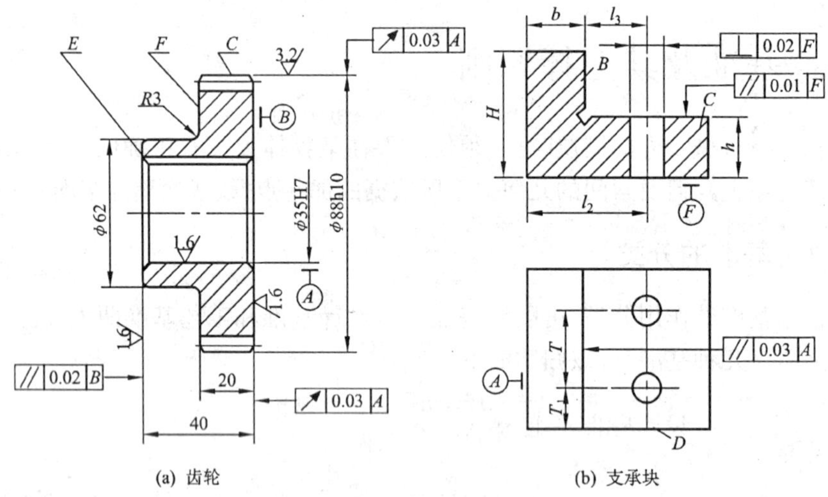

(a) 齿轮　　(b) 支承块

图 5.12　基准分析

图 5.12(a)所示，齿轮的齿顶圆尺寸 ϕ88h10 的测量基准为内孔轴线。利用偏摆仪检测(外圆和端面)两处圆跳动的测量基准也是内孔轴线。

(4)装配基准　用来确定零件或部件在机器中的位置的基准称为装配基准。如图 5.12(a)，齿轮装配在轴上，则轴装在齿轮内孔的装配基准是内孔轴线。从图 5.12(a)所示齿轮可以分析出，齿轮的设计基准和工艺基准(包括定位基准、测量基准和装配基准)都是内孔轴线。

不难分析本例的长度(轴向)方向的设计基准和工艺基准都是大端面 B。

应该指出的是，工件上的定位基准点和线，必须通过具体表面来实现，这些具体的表面称为基准面(datum plane)。

5.3.2　定位基准的选择原则

定位基准选择得是否合理，对保证工件加工后的尺寸精度和形位精度、安排加工顺序、提高生产率和降低生产成本起着决定性的作用，它是制定工艺过程的主要任务之一。定位基准可分为粗基准和精基准两种。

1. 粗基准及其选择原则

以毛坯表面为定位基准，该表面称为粗基准。选择粗基准的总原则是优先考虑从有位置精度要求的表面进行选择。其具体选择原则如下：

(1) 选用不加工的表面作粗基准。如图 5.13 所示零件的加工，第一道工序只能以毛坯表面，即不需要加工的外圆面作为定位基准面(其定位基准是内孔轴线，它是由具体的外圆面来实现的)。这种定位方法的优点是：

① 可以保证所有加工表面都有足够的加工余量；

② 可以保证加工面与不加工面有较好的位置精度；

③ 可以在一次安装中将大部分需要加工的表面都加工出来；

④ 可以保证外圆表面与内孔的同轴度，以及端面与轴线的垂直度。

应该说明的是，当零件上有多个不需要加工的表面时，应选择与需要加工的表面中相互位置精度要求较高的表面作为粗基准。

(2)有较多加工面的零件，其粗基准的选择，应考虑分配各加工表面的加工余量。因此，选择粗基准时应注意以下几点：

① 应保证各加工表面都要有足够的加工余量。如图 5.14 所示的自由锻件，其毛坯大圆柱面 A 的加工余量小，小圆柱面 B 的加工余量大(因两圆柱面的轴线偏差较大)。如果选取 B 面为粗基准，加工 A 面时，可能大圆柱面 A 因无足够的加工余量而使零件报废。因此，在这种情况下，只能选择加工余量最小的 A 面为粗基准。

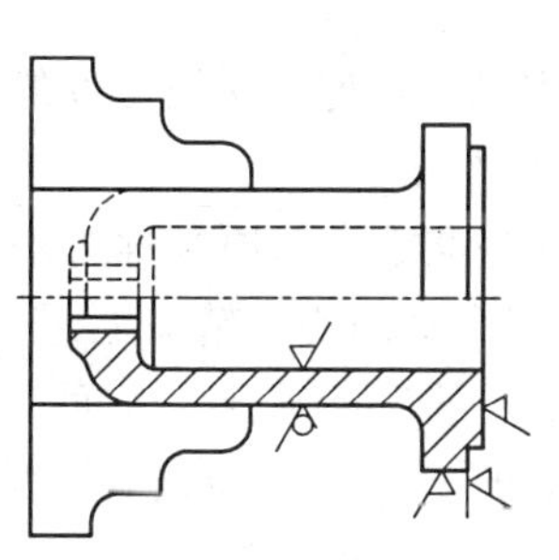

图 5.13　用不加工表面作粗基准

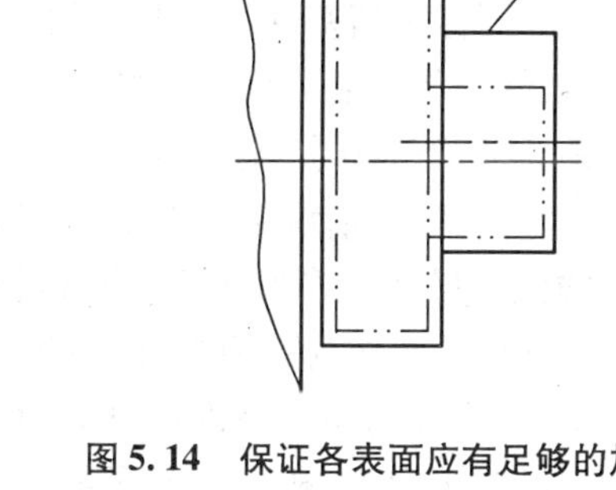

图 5.14　保证各表面应有足够的加工余量

② 应保证工件上最重要的表面(如机床导轨面和重要的内孔等)的加工余量均匀。如图 5.15 所示机床床身的加工，对导轨面的要求是只切去较少且均匀的一层余量，以便获得表层的金相组织、耐磨性能和硬度尽可能均匀一致的表面。

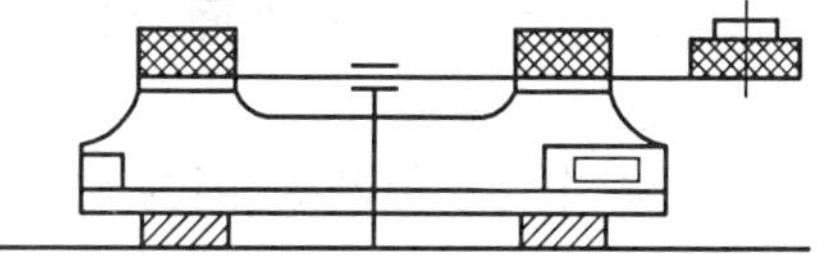

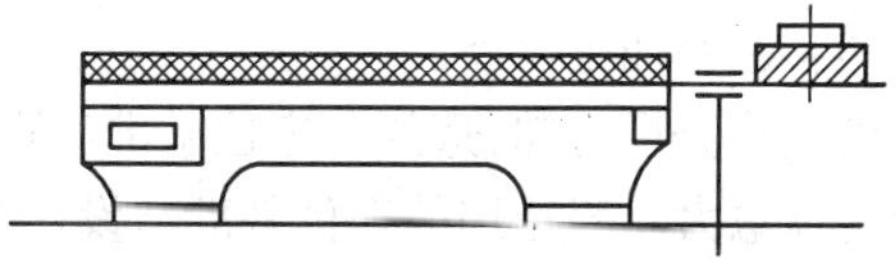

图 5.15　床身加工的粗基准

③ 应保证各加工表面金属切削总量为最小。如图 5.15 所

示的机床床身的加工，应选择导轨面为粗基准，先加工床腿，然后再以床腿为精基准加工导轨面，此时切除的金属为最小。

(3) 被选为粗基准的表面应尽量平整，要将浇口、冒口和飞边等毛刺打磨掉，以便工件安装时定位可靠，夹紧方便。

(4) 在一般情况下，粗基准只允许使用一次。若重复使用同一粗基准将使工件各表面产生较大的定位误差，容易使工件报废。在图5.16所示小轴的加工中，如重复使用毛坯表面B定位，分别加工表面A和C，必然会产生加工表面间较大的同轴度误差。致使工件因超差而报废。

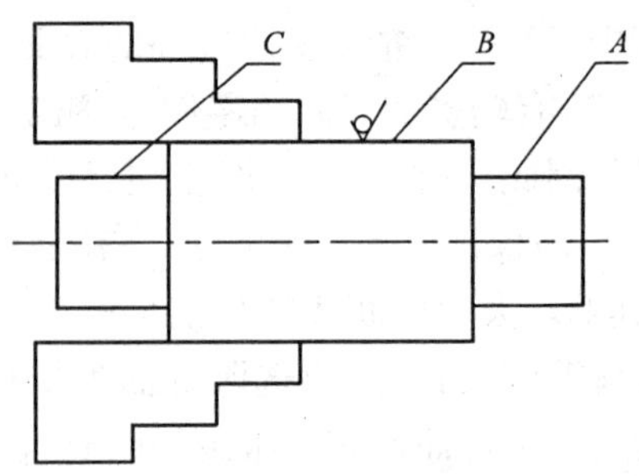

图5.16　重复使用粗基准示例

A、C—加工面；B—毛坯面

2. 精基准及其选择原则

对于形位公差精度要求较高的零件，应采用已加工过的表面定位，这种定位基准面称为精基准。精基准的主要作用是能较好地保证工件的加工质量，还能使工件安装方便可靠。选择精基准的原则如下：

(1)"基准重合"原则　选用定位基准与设计基准重合的原则称为基准重合原则。如图5.17所示轴承座简图，M、H和K等三个平面均已精加工，孔D的轴线与K面的位置尺寸允许为$A^{+\delta A}$。不难看出，孔D的设计基准为K面。现分析分别以上述三个平面作为孔D加工时的定位基准所产生的定位误差情况。

① 若以M面作为定位基准面，则存在孔D与其设计基准K面的误差有：M面与H面之间的公差δ_C和H面与K面之间的公差δ_B，即累积误差为：$\sum_{定位}=\delta_C+\delta_B$。

② 若以H面作为定位基准面，则存在孔D与其设计基准K面的误差有：$\sum_{定位}=\delta_B$。

③若以K面作为定位基准，因为直接用基准K，不存在定位误差，亦即定位误差：$\sum_{定位}=0$。

应该说明的是，零件上各基本形体的位置尺寸，除上述分析的定位误差外，还必然存在着加工误差。

由上述分析得知，选择的定位基准面距离设计基准的环节愈远，其积累的定位误差就愈大。当选用的定位基准与设计基准重合时，定位误差$\sum_{定位}$为零。因此，在选择定位基准时，应尽可能遵循基准重合原则。

(2)"基准统一"原则　使位置精度要求较高的各加工表面，尽可能在多数

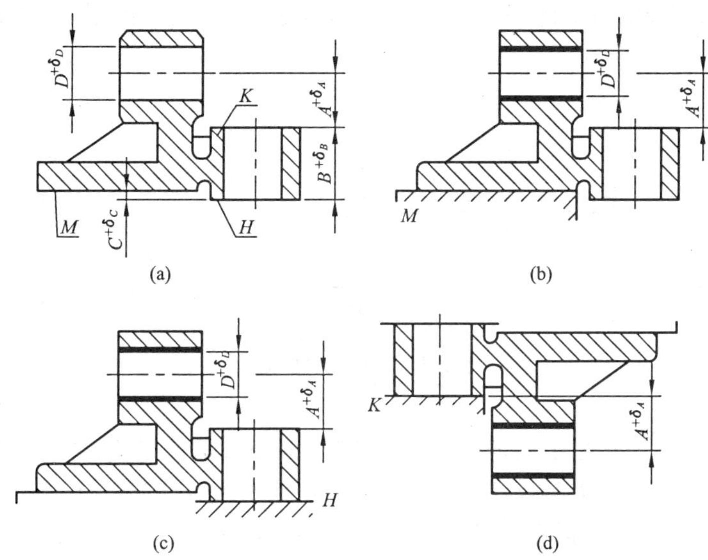

图 5.17 定位误差与定位基准选择的关系

工序中统一用同一基准,这就是“基准统一”原则。例如图 5.12 所示的齿轮,将设计基准和工艺基准(包括定位基准、测量基准和装配基准),统一用齿轮的轴线作为基准,这样减少了因基准不统一而带来的误差,提高了加工精度。

轴类零件的加工,一般总是先将两端面打好中心孔,将轴的各外圆面在车削、磨削等工序中,统一用两中心孔作为基准进行加工,这是应用“基准统一”原则的典型事例。

(3)“互为基准”原则 在需要加工的各表面中,加工时,互相以对方为定位基准,就是互为基准原则。如图 5.18 所示轴套,其内外圆面需要加工。一般常用的方法是:夹住外圆(以外圆面定位)加工内孔,然后再用双顶尖顶住内孔(以内孔定位)加工外圆,这就是应用了互为基准原则。

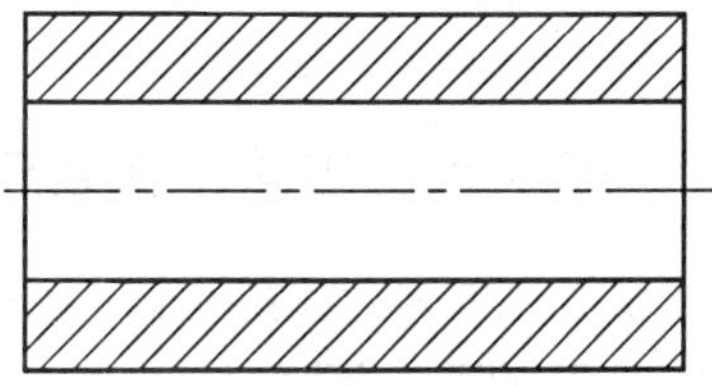

图 5.18 轴套

此外,铣削箱体类零件的上下表面,特别是加工薄壁易变形的零件,更需要应用这一原则反复进行加工。这样可以获得很高的位置精度。

(4)“自为基准”原则 以加工表面自身作为定位基准称自为基准原则。例如图 5.19 所示,磨削床身导轨面时,一般以导轨面为基准找正定位,然后进行加工。此外，铰削孔、拉削孔、无心磨削、珩磨等都是应用自为基准原则进行加工的。

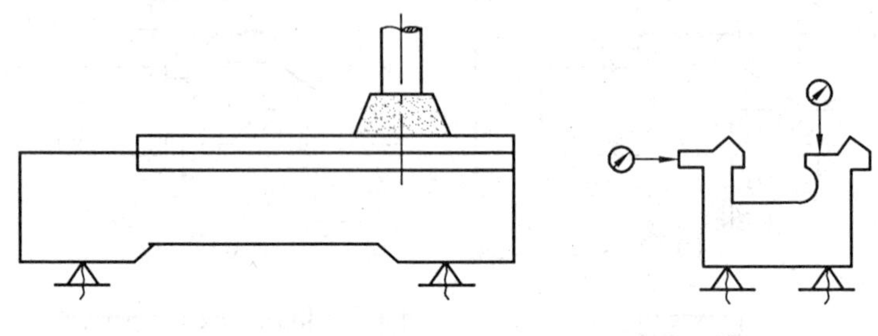

图 5.19　自为基准示例

总之，无论是粗基准还是精基准的选择，都必须是首先使工件定位稳定、安全可靠，然后再考虑夹具设计容易、结构简单、成本低廉等技术经济原则。

在实际生产中选择粗、精基准时，往往会出现相互矛盾的情况，这时应从零件的整个加工全过程统一考虑，抓住主要矛盾，确保选择出合理的加工方案。

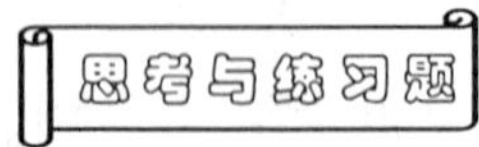

1. 基准指的是什么？为什么要研究基准？
2. 如何保证套类零件的外圆面、内孔和端面的位置精度？
3. 单件、小批量生产中，如何考虑箱体零件粗、精基准的选择？
4. 选择粗基准和精基准时，应考虑哪些问题？

5.4　机械加工工艺过程的制订

5.4.1　机械加工工艺过程制订的步骤及内容

机械加工工艺过程的制订，大体上可分为下列三个步骤及内容。

1. 拟定加工工艺路线

分析、研究零件图的各项内容及技术要求，拟定零件加工的加工方法、加工方案及工艺路线。（这点在前面已有论述）

2. 安排好加工工序

包括毛坯制造工序、切削加工工序、热处理工序和检验工序等。

（1）选择毛坯　常用的毛坯有型材（如圆钢、钢管等）、铸件、锻件和焊件（又称组合毛坯）等，应根据零件的作用、受力情况、生产批量及工厂现场条件综合考虑。例如,一般轴、套类零件都要承受动载荷,故应选用钢件型材作毛坯,对于某些要求高(一般有热处理要求)的零件,通常要经过锻造后,以锻件作为毛坯。此时,应安排好锻造工艺过程。对于箱体类零件,特点是形状复杂,大多数情况下是承受静载荷以及起容纳作用,一般选择铸件作毛坯,这时应合理安排好铸造工艺过程。若零件数量很少,如试制产品阶段,则可以选择焊件作箱体零件的毛坯。焊件是用铸件、锻件、型材或局部已机械加工的半成品组合在一起,目前组合的方法主要是焊接,故称为焊件(welding)。又如加工图 5.20 所示零件,可以用焊件作毛坯,其方法可以是选用圆钢和厚壁热轧无缝钢管(车成圆圈),分别粗加工后按图中尺寸(留加工余量)焊接成形,经退火消除焊接应力后,作为切削加工的毛坯。这样既可以节约切削加工的工时,还可以节约大量材料。

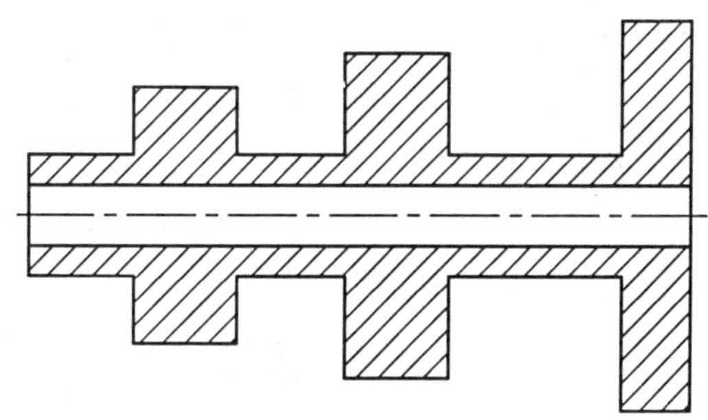

图 5.20　用焊件作为毛坯

(2)安排好切削加工工序　在这一步骤中,应处理好三个问题:

① 合理选择加工方案　从零件的主要表面(这些表面通常都是该零件的重要表面,其精度要求都高于其他表面)入手,合理选择加工方案。具体选择方法可以参照第 4 章讨论的有关内容。

② 合理确定基准面　定位基准面的选择,应符合基准选择的四项基准选择原则。常见几类典型零件的加工,其基准选择的常用方法有:

A. 台阶轴类零件:一般选择两端中心孔作为定位基准面,用双顶尖装夹的方法进行加工,例如图 5.21 所示阶梯轴的加工。这样可以使车削、磨削各外圆面和轴肩端面、车削轴上的螺纹面和铣削轴上的键槽等各工序的定位基准统一,容易保证各外圆面及螺纹面等的同轴度,以及轴肩端面对轴线的垂直度等的加工精度。

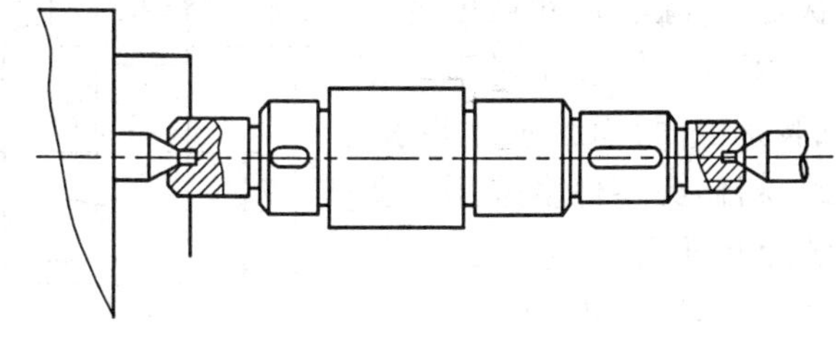

图 5.21　阶梯轴的加工

对于批量很小、长度很短的轴类零件,可以采用三爪卡盘在一次装夹中完成各表面的精加工，然后再切断。在调头车削切断面的端面前，先用低于零件材料硬度的薄片（如铜片等）包住（并夹住）零件上不太重要的表面，然后再加工。虽然该端面与其轴线的垂直度存在较大误差，但一般轴的两端面与其轴线的垂直度并无过高的要求。

B. 套类零件：一般选择其轴线（内孔）作为定位基准面，如图 5.22 所示。采用心轴（用双顶尖）装夹的方法进行加工。也能收到双顶尖装夹轴类零件的效果。若零件结构允许，尽可能在一次安装中将各内、外圆面全部加工完，这样可以获得较高的位置精度。

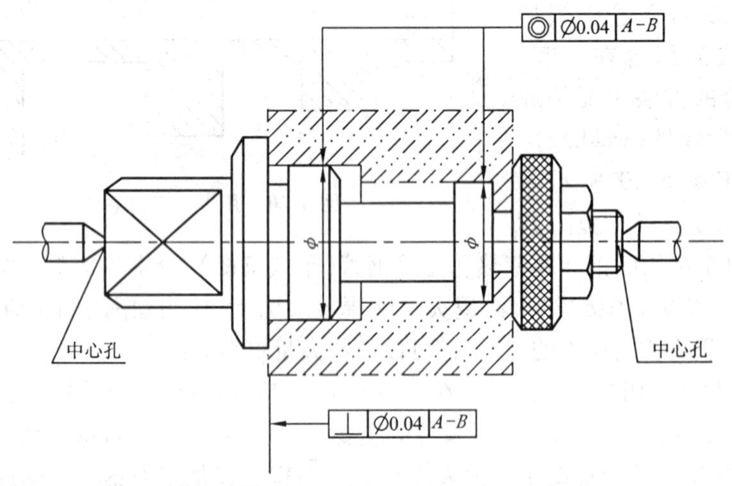

图 5.22　用心轴装夹的方法

C. 箱体类零件：该类零件形状复杂，除有尺寸精度要求外，一般孔的轴线相对于底面（安装基准面）有位置度要求。因此，箱体类零件多采用主要的装配基准面（一般为最大的底平面）作为定位精基准。

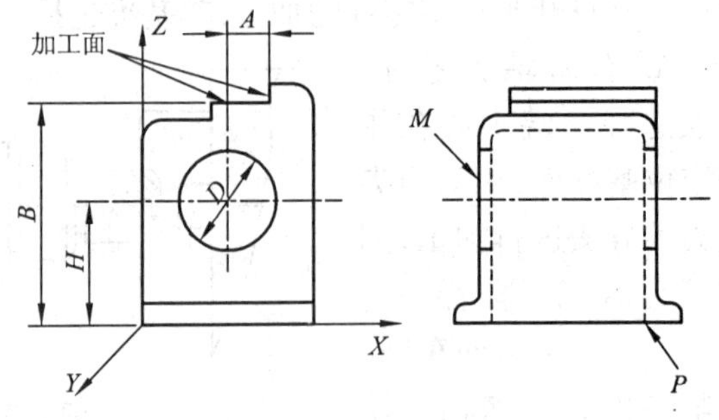

图 5.23　变速箱壳体的定位简图

如图 5.23 所示变速箱壳体的定位简图。该箱体的装配基准面为底面 P，轴装在孔 D 内。因此，可以在 Z（上下）方向选用底平面 P 作为定位精基准（夹具上可以用两条经过精加工的窄长支承块代替基准面）；在 Y（前后）方向选用侧平面 M 作为定位基准（夹具上可以用两个可调支承来实现)。然后采用压板、螺栓等附件装夹即可进行加工。这样定位可以保证这两个加工面、孔的轴线与底面的平行度等的位置度要求。

(3) 安排好热处理工序 热处理的主要目的是改变材料的组织和性能,最大限度地挖掘金属材料在工艺性能和使用性能方面的潜力,使工件加工方便并能满足各项技术要求。还可以节约金属材料,使机器的重量轻。使用寿命长。因此,如何安排热处理工序十分重要。

安排何种热处理,一般是设计者根据零件的使用要求提出来的,但是,因加工需要,往往在工序中也穿插某种热处理。所以应根据热处理工序的目的来确定。通常使用情况如下:

① 改善金属材料切削性能的热处理工序,如各种退火、正火等,一般安排在粗加工之前进行;

② 消除内应力的热处理工序,如中间退火、回火和时效处理等,一般安排在粗加工、半精加工与精加工之间进行;

③ 提高机械性能的热处理工序,如淬火、调质、渗碳等各种表面处理,一般安排在最终加工之前进行。

应该说明的是,所有的热处理工序都是在零件最终加工前进行的,这是因为零件经过热处理工序后必有变形,最终加工时可以纠正变形带来的误差。

(4)安排好检验工序 零件在加工工艺过程中的任一环节,都可能由于量具(material measure)(或检测仪器)的误差、测量时的操作误差,以及工人的技术水平与工作责任心等多方面的原因,造成加工出不合格的零件。因此,在成批生产的工厂贯彻执行"自检、互检和专检"的"首件三检制","三检"都合格了,才允许工人正式上岗生产。对于重要的关键工序,工厂组织检验人员进行"巡回检验"确保加工出来的零件都合格。

对于量具的使用,需要注意下列几点:

① 量具应定期交有关部门检验,若有误差,应予以修整。不合格的量具不允许上岗使用;

② 量具的选用应使其精度与被测尺寸的精度相适应,被测尺寸精度愈高,量具的精度也应愈高;

③ 一般选用通用量具,只有在成批大量生产中,才选用专用量具。

3. 拟定加工工艺过程

包括确定好每一道工序的工序尺寸、所用设备、工艺装备、切削加工规范及工时定额等一系列有关具体事项。

工艺过程即是工艺规程,工艺规程就是工艺立法,前面分析的内容都是制订工艺规程的基础。制订工艺规程的主要目的是确保产品质量、提高经济效益,同时，它是确定生产人员数量以及定设备、定生产厂房面积和投资额的原始材料。好的工艺过程往往可为专利争取外汇。拟定工艺规程的过程是将前面准备好的资料条理化，把零件需要加工的各表面，按先后顺序进行合理安排，并合理穿插热处理工序。具体在拟定工艺过程时，应注意以下几条原则：

(1) 工件定位基准面先行原则　首先加工定位基准面，再以它作为精基准加工其他表面。例如加工轴类零件时，首先打好轴的两端中心孔，再以它为基准加工轴上的其他表面。又如加工箱体类零件，首先将最大的底平面（基准面）加工好，再以它作为精基准加工其他各表面。

(2) 粗精加工分开原则　粗精加工分开，有利于及早发现毛坯缺陷（如铸件的气孔、砂眼等铸造缺陷），以免浪费工时；有利于保护工件不受损伤；有利于在粗加工后安排热处理工序，消除切削加工后的内应力，保证产品质量。对于重要的零件，这是必要的。

当然，对于某些毛坯质量好、加工余量小（如精铸或精密模锻后的毛坯）、刚性好而加工精度要求不很高的零件，或刚性好的重型零件（难以吊装），通常也可以不分粗精加工，而是将多道工序集中在一道工序、甚至在一次安装中完成。

(3) 工序集中与分散原则　工序集中与分散，两者各有特点，在实际生产中，应根据生产规模（批量大小）、加工精度要求及工厂现场条件进行综合分析，合理确定。例如单件小批量生产，适宜于采用工序集中原则，而成批大量生产则适宜于采用工序分散的原则。由于现代生产趋于多批量、多品种、转型快的现代化快节奏生产，所以在选择时应十分注意，以免造成不必要的浪费。现将工序集中与分散各自的特点分析如下：

① 工序集中的特点

A. 可以采用高效率的专用设备与工装，数控设备和加工中心。对于试制产品或小批量产品，可以最大限度地提高生产率。但不足的是专用设备与工装准备周期长，且资金投入大；

B. 可以减少工序数目、减少设备数目、减少操作人员数目和减少生产厂房面积，有利于生产计划和管理。但对工人的操作技术水平要求较高。

C. 可以减少安装次数，因此减少了因安装带来的误差、减少了辅助时间，有利于提高零件的加工精度。

② 工序分散的特点

A. 可以采用通用机床和夹具（如三爪卡盘等）加工，对工人的操作技术水平要求较低。

B. 可以合理地选用切削用量，缩短辅助时间。

C. 工艺路线长，占用生产场地面积大，工人数量多及生产计划和管理难度较大。

(4)确定装夹方法 在拟订工艺过程时还要确定各工序所用的机床(满足零件加工精度及与零件大小相适应)的装夹方法(若需专用夹具则需另行设计并制造)。

(5)制订各工序的加工余量 切削用量和工时定额等切削加工规范。

① 制订加工余量 在给各工序制定加工余量时,总的原则是使下一道工序具有足够的可切削余量,并最为经济。切削加工总余量(各工序切削加工余量之和)的确定,为毛坯尺寸的确定提供了依据。

加工余量的确定方法有两种:

A. 查表法:在机械加工工艺手册中直接查取;

B. 估算法:依靠工艺人员的经验估计。由于估算出余量大,只适宜于单件小批生产。

通常单件小批生产中小型零件(回转体表面为半径方向余量,平面为单边余量)的粗加工余量约为1.5 mm左右;半精加工余量约为0.8 mm左右;精加工余量约为0.4 mm左右;磨削余量约为0.2 mm左右;研磨余量约为0.01 mm左右。

② 确定切削用量 利用前面已介绍的切削用量选择原则来确定。具体常用方法有三种:

A. 查表法:在《金属切削用量手册》中直接查取;

B. 经验法:由操作工人自行决定,常用于单件小批生产;

C. 试验法:对于一些切削性能不太好、技术难度大的工序,需要先进行多次试验,找出最佳切削余量,然后纳入切削加工规范。

③ 制定工时定额 指零件的每一工序加工所需要的时间(分),它是安排生产计划、平衡生产力,以及核算成本等的重要技术资料。工时定额主要由四部分组成:

A. 基本时间($t_{基}$) 指直接用于切削加工的时间(包括切入和切出的时间),由加工余量及工件加工长度,根据切削用量进行计算而来。此外,还可以用实测法,测出工人加工某道工序的平均时间,这种计算法和实测法适宜于成批大量生产。

B. 辅助时间($t_{辅}$) 指装卸工件等辅助用的时间,一般由经验或实测确定。

C. 服务时间($t_{服}$) 指换刀、磨刀、调整机床,清洁卫生和添加润滑剂等,一般按

$t_{服}=2\sim10\%(t_{基}+t_{辅})$计算。

D. 自然需要时间$t_{自}$ 指照顾工人休息和生理需要的时间,一般按

$t_{自}=3\%(t_{基}+t_{辅})$计算。

因此,工时定额可由下式计算:$t_{单}=t_{基}+t_{辅}+t_{服}+t_{自}$

此外，分析研究图纸、领取毛坯、调整机床、调试安装刀具和夹具、领取量具，拆除与归还工艺装备及用具等所花的时间，视具体情况考虑。对于成批生产，这些准备时间分摊到每一件零件很少，可以忽略不计。

(6) 填写工艺文件　前面分析的全部内容，表面上看起来十分复杂，如果将它们系统化、条理化，并将它们填入具有一定格式的文件（表格）形式中，便会十分醒目。将这些文件经过一定的审批手续，便成了指导生产的正式文件。

目前我国尚未对工艺文件的形式和内容作出统一的国家标准，下面介绍几种常用的格式供学习时参考。使用时，可以根据具体条件对内容作适当的增减。

① 工艺过程综合卡　这种卡又称工艺路线单。卡内列出了零件加工所经过的全部工艺路线，格式和内容详见附表 5. 1 所示。由于这种卡片中各工序说明得不够具体，一般不能直接指导工人操作，而是供编制作业计划、进行生产技术准备和组织生产的管理人员使用。它是制订其他工艺文件的基础。

② 机械加工工艺卡片　这种卡片按工序、工步详细列出了零件加工工艺过程，它是用来全面指导车间生产的主要工艺文件，主要由生产的具体管理人员和现场技术人员使用，其格式和内容详见附表 5. 2。

③ 机械加工工序卡片　工序卡又叫操作卡。它是根据工艺卡片为每道工序编制的有详细和具体内容的卡片。它是指导工人生产的工艺文件，其格式和内容详见附表 5. 3。

④ 检查卡片　它包含了检查项目和检查方法等内容，主要是为重要零件的关键工序编制的。因此，它专供检验人员使用，其格式和详细内容见附表 5. 4。

总的说来，机械加工工艺过程包括的内容很广，它的制订是件十分灵活的工作，目前还没有一套普遍而完整的方法可以执行。但是，多年的生产实践已总结出了一些基本方法，下一节介绍的典型零件加工工艺过程，只供参考，不能死搬硬套。而应该根据生产实际和现场条件进行综合分析，编制出在保证产品质量前提下，成本投入最少，生产效率最高，能适应现代快节奏工业化需要的工艺过程。

5. 4. 2　典型零件加工的工艺过程举例

1. 轴类零件

轴类零件按其结构特点可以分为简单轴（如光轴）、阶梯轴、空心轴（如车床主轴）和异形轴（如曲轴）等。其主要表面为外圆面、轴肩和端面，某些轴类零件还有内圆面和键槽、退刀槽、螺纹等其他表面。外圆面主要用于安装轴承和轮系（包括带轮、齿轮、链轮、凸轮、槽轮等）。轴肩的作用是使上述零件在轴上轴向定位。轴类零件通过轴上安装的零件起支承、传递运动和扭矩的作用。其加工方法主要有车、磨、钻和铣削等。

现以图5.24所示机床某轴为例,编制其单件小批量生产的加工工艺过程。

(1) 技术要求分析

本零件的轴颈 ϕ24 h6 和 ϕ16 h6 分别装在箱体的两个孔中,是孔的装配对象,轴通过螺纹 M10 和孔 ϕ10 紧固在箱体上,ϕ16h6 相对于 ϕ24 h6 有 0.02mm 的圆跳动公差要求。轴上 ϕ20 h6 处是用来安装滚动轴承的,轴承上装有齿轮,轴是支承齿轮的。轴中间对称地加工出相距22的两个平行平面,这是为了将轴安装在箱体上时,用来卡搬手而设计的工艺结构。该轴的材料为45钢,调质处理 HB235。

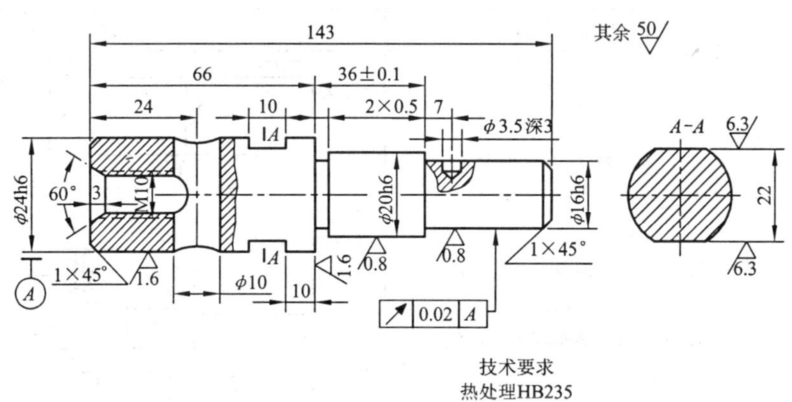

图5.24　机床某轴

(2)工艺分析

①毛坯选择的分析　由于轴受力不大,主要是支承齿轮,所以可以直接选用不经锻造的45圆钢作为毛坯。

② 定位基准的选择及工艺过程如前所述,轴颈 ϕ24 h6 和 ϕ16 h6 处用来装在箱体中,ϕ20 h6 处用来装滚动轴承(ball bearing),所以这三个外圆面都是配合表面,其精度要求较高,*Ra* 要求较小,且两端轴颈对轴线有径向圆跳动要求。因此,这三个表面是该轴的重要加工面。此外,虽然螺纹 M10 未注精度要求,但根据径向跳动的要求,说明螺孔的轴线与 ϕ16 h6 的轴线有同轴度要求,而且螺纹的精度(如螺纹中径等各项指标)必须在规定的公差范围内。这两个表面在轴的两端,一般情况下难以在一次安装中全部完成。所以,加工螺纹孔时应特别注意选用精基准定位。因此,可按如下方法选择定位基准:

A. 以圆钢外圆面为粗基准,粗车端面并钻中心孔;

B. 为保证各外圆面的位置精度,以轴两端的中心孔为定位精基准,这样满足了基准重合和基准统一原则;

C. 调质处理后，以外圆面定位，精车两端面并修整中心孔；

D. 以修整的两中心孔作为半精车和磨削的定位精基准，这样满足了互为基准原则。

(3) 制订机械加工工艺过程

单件小批量生产机床某轴的机械加工工艺过程详见表5.1。

表5.1　单件小批量生产机床某轴的工艺过程

工序号	工序名称	工序内容	加工简图	设备
Ⅰ	准备	45圆钢下料 $\phi30\times150$		锯床
Ⅱ	粗车	1. 粗车一面，钻中心孔； 2. 粗车另一端面，至长145，钻中心孔； 3. 粗车一端外圆，分别至 $\phi22.5\times36$，$\phi18.5\times42$； 4. 粗车另一端外圆至 $\phi26.5$。	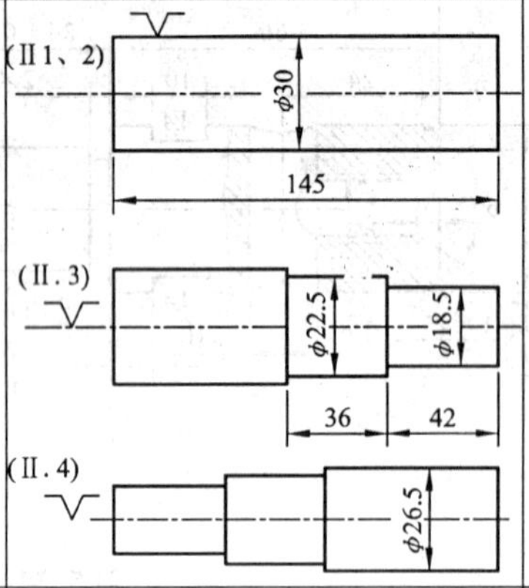 (Ⅱ1、2) $\phi30$ 145 (Ⅱ.3) $\phi22.5$ $\phi18.5$ 36 42 (Ⅱ.4) $\phi26.5$	普通车床
Ⅲ	热处理	调质HB235。		
Ⅳ	半精车	1. 精车 $\phi18.5$ 端面，修整中心孔； 2. 精车另一端面，至长143，钻M10螺纹底孔 $\phi8.5\times25$，孔口倒角60°； 3. 半精车一端外圆至 $\phi24.4^{+0.1}_{0}$； 4. 半精车另一端外圆至 $\phi16.4^{+0.1}_{0}$，$\phi20.4^{+0.1}_{0}\times36\pm1$ 并保证 $\phi24.4^{+0.1}_{0}\times66$ 5. 切槽至 2×0.5。	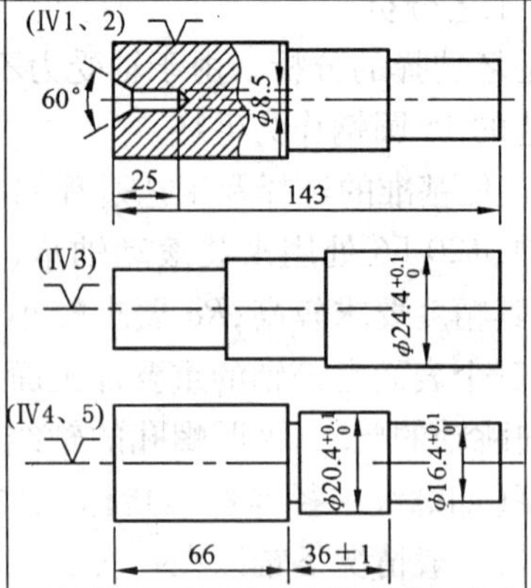 (Ⅳ1、2) 60° $\phi8.5$ 25 143 (Ⅳ3) $\phi24.4^{+0.1}_{0}$ (Ⅳ4、5) $\phi20.4^{+0.1}_{0}$ $\phi16.4^{+0.1}_{0}$ 66 36 ± 1	普通车床
Ⅴ	铣削	按加工简图所注尽寸铣扁，保证尺寸22，并去毛刺。	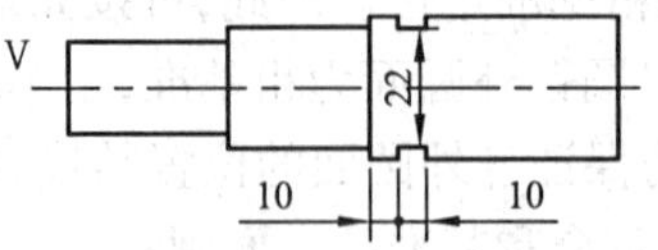 Ⅴ 22 10 10	立式铣床

续表 5.1

工序号	工序名称	工　序　内　容	加　工　简　图	设备
Ⅵ	钻孔	按加工简图所注尺寸钻 $\phi10$、$\phi3.5$ 深 3，二孔成形。	Ⅵ 10 24	立式钻床
Ⅶ	磨削	磨各外圆面成形，靠磨端面。*Ra*3.2	Ⅶ $\phi24h6$ $\phi20h6$ $\phi16h6$	外圆磨床
Ⅷ	钳工	攻 M10 螺纹，去毛刺（切勿伤及表面）。	Ⅷ M10	
Ⅸ	检验	按图纸检验		
			注："$\vee$"符号指定位基准	

2. 盘类零件

盘类零件主要由外圆面和内圆面组成，其特征是径向尺寸大于轴向尺寸，如联轴节、法兰盘等。一般在法兰盘的底板上设计出具有均匀分布的、用于连接的孔，根据需要，还可能设计出螺纹、销孔等结构。现以常用的法兰端盖（参见图 5.25）为例，说明盘类零件的机械加工工艺过程。

（1）技术要求

本零件的底板为 $80_{-1}^{\ 0} \times 80_{-1}^{\ 0}$ 的正方形，它的周边不需要加工，其精度直接由铸造保证，底板上有四个均匀分布的通孔 $\phi9$，其作用是将法兰盘与其他零件相连接，外圆面 $\phi60$ d11 是与其他零件相配合的基孔制的轴，内圆面 $\phi47$J8 是与其他零件相配合的基轴制的孔。它们的 *Ra* 均为 3.2，本零件的精度要求较低。可以采用一般加工工艺完成。零件材料为 HT100。

（2）工艺分析

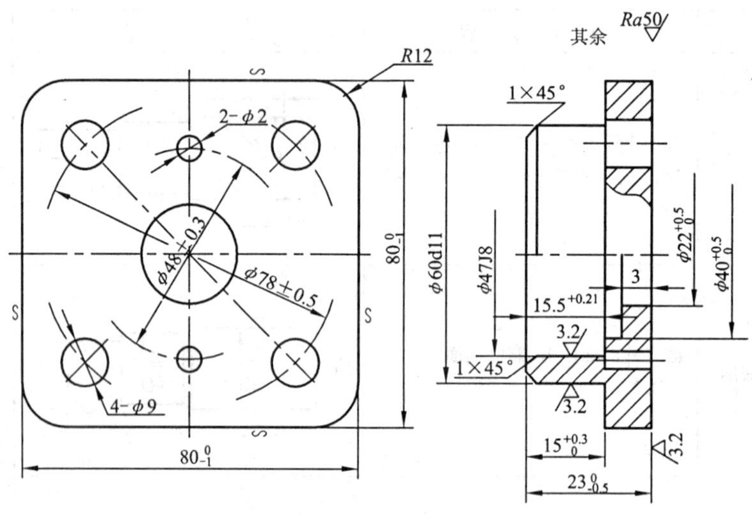

图 5.25　法兰端盖

① 毛坯选择　图中已注明毛坯由铸造提供,则需要编制铸造工艺过程等文件,这里从略。

② 定位基准的选择及工艺过程的分析　外圆面与正方形底板的相对位置可由铸造时采用整模造型而不会产生大的偏差。由于本零件精度要求较低,只要选择好定位基准,则只须采用粗车→半精车即可完成车削加工,因此,可以采用铸造→车削→画线钻孔→检验的工艺路线。

③ 定位基准的选择,可按如下方法:

A. 以 φ60d11 的外圆面为粗基准,加工底板的底平面;

B. 以底板加工好的底平面和不须加工的侧面为精基准(实质上是 φ60d11 的轴线为精基准),即以四爪卡盘(效正)和底平面定位并夹紧,将工序集中在一起,在一次安装中把所有需要车削加工的表面都加工出来,这样符合了基准统一原则。

C. 以 φ60d11 的外圆面的轴线为基准划线,找出孔 4—φ9、2—φ2 的中心位置,即可钻出上述小孔。

(3) 制订机械加工工艺过程

单件小批量生产法兰端盖的机械加工工艺过程详见表 5.2。

表 5.2　单件小批生产法兰端盖的工艺过程

工序号	工序名称	工　序　内　容	加　工　简　图	设备
Ⅰ	铸造	铸造毛坯，尺寸如附图所示；清理铸件。	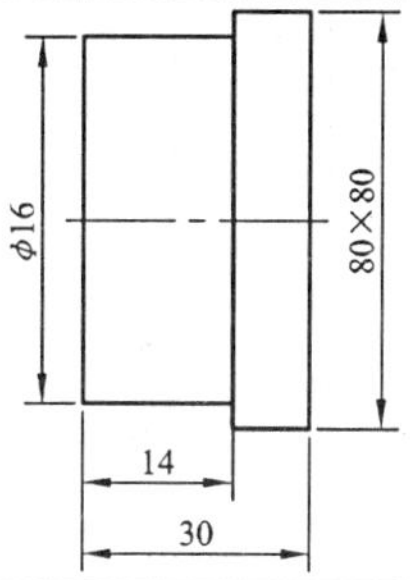	
Ⅱ	车削	1. 车 80×80 底平面，保证总长尺寸 26； 2. 车 ϕ60 端面，保证尺寸 $23_{-0.5}^{\ 0}$； 3. 车 ϕ60 d11 及 80×80 底板的上端面，保证尺寸 $15_{\ 0}^{+0.3}$； 4. 钻 ϕ20 通孔； 5. 镗 ϕ20 孔，至 $\phi 22_{\ 0}^{+0.5}$； 6. 镗 $\phi 22_{\ 0}^{+0.5}$ 至 $\phi 40_{\ 0}^{+0.5}$，保证尺寸 3； 7. 镗 $\phi 40_{\ 0}^{+0.5}$ 至 ϕ47J8 保证 $15.5_{\ 0}^{+0.24}$； 8. 倒角 1×45°	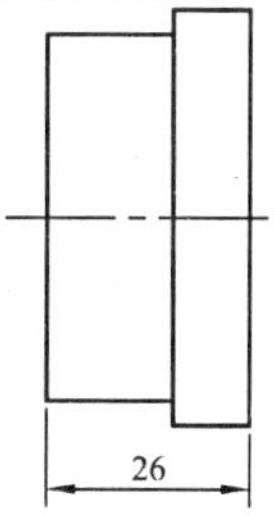 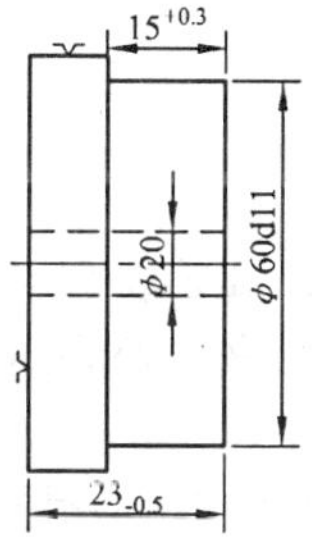 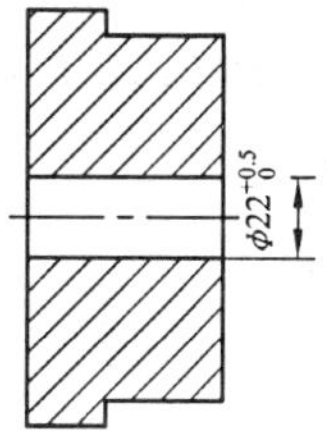 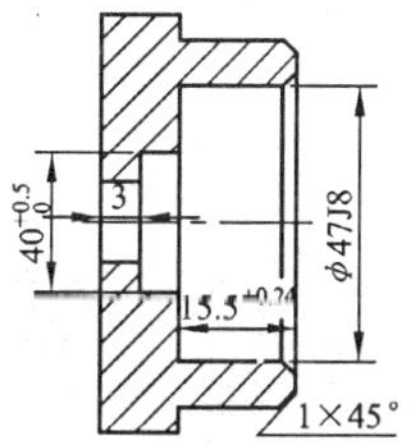	普通车床

续表 5.2

工序号	工序名称	工　序　内　容	加　工　简　图	设备
Ⅲ	钳工	按图纸要求划 4 - ϕ9 及 2 - ϕ2 孔的加工线		平台
Ⅳ	钻孔	根据划线找正安装，钻 4 - ϕ9 及 2 - ϕ2		立式钻床
Ⅴ	检验	按图纸要求，检测零件		
			注："√"符号指定位基准	

1. 机械加工工艺过程应怎样制订？

2. 根据本章图 5.23 所示变速箱壳体的定位分析，完成下列工作。

(1) 回答下列问题：

① 在定位分析中，限制了哪些自由度？属于何种定位？

② 若有未限制的自由度，为什么可以不限制？

(2) 若两个加工面及孔 D 对底面有平行度要求，加上所示尺寸要求，请编制变速箱壳体的机械加工工艺过程。

附表 5.1 工艺过程卡片

<table>
<tr><td rowspan="4">（工厂名）</td><td rowspan="4">综合工艺过程卡片</td><td colspan="2">产品名称及型号</td><td></td><td colspan="2">零件名称</td><td></td><td colspan="3">零件图号</td><td colspan="2"></td></tr>
<tr><td rowspan="3">材料</td><td>名称</td><td></td><td rowspan="2">毛坯</td><td>种类</td><td></td><td rowspan="2" colspan="2">件重量（kg）</td><td>毛重</td><td></td><td>第 页</td></tr>
<tr><td>牌号</td><td></td><td>尺寸</td><td></td><td>净重</td><td></td><td>共 页</td></tr>
<tr><td>性能</td><td></td><td colspan="2">每料件数</td><td></td><td colspan="2">每台件数</td><td></td><td>每批件数</td><td></td></tr>
<tr><td rowspan="2">工序号</td><td rowspan="2" colspan="3">工序内容</td><td rowspan="2">加工车间</td><td rowspan="2">设备名称及编号</td><td colspan="4">工艺装备名称及编号</td><td rowspan="2">工人技术等级</td><td colspan="2">时间定额（min）</td></tr>
<tr><td>夹具</td><td colspan="2">刀具</td><td>量具</td><td>单件</td><td>准备－终结</td></tr>
<tr><td></td><td colspan="3"></td><td></td><td></td><td colspan="4"></td><td></td><td colspan="2"></td></tr>
<tr><td rowspan="4">更改内容</td><td colspan="12"></td></tr>
<tr><td colspan="12"></td></tr>
<tr><td colspan="12"></td></tr>
<tr><td colspan="12"></td></tr>
<tr><td>编制</td><td></td><td>抄写</td><td></td><td colspan="2">校对</td><td></td><td colspan="2">审核</td><td></td><td>批准</td><td colspan="2"></td></tr>
</table>

附表 5.2　机械加工工艺卡片

(工厂名)	机械加工工艺卡片	产品名称及型号			零件名称			零件图号			
		材料	名　称		毛坯	种类		零件重量(kg)	毛重		第　页
			牌　号			尺寸			净重		共　页
			性能		每料件数		每台件数		每批件数		

工序	安装	工步	工序内容	同时加工零件数	切　削　用　量				设备名称及编号	工艺装备名称及编号			工人技术等级	工时定额(min)	
					切削深度(mm)	切削速度(m/min)	r/min或每分钟往复次　数	进给量(mm/r或mm/双行程)		夹具	刀具	量具		单件	准备－终结

更改内容	

编　制		抄　写		校　对		审　核		批准	

附表 5.4　检查卡片

厂　　名		质量检查卡片	编　　号		第　　页	共　　页
产品型号			零件名称		零件号	

顺　序	检 查 部 位		技术条件	检 查 用 具		工　时定　额	工　人等　级	检查方法及略图
	名　称	尺　寸		名　称	编　号			

制　定	日　期	审　核	日　期	批　准	日　期	同　意	日　期

附表 5.3 机械加工工序卡片

<table>
<tr><td rowspan="2">(工厂名)</td><td rowspan="2">机械加工工序卡片</td><td>产品名称及型号</td><td>零件名称</td><td>零件图号</td><td>工序名称</td><td>工 序 号</td><td>第 页</td></tr>
<tr><td></td><td></td><td></td><td></td><td></td><td>共 页</td></tr>
<tr><td colspan="3" rowspan="12">(工序简图)</td><td>车 间</td><td>工 段</td><td>材料名称</td><td>材料牌号</td><td>机械性能</td></tr>
<tr><td></td><td></td><td></td><td></td><td></td></tr>
<tr><td>同时加工件数</td><td>每料件数</td><td>技术等级</td><td>单件时间(分)</td><td>准备－终结时间(min)</td></tr>
<tr><td></td><td></td><td></td><td></td><td></td></tr>
<tr><td>设 备 名 称</td><td>设备编号</td><td>夹具名称</td><td>夹编号</td><td>冷 却 液</td></tr>
<tr><td></td><td></td><td></td><td></td><td></td></tr>
<tr><td rowspan="5">更改内容</td><td colspan="4"></td></tr>
<tr><td colspan="4"></td></tr>
<tr><td colspan="4"></td></tr>
<tr><td colspan="4"></td></tr>
<tr><td colspan="4"></td></tr>
</table>

<table>
<tr><td rowspan="2">工步号</td><td rowspan="2">工步内容</td><td colspan="3">计算数据(mm)</td><td rowspan="2">走刀次数</td><td colspan="4">切 削 用 量</td><td colspan="3">工时定额(min)</td><td colspan="5">刀具量具及辅助工具</td></tr>
<tr><td>直径或长度</td><td>走刀长度</td><td>单边余量</td><td>切削深度(mm)</td><td>进给量(mm/r 或 mm/min)</td><td>r/min 或双行程/min</td><td>切削速度(m/min)</td><td>基本时间</td><td>辅助时间</td><td>工作地点服务时间</td><td>工具号</td><td>名称</td><td>规格</td><td>编号</td><td>数量</td></tr>
<tr><td></td><td></td><td></td><td></td><td></td><td></td><td></td><td></td><td></td><td></td><td></td><td></td><td></td><td></td><td></td><td></td><td></td><td></td></tr>
</table>

编 制		抄 写		校 对		审 核		批准	

6 特种加工工艺基础

6.1 概述

如前所述，机械切削加工是依靠刀具对工件的相互作用，从工件上去除多余金属达到所需加工要求的。切削时由于存在切削力，要求刀具材料硬度必须大于工件硬度，而且，无论刀具或工件都必须具有一定的刚度和强度，才能保证加工的顺利进行。但随着生产和科学技术的发展，许多工业部门，尤其是国防、宇航、核能和现代电子等工业部门要求尖端科技产品向高精度、高速度、高压、大功率、小型化等方向发展，它们愈来愈多地使用各种硬质难熔或有特殊物理、力学性能的材料，有的材料硬度已接近甚至超过现有刀具材料的硬度，使常规的切削加工无法实现；而且这些产品中有些零部件精密微细，结构复杂，尺寸、形状、位置和表面粗糙度等几何精度要求很高。如零件上的微孔、异形孔、窄缝、精密细杆、薄壁件、弹性元件及各类模具上的特殊型腔、孔槽等，若采用常规的切削方法加工已难以满足工件的要求。为了解决这些加工困难，20 世纪以来，尤其在 20 世纪 40 ~ 50 年代，人们通过各种渠道，借助于多种能量形式，不断研究新的加工方法，探求新的工艺途径，于是各种区别于传统切削加工方法的特种加工方法先后应运而生。目前，特种加工技术已成为机械制造技术中不可缺少的一个组成部分。

特种加工（non-traditional machining）是指那些不属于常规加工工艺范畴的加工工艺方法。它是利用各种物理的、化学的能量去除或添加材料（借助电能、热能、声能、光能、电化学能、化学能以及特殊机械能等多种能量或其复合）以达到零件设计要求的加工方法的总称。由于这些加工方法的加工机理以溶解、熔化、汽化、剥离为主，且多数为非接触加工，因此对于高硬度、高韧性材料和复杂形面、低刚度等零件则是无法替代的加工方法，也是对传统机械加工方法的有力补充和延伸，并已成为机械制造领域中不可缺少的技术内容。

与机械加工方法相比较，特种加工具有许多独到之处：

（1）加工范围不受材料物理、机械性能的限制，能加工任何硬的、软的、脆的、耐热或高熔点金属以及非金属材料。

（2）易于加工复杂形面、微细表面以及柔性零件。

(3)能获得良好的表面质量,热应力、残余应力、冷作硬化、热影响区以及毛刺等均比较小。

(4)各种加工方法易复合形成新工艺方法,便于推广应用。

特种加工方法种类很多,一般按能量来源和作用原理可分为:

电类——电火花加工,电子束加工,离子束加工等;

光类——激光加工等;

机械类——喷射加工等;

化学类——化学加工等;

声机械类——超声加工等;

电化学类——电解加工,电铸加工,涂镀加工等;

液流机械类——挤压珩磨,水射流切割等;

电化学机械类——电解磨削,电解珩磨等。

特种加工的材料去除原理完全不同于常规的切削加工方法,加工过程中不是主要依靠机械能,刀具和工件之间不存在显著的机械切削力,这样刀具的硬度就可以低于工件硬度,因而能解决常规切削方法难以解决的问题。但是,如果单纯从材料去除率来看,特种加工一般要低于常规的切削方法。因此,在现阶段的机械加工领域中,还是以常规的切削加工占主导地位,特种加工主要用于难以切削材料的加工、微细加工、特殊复杂形状及高精度和有特殊质量要求的加工。实践表明:用常规切削方法愈是难以完成的加工,特种加工则愈能显示其优越性和经济性。特种加工已经成为今天机械制造中一种不可缺少的加工方法,并为新产品的设计打破了许多受加工手段限制的禁区,使产品设计趋向合理,为新材料的研制提供了很好的应用基础。随着科学技术的发展,在未来的机械制造中,特种加工的应用范围将更加广泛。

本章将主要介绍电火花加工、电解加工、激光加工、超声波加工、电子束和离子束加工及复合加工等几种常用的特种加工方法。

6.2 电火花加工

电火花加工(spark - erosion machining)是一种利用电、热能量进行加工的方法。大约在20世纪40年代就开始研究并逐步应用于生产。

6.2.1 电火花加工原理和设备组成

电火花加工的原理是基于工件和工具之间不断产生脉冲性的火花放电,靠放电时产生的局部、瞬时高温把金属蚀除下来,以达到对零件的尺寸和表面预定要求的加工方法,也称放电加工或电蚀加工。

电火花加工的原理如图 6.1 所示。加工时,工具电极 4 和工件电极 2 分别与脉冲电源的两极相连接,自动进给调节装置 3 使工具和工件间经常保持一个很小的放电间隙,一般在 0.01 ~0.02 mm 之间[图 6.1(a)],在两者之间加上直流 100 V 左右的脉冲电压。由于工具和工件的表面不是绝对光滑,而是呈微观的凸凹不平形状,故两表面各点之间的实际间隙是大小不等的。当脉冲电压由低升高时,使实际间隙最小处或绝缘强度最低处被击穿,在该局部产生火花放电。在微小的区域内由放电产生的瞬时高温使工件和工具表面的材料产生程度不同的熔化和汽化现象。与此同时,在放电处的绝缘液体也被局部加热,迅速汽化,体积膨胀,随之产生很高的压力,将已经熔化、汽化的材料从工件和工具的表面蚀除掉,在二者的表面形成一个微小的凹坑[图 6.1(b)]。图中(b)表示单个脉冲后的状态,(c)表示多个脉冲后的状态。在放电结束和工作液恢复绝缘性能后,第二个脉冲又在工具和工件的表面之间新的最小间隙处重复上述过程。如此循环不已,直至工件的形状尺寸和表面质量达到所规定的技术要求为止。

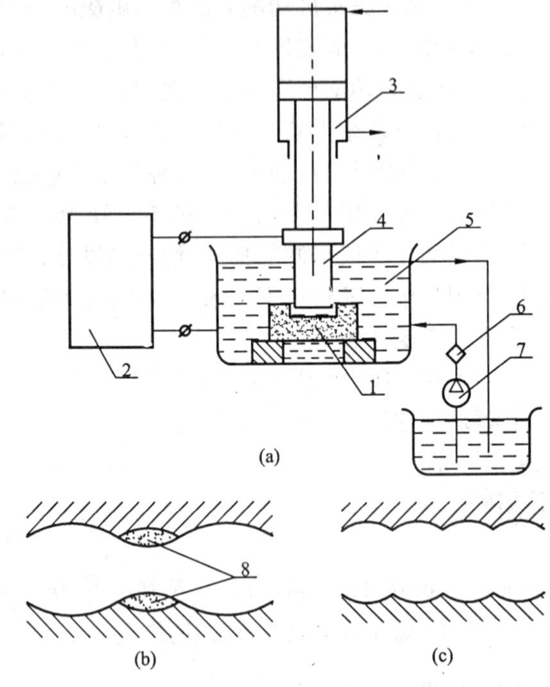

图 6.1　电火花加工原理示意图

1—工件;2—脉冲电源;3—自动进给调节装置;4—工具;5—工作液
6—过滤器;7—工作液泵;8—被蚀除的材料

在整个加工过程中，电火花放电必须是瞬时的脉冲放电，放电持续时间一般是 $10^{-7} \sim 10^{-3}$ s，这样才能使放电产生的热量来不及传导扩散到其余部分，使每一次放电点局限在很小的范围内。另外，在每次放电之间的脉冲间隔期内，电极间的液体介质必须来得及恢复绝缘状态，使下一个脉冲能在两极间的另一个“相对最近点处”击穿放电，以免总在同一点放电而形成稳定的电弧。因稳定的电弧放电时间长，金属熔化层较深，使表面烧伤，只能起焊接和切断作用，不能用于加工具有一定尺寸精度要求的工件。

在电火花加工过程中，工件和工具都会受到不同程度的电蚀，即使材料相同，例如钢加工钢，正负电极的电蚀量也是不同的。这种由于正负极性不同而电蚀量不一样的现象叫做“极效应”。为了减少工具电极的损耗和提高生产率，总希望极效应越显著越好，即同一加工中，工件蚀除量越大越好，而工具蚀除量越小越好。为此，电火花加工的电源应是直流脉冲电源，因若采用交流脉冲电源，工件与工具的极性不断改变，使总的极效应等于零。同时要注意正确选择极性，一般当电源为高频时，工件接正极；电源为低频时，工件接负极；当钢做工具电极时，不管电源脉冲频率高低，工件一律接负极。

此外，电火花加工必须在有一定绝缘性能的液体介质（也称工作液）中进行。常用的有煤油、10#机油、锭子油、皂化液或去离子水等。液体介质必须有较高的绝缘强度，以利于产生脉冲性的火花放电。同时还起到排除电蚀产物和冷却电极表面的作用。

根据电火花加工原理设计制造的电火花加工机床一般由四个部分组成：即脉冲电源、间隙自动调节系统、机床本体及工作液过滤循环系统。图 6.2 所示为整体式结构电火花穿孔成型加工机床结构。

1. 脉冲电源

用来产生加在放电间隙上的脉冲电压，使液体介质不断被周期重复击穿而产生脉冲放电。它是电火花加工机床的心脏。

2. 间隙自动调节系统

脉冲放电必须在一定的间隙下才能产生，这一间隙随加工条件而定。如果间隙过大，极间电压不能击穿介质，因而不会产生火花放电。如果间隙过小，很容易形成短路接触，也不能产生火花放电。放电间隙的大小对电蚀效果有一最佳值，加工中应将放电间隙控制在最佳值附近。但随着电火花加工的进行，工件和工具电极表面不断被蚀除，放电间隙逐渐增大，因此，在加工过程中必须使工具电极不断向工件靠拢；当电极间短路时，工具电极必须迅速离开工件，然后重新调整到合理间隙；当加工条件变化时，工具电极的进给也应做出相应的反应。显然，采用手动调节是无法满足要求的。为此，需采用自动调节系统控制工具电

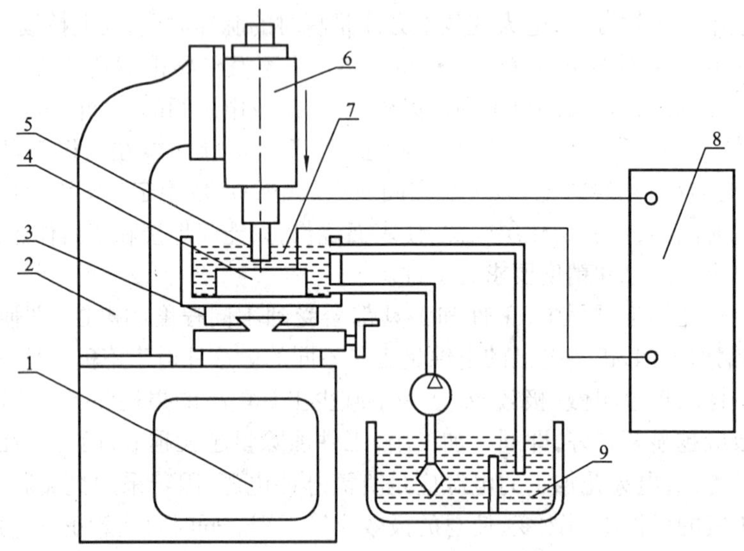

图 6.2　电火花穿孔机床的结构示意图

1—床身;2—立柱;3—工作台;4—工件电极;5—工具电极

6—进给机构及间隙调节器;7—工作液;8—脉冲电源;9—工作液箱

极的进给,时刻自动地维持工具电极与工件之间的合理间隙。间隙自动调节系统常用的传动方式有两种:即液压传动方式和电机传动方式。由于数控电火花机床的发展,已广泛采用宽调速力矩电机并配之以数码光盘作为数控电火花机床的自动进给调节系统。

3. 机床本体

用来夹固工件和工具,实现工件与工具之间精确的相对运动。包括床身、工作台、主轴头、立柱、工作液箱等。

4. 工作液过滤循环系统

为使电蚀产物在间隙中及时排除,一般采用强制循环,并经过滤,以保持工作液的清洁,防止因工作液中电蚀产物过多而引起短路和电弧。

6.2.2　电火花加工的特点

(1)能加工任何能导电的难切削加工的材料。电火花加工中材料去除是靠放电时的电热作用实现的,材料的可加工性主要取决于材料的导电性及热学特性。工具电极也不用比工件硬度大,使电极较容易加工。

(2)加工中不存在显著切削力,适于加工低刚度工件及微细加工。由于可以将工具电极的形状复制到工件上,因此特别适用于复杂表面工件的加工。

(3)电火花加工的工件表面由无数小坑和硬凸边组成,其硬度比机械加工表面硬度高,且有利于保护润滑油,在相同粗糙度情况下其表面润滑性和耐磨性也比机械加工表面好,特别适用于模具制造。但不容易形成锋利的刃角结构。

(4)一般加工速度较慢。电火花加工速度、精度、表面粗糙度及工具电极的损耗与许多因素有关,包括电源的脉冲宽度、单个脉冲容量、电极极性和材料、工作液及排屑条件等。随着表面粗糙度的改善,加工速度显著下降。因此,要合理选择上述各项参数和加工条件。

6.2.3　电火花加工方法

1. 电火花穿孔

穿孔加工是电火花加工中应用最广的一种,常用来加工型孔(圆孔、方孔、多边形孔、异形孔)、曲线孔、小孔、微孔等,例如冷冲模、拉丝模、挤压模、喷嘴、喷丝头上的各种型孔和小孔。

穿孔的尺寸精度主要靠工具电极的尺寸和火花放电的间隙来保证,工具电极材料一般为 T10A、T8A、Cr12、GCr15 等,其中 Cr12 采用较多;电极的截面轮廓尺寸要比预定加工的型孔尺寸均匀地缩小一个加工间隙,其尺寸精度要比工件高一级,表面粗糙度值要比工件的小,一般精度不低于 IT7 级,表面粗糙度小于 *Ra*1. 25 μm,且直线度、平面度和平行度在 100 mm 长度上不大于 0. 01 mm 。放电间隙的大小则由加工中所采用的电规准来决定(通常把加工中的一组电参数如电压、电流、脉宽、脉间等称为电规准),当采用单个脉冲能量大的粗规准时,被抛出金属微粒大,放电间隙大;反之,采用精规准时,放电间隙小。电火花加工时,为了提高生产率,常采用粗规准蚀除大量金属,再用精规准保证加工质量。为此,可将穿孔加工中的工具电极制成阶梯形,其头部尺寸单边缩小 0. 08 ~ 0. 12 mm,缩小部分长度为型孔长度的 1. 2 ~2 倍,先由头部进行粗加工,接着改用精规准由后部进行精加工。

电火花加工较大的孔时,应先开预制孔,并留适当加工余量。余量的大小应能补偿电火花加工的定位、找正误差及机械加工误差,一般情况下,单边余量为 0. 3 ~1. 5 mm 为宜,并力求均匀。若加工余量太大,生产率低;加工余量太小,加工时定位困难。

2. 电火花型腔加工

电火花型腔加工包括锻模、压铸模、挤压模、胶木模、塑料模等。电火花加工型腔比较困难,主要因为均是盲孔加工,金属蚀除量大,工作液循环和电蚀产物排除条件差,工具电极损耗后无法靠进给补偿;其次是加工面积变化大,加工过程中电规准调节范围较大,并由于型腔复杂,电极损耗不均匀,对加工精度影响很大，因此型腔生产率低，质量难保证。

常用电火花加工型腔的方法有单电极平动法、多电极加工法、分解电极加工法和程控电极加工法等。

(1) 单电极平动法　即采用一个电极完成的粗、中、精加工方法。首先用低损耗、高生产率的粗规准加工，利用平动头作平面小圆运动，如图 6.3 所示。按粗、中、精顺序逐级改变电规准，同时依次加大电极平动量，以补偿前后两个加工规准之间型腔侧面的放电间隙差和表面微观不平度差，实现型腔侧面仿型修光，直至完成整个型腔加工。单电极平动法加工装夹简单，排除电蚀产物方便，应用最广泛，但难以获得高精度型腔，难以加工出清棱、清角的型腔。

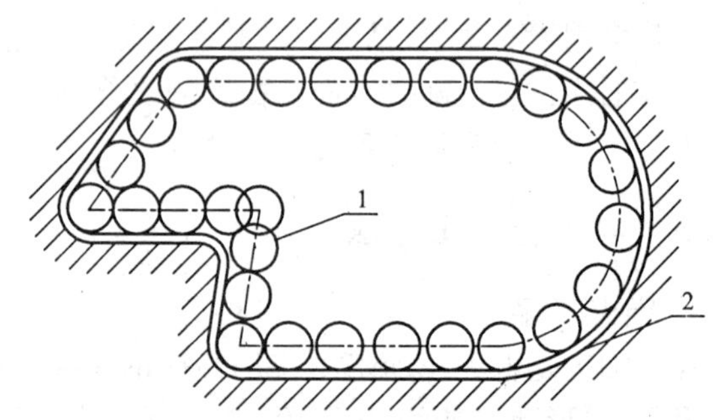

图 6.3　平动头扩大间隙原理图

1—工具；2—工件

(2) 多电极加工法　即将粗、精加工分开，更换不同的电极加工同一个型腔的方法。当每个电极加工时，必须把上一规准的放电痕迹去掉。多电极加工仿型精度高，适用于尖角、窄逢多的型腔加工。

(3) 分解电极法　即是单电极平动法和多电极加工法的综合应用。根据型腔形状特点，将电极分解为主、副型腔电极制造。配合不同的电规准，先加工主型腔，再用副型腔电极加工尖角、窄缝等处的副型腔。这种方法有利于提高加工速度和改善加工表面。

(4) 程控电极加工　将型腔分解成更为简单的表面，制造相应的简单电极，在数控电火花机床上，由程序控制自动更换电极和转换电规准，实现复杂型腔的加工。

为了提高型腔的加工精度，在电极方面，首先要使用耐蚀性高的电极材料(如铜钨、银钨合金，虽电加工稳定性好，电极损耗小，但价格贵，机械加工困难，所以很少采用)，工业生产中常用紫铜和石墨作电极。其次是电极尺寸的设计，电极尺寸除了与型腔的形状、大小、复杂程度有关外，还与电极材料、加工电参数、深度、余量间隙及加工方法等有关。

用电火花加工型腔时，为了有效排除电蚀产物，在工具电极上开冲油孔，并采用工作液强迫循环，要用压力油排除电蚀产物。为了保证加工精度，要合理选择工具材料和采用多电极加工。为了减少工具电极的损耗和提高生产率,要合理选择电规准和电极极性。

3. 电火花加工的其他应用

电火花加工还有其他许多方式的应用,如用电火花磨削可磨削和镗磨小孔,铲磨小模数滚刀;用电火花共轭回转加工可加工精密内、外螺纹环规、内锥螺纹、精密内、外齿轮及非标准内齿轮等;此外还有电火花线切割、电火花表面强化和刻字加工等。

6.2.4　电火花线切割加工

电火花线切割加工(spark – erosion cutting with awire)简称线切割加工,它是在电火花加工基础上于20世纪50年代末发展起来的一种新工艺。它已获得广泛应用,目前国内外的线切割机床已占电加工机床的60%以上。

1. 线切割加工的原理及设备的组成

人们普遍认为,线切割加工只是电火花加工的一个分支。因此在应用性研究中,人们的认识是以电火花加工机理的现成理论为基础的。由于线切割加工的金属去除原理与电火花加工是基本一致的,因此“借用”电火花加工机理的现成理论,在一定程度上和在一定范围内也是可行的。电火花线切割加工是利用一根运动的细金属丝(ϕ0.02 ~ ϕ0.3 mm 的钼丝或铜丝)做工具电极,在工件与金属丝间通以脉冲电流,靠火花放电对工件进行切割加工的,如图6.4所示。电极丝4穿过工件2上预先加工好的小孔,经导向轮5由贮丝筒7带动作正反向交替移动,由电源3供给脉冲电源,在电极丝和工件间浇注工作液介质,放置工件的工作台在x、y两个坐标方向上按预定的控制程序,根据火花间隙状态作伺服进给移动,从而合成各种曲线轨迹,把工件切割成形。

按控制方式,线切割可分为靠模仿形切割加工、光电跟踪线切割加工、数控线切割加工等几类。目前95%以上线切割机床已采用数控化,因此现在普遍采用数控线切割,并已发展到微型计算机直接控制阶段。

由加工原理可看出,线切割加工设备包括机床本体、脉冲电源、控制系统、工作液循环系统和机床附件等部分组成。其中机床本体由床身、坐标工作台、运丝机构、丝架、工作液箱、附件和夹具等部分组成;另外控制系统是重要环节,其作用是在加工中按要求自动控制电极丝相对工件的运动轨迹和进给速度,实现工件的形状和尺寸加工。即控制系统包括两方面:一方面是轨迹控制,精确控制电极丝相对工件的运动轨迹;另一方面是加工控制,包括对伺服进给速度、电源装置、走丝机构、工作液系统等操作控制以及自诊断、安全失效、信息显示等多方面。其他部分与电火花穿孔成型加工基本相似。

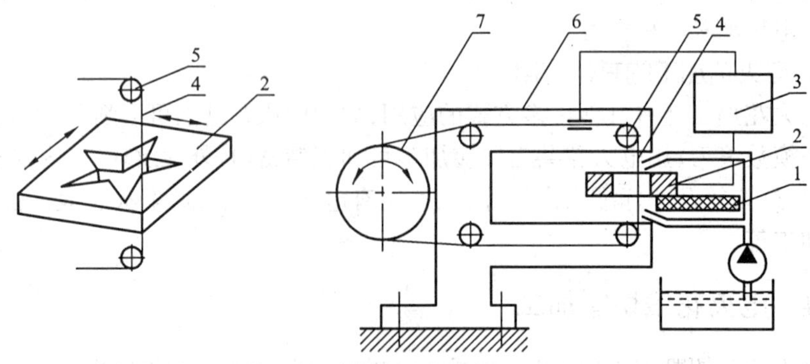

图 6.4　电火花线切割原理

1—绝缘地板;2—工件;3—脉冲电源;4—电极丝;
5—导向轮;6—支架;7—贮丝筒

2. 线切割加工的特点与应用

线切割加工使用的电压、电流波形与电火花穿孔成型加工相似。可以加工一切导电金属,其加工机理、表面粗糙度、材料的可加工性等也和电火花加工相似。但线切割要比电火花穿孔成型加工生产率高、加工成本低,其特点如下:

(1) 省掉了成型工具电极,大大降低了电极设计、制造费用,缩短了生产准备时间。

(2) 电蚀余量小,蚀除金属量少,适用于加工和切割稀有、贵重金属。

(3) 工具电极损耗很小,加工精度高。

(4) 加工小孔、小槽、窄缝、凸凹模可一次完成,甚至可以多个工件叠起来加工,能获得一致的尺寸。

(5) 便于实现自动控制。

线切割加工为新产品试制、精密零件及模具制造开辟了一条新的工艺途径,主要用于加工各种直、斜刃口模具,包括各种冲模、凸模、凹模、固定板、卸料板、粉末冶金模、挤压模、弯曲模、塑压模等。

用线切割加工热处理后的工件时,会使材料内部残余应力的相对平衡状态受到破坏从而产生很大的变形,破坏零件的加工精度,甚至出现裂痕。因此,应选择锻造性能好、淬透性好、热处理变形小的材料进行线切割。另外要根据加工要求选择相应的电规准参数。

6.3 电解加工

电解技术用于去除材料(加工零件)的研究始于20世纪50年代中期。主要用于军工业和航空航天业复杂曲线曲面零件的加工,如炮管膛线、航空发动机叶片型面及锻模型面的加工。今天,无论是先进工业国家还是在我国,电解加工技术不仅是压气机叶片、涡轮叶片型面等加工的重要手段,而且对于大型整体件的内外旋转面加工、中小型支承件、盘型件的腹板及凸台、导型孔、减重槽等的加工方面也越来越广泛应用。

6.3.1 电解加工的原理

电解加工是利用金属在电解液中可以产生阳极溶解的电化学原理来进行加工的一种方法。常用的电镀也是利用阳极溶解的电化学原理进行的。即将电镀材料作阳极(接电源正极),工件作阴极(接电源负极),放入电解液中并接通直流电源后,作为阳极的电镀材料就会逐渐溶解而附着到作为阴极的工件上形成镀层。如果反过来将工件作为阳极,加工工具作为阴极,使工件按照需要的形状去溶解,并由电解液将其溶解物迅速冲走,从而达到尺寸加工的目的。这种利用电解反应中阳极溶解原理来进行的加工,称为“电解加工”。

电解加工过程如图6.5所示。工件3接直流电源正极,工具4接负极,使两极间保持较小的间隙(0.1～0.8 mm),具有一定压力(50～250 N/cm^2)的电解液(10%～20%的NaCl溶液)从间隙中高速(5～60 m/s)流过,接通电源后,电解液在低电压(5～20 V)、大电流(1000～2000 A)作用下使作为阳极的工件发生溶解,电解产物被电解液冲走。在加工刚开始时,两极间距离最近的地方通过的电流密度较大[图6.6(a)],根据法拉第定律,金属阳极溶解量与通过的电流量成正比,工件上这些地方溶解速度就比其他地方快。随着工件的溶解,工具电极不断向工件进给,工件表面逐渐与工具吻合,形成均匀的间隙,然后工件表面开始均匀溶解,直至达到尺寸要求[图6.6(b)]。

在加工中电解液起传递电流、溶解阳极、带走电解产物和冷却加工区域等的作用。常用的有NaCl、$NaNO_3$等电解液,NaCl电解液蚀除金属速度快、生产率高、价格低,但成形精度低、腐蚀严重;$NaNO_3$电解液加工精度高、腐蚀小,但生产率低。为了改善电解液的性能,通常加入添加剂,如在NaCl中加入磷酸盐可提高成型精度;在$NaNO_3$电解液中加入少量NaCl可提高生产率;为改善加工表面质量可添加络合剂、光亮剂或NaF等。近年来出现的混气电解法,将压缩空气通入电解液中,使电解液成为水泡状混合体后进入加工间隙,从而增加了电阻

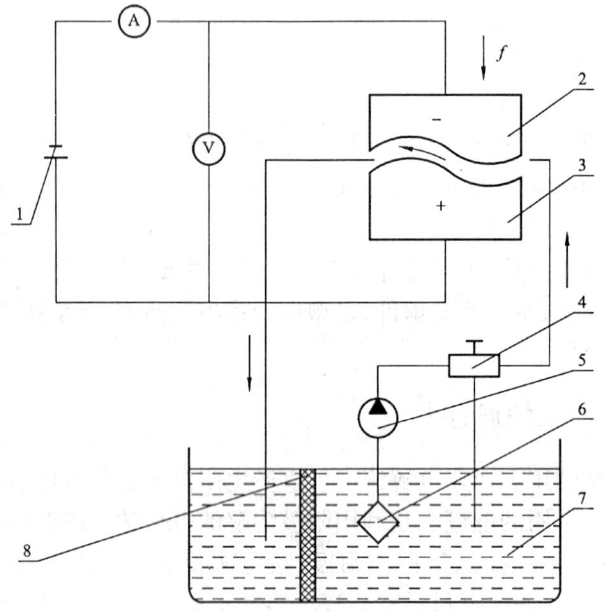

图 6.5　电解加工示意图

1—直流电源;2—工具阴极电解液泵;3—工件阳极;4—调压阀;5—电解液泵;6—过滤器;7—电解液;8—过滤网

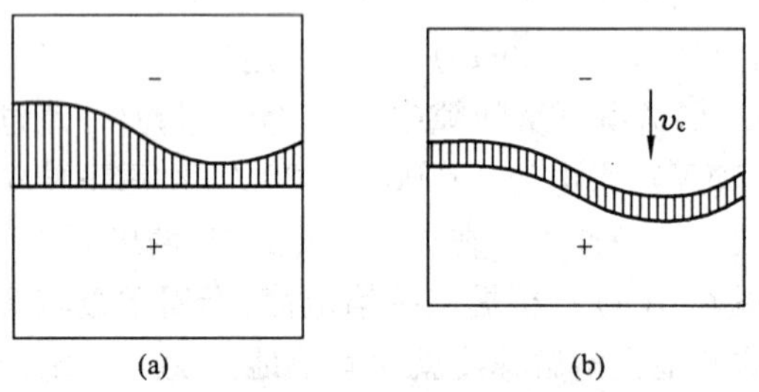

图 6.6　电解加工成形原理图

值,使加工间隙和流场分布均匀,电解液的粘度下降,流速加快,极大地提高了加工精度。

6.3.2　电解加工的特点与应用

电解加工是继电火花加工后发展较快、应用较广泛的一项新工艺。与其他加工相比,电解加工的优点是:

(1) 应用范围广。不受材料硬度和强度的限制,能加工任何高硬度、高强度、高韧性的导电材料，并能以简单的进给运动一次加工出形状复杂的型面和型腔。

（2）生产率高。约为电火花加工的5～10倍。以锻模为例，电解加工比常规的机械切削加工高3～10倍。

（3）加工表面质量好。因加工中无切削力，无冷作硬化，加工表面无残余应力，无飞边毛刺。故加工表面的粗糙度值一般可达$Ra0.2 \sim 0.8$ μm。

（4）工具电极无损耗。

但电解加工也存在一些问题，主要有：

（1）精度难以控制。一方面由于阴极的设计、制造和修正比较困难，阴极精度对工件产生复制精度影响；另一方面电解液、电极中存在的多种化学成分产生的化学反应无法控制；此外电解液参数如浓度、温度、酸度、粘度、流速、流向等都会影响生产效率与精度。

（2）电解液过滤、循环装置庞大，占地面积大、机床需足够的刚性和防腐、防污、防爆性，因而造价昂贵。

（3）电解液及电解产物容易污染环境。

电解加工目前已广泛应用于各种形状复杂的型孔、型面、型腔加工及深孔、弯孔的扩孔加工，如加工花键孔、镗线孔、内齿轮等。而电解倒棱去毛刺加工效率高、费用低；用电解抛光不仅效率比机械抛光高，而且抛光后表面耐腐蚀性好，摩擦系数小。电解加工还可用于具有三维空间曲面的异形零件（如叶片）的加工。另外电解加工与机械加工结合能形成多种复合加工，如电解磨削、电解珩磨、电解研磨等。

如图6.7所示为涡轮叶片加工示意图。涡轮叶片是涡轮发动机的主要零件，叶片材料一般使用耐热钢或高温合金钢。由于叶片形状复杂，各横截面尺寸不同，扭转角大，精度要求高，此外它的加工余量大，故在发动机制造中工作量相当大。如果采用一般的机械加工方法（如仿形铣、靠模车等）方法加工时，刀具磨损快，手工抛光工作量大，加工周期长，生产效率低，精度也难于保证。若用电解加工叶片，则不受材料硬度、韧性等限制，在一次行程即可加工出叶身型面，且表面质量也好，是目前普遍应用的加工方法。图中工件5装在夹具1中，由两个进给电机2驱动工具（阴极）4和7向工件作进给运动。调节阀13可使两电极间流过的电解液有一定背压，保证流畅均匀。一般采用的工艺参数如下：加工间隙为0.2～0.4 mm；电解液成分为10% NaCl+25% $NaNO_3$；电流密度为15～40 A/cm^3；加工电压为12～16 V；电解液压力$(4 \sim 7) \times 10^5$ Pa。

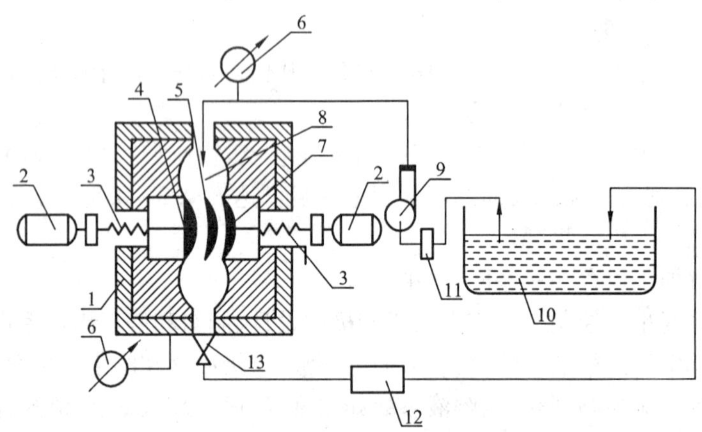

图 6.7　涡轮叶片加工示意图

1—夹具;2—进给电机;3—丝杠;4—阴极(叶盆);5—叶片(阳极);6—压力表;7—阴极(叶背);8—电解液腔;9—电解液泵;10—电解液;11—换热器;12—离心机;13—调节阀(形成背压)

6.4　超声波加工

超声波加工(ultrasonic machining)也称超声加工。超声波是指振动频率在16kHz 以上的声波,具有频率高、波长短、能量大和无噪声等特点。超声波加工不仅能加工金属,也能加工非金属。

6.4.1　超声波加工原理

超声波加工装置一般包括超声波发生器、超声波振动系统、机床本体(工作头、加压机构及工作进给机构、工作台及其位置调整机构)、工作液循环系统和换能器冷却系统等。超声波加工是利用工具头作超声振动,通过悬浮液中磨料的高速轰击进行加工的方法。其加工原理如图 6.8 所示。超声波发生器将交流电转变为超声频电振荡,由换能器转换成超声频纵向机械振动,此时的振幅很小,不能直接用于加工,再由变幅棒把振幅放大到 0.05 ~ 0.1 mm 左右。加工时,在工具头和工件之间不断注入磨料悬浮液,变幅棒驱动工具端面作超声振动,迫使悬浮液中的磨粒以很大的速度不断撞击、抛磨被加工表面,把工件加工区域的材料粉碎成很细的微粒,从工件上脱落下来;同时磨料的高速、高频冲击还造成加工间隙的局部真空,真空间隙缩小瞬间引起极强的液压冲击波,也强化了加工过程。其中磨料冲击作用是主要的。被粉碎下来的工件材料被悬浮液带走，工具不断进给使加工继续进行，最后工具的形状便复印于工件上，达到所需尺寸加工的目的。

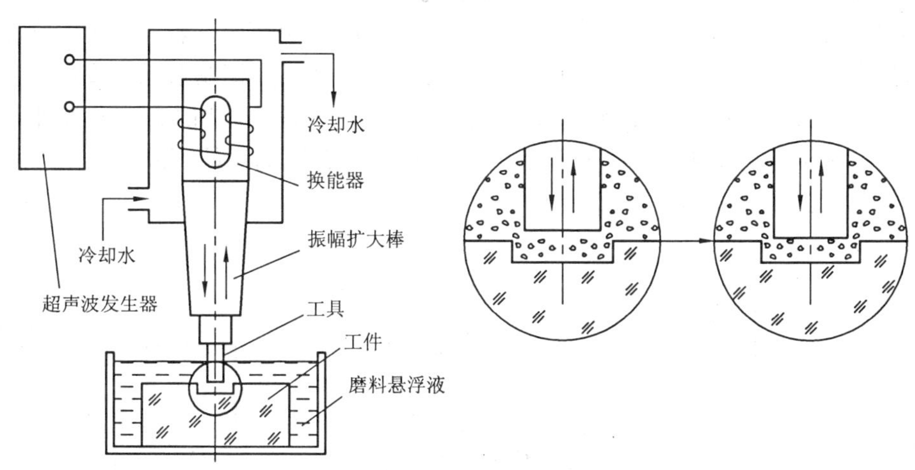

图 6.8　超声波加工原理图

加工时的工作液（悬浮液）由水或煤油加入磨料组成。磨料硬度愈高，加工速度愈快。加工中等硬脆材料时，磨料可用碳化硅；加工高硬脆材料（硬质合金、淬火钢等）时，宜采用氮化硼磨料；加工超硬材料（金刚石和宝石等）时，必须用金刚砂磨料。工具材料常用 45 钢。

6.4.2　超声波加工的特点和应用

1. 超声波加工的特点

（1）适合于加工各种脆硬的非金属材料。如玻璃、陶瓷、半导体、石英、锗、硅、石墨、玛瑙、宝石、金刚石等，对硬质金属材料如淬火钢、硬质合金钢等虽可加工，但效率低。

（2）机床的结构简单，操作维修方便。由于工具可用较软的材料做成较复杂的形状，故不需要使工具和工件作比较复杂的相对运动。

（3）能获得较好的表面质量。超声波加工过程的热影响小，可加工形状复杂的型腔、型孔、薄壁零件、窄缝、小孔等。一般加工精度可达 0.01 ~ 0.02 mm，表面粗糙度可达 Ra0.1 ~ 0.8 μm。

2. 超声波加工的应用

超声波加工虽然生产率低于电火花加工及电解加工，但其加工精度及表面质量均优于电火花及电解加工，特别是在加工硬脆的半导体或非导体材料（玻璃、宝石、锗、金刚石等)，超声波加工则是一种主要的加工方法。

(1) 型孔型腔加工

图6.9为超声波加工各种型孔、型腔的示意图。目前生产中常用的模具材料多为合金工具钢(如CrWMn,SCrNITi, Cr12, Cr12MOV等)。若能采用硬质合金制造拉深模、拉丝模等模具，则其耐用度要比合金工具钢制造的大80~100倍，经济效益相当好。但这类模具制造较困难，需采用超声波加工或电火花加工获得。由于电火花加工后的表面经常会发现微小裂纹，而用超声波加工则无此种缺陷，这也可以说是超声波加工的一个优点。

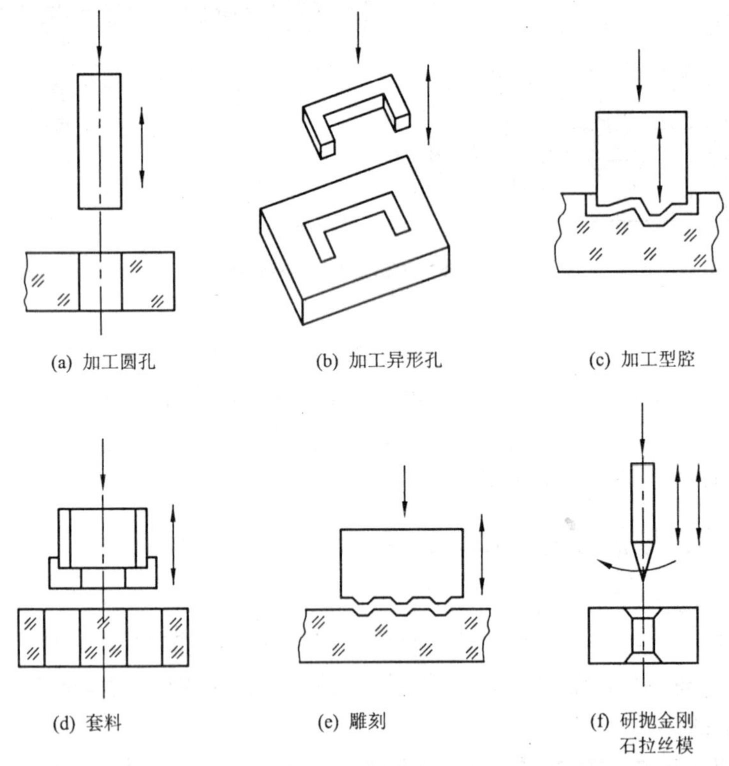

图6.9　超声波加工的各类型孔、型腔

图6.10为加工硬质合金下料阴模示意图，它的加工工序过程如下：

(1)用电火花加工出预制孔，孔壁大约留1 mm作为超声波加工余量。

(2)用180#~200#粒度的磨料进行超声波(粗)加工，工具直径比工件孔径最终尺寸小0.5 mm[图6.10(a)]。由于超声波加工后的孔有扩大量及锥度，所以在入口端单面留有0.15 mm余量，出口端单面留有0.21 mm的加工余量[图

6.10(b)]。

(3)用W20～W10粒度的磨料进行超声波(精)加工工具直径按工件孔径最终尺寸减少0.08 mm[图6.10(c)]。由于加工后的孔有扩大量及锥度,在入口端已达到了工件最终尺寸,而在出口端单面仍留有0.025 mm的加工余量[图6.10(d)]。

(4)用超声波研磨修整内孔,将原来40′的锥度修正为8′[图6.10(e)]。根据阴模外形,制造尺寸从20×20 mm^2 到50×50 mm^2 的一个阴模的加工时间为0.5～1.5 h,尺寸精度可控制在0.01～0.02 mm的范围内。

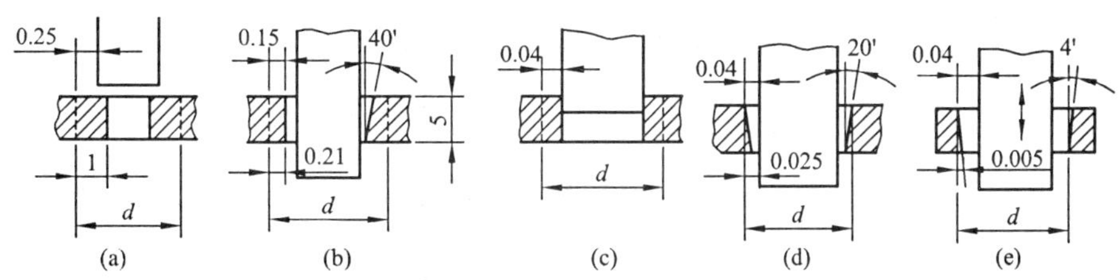

图6.10 硬质合金下料阴模示意图

1—变幅杆;2—焊缝;3—铆钉;4—导向片;5—软钢刀片

(2)超声波切割

目前,超声波切割主要用于切割金刚石、半导体、石英、铁氧体和宝石等硬脆材料。而过去切割这类材料制成的零件或坯料都用金刚石刀具来完成。与金刚石切割相比较,超声波切割的主要优点是:精度高、切口窄,可切割出很薄的切片,工具价格便宜及生产率高。

图6.11为用超声波切割刀具切割单晶硅片所用的刀头及加工示意图。由图可见,刀头由一组厚度为0.127 mm的软钢刀片铆合而成,每片间隔为1.14 mm,刀片伸出高度应考虑刀片磨损后重磨使用次数。此外,最外边的刀片应高出其他刀片0.5 mm,作为切割时导向用。工具头与变幅杆的联接采用焊接结构。采用这种方法切割高度为7 mm、宽为15～20 mm的硅晶片,可在3.5 min内切成厚度为0.08 mm的薄片。

(3)超声波清洗

超声波清洗是一种高效和高生产率的清洗方法,可以采用多种类型的清洗剂(例如水基清洗剂、氯化烃类溶剂、石油溶剂等)清洗金属工件,清洗后的零件可得到高清洁度。但由于受到清洗装置的限制,超声波清洗仅用于中小型的零件。此外,它也只适合于精清洗,即是在超声波清洗之前,必须用其他方法粗清洗。

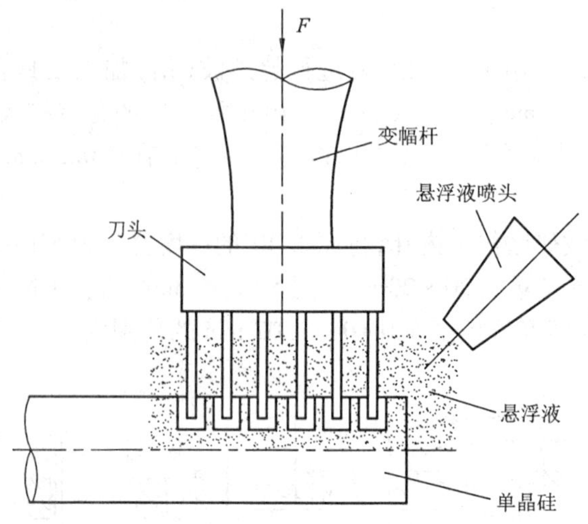

图 6.11　超声波切割单晶硅片所用的刀头及加工示意图

超声波清洗的基本原理是在清洗液中引入超声波振动,向被清洗的工件表面辐射声波,产生超声空化效应,利用空化效应产生的巨大爆炸力剥离工件表面上的各种污垢。此外,由于在清洗剂中引入了超声振动,增强了污垢在清洗剂中的扩散作用,加速了清洗过程。

由于超声波清洗主要是利用超声空化效应,所以清洗液产生空化所需声强度与工作频率的关系就十分重要,其特性工作频率在 10 kHz 以下产生空化效应所需声压强度较低且基本恒定,当工作频率超过 10 kHz 时空化所需的声波强度就急骤增大。由此可知,采用较低的工作频率,空化所需的声压强度变化很小,空化效应好,压缩波与稀疏酸之间周期长,空化泡(在超声场作用下,当达到一定声压强度和频率时,清洗液中产生的大量气泡称为空化泡)体积较大,而空化泡的大小与清洗的冲击力成正比,所以可以得到较好的清洗效果。一般用水基清洗液或三氯乙烯清洗轴承、精密零件、精密小型传动件时,工作频率可选择 15 ~20 kHz,对钟手表零件、半导体元件等微型工件,为要达到集中能量清洗工件某个预定位置,工作频率可选在 300 ~800 kHz 之间。

清洗液的温度升高有利于空化,但温度过高,蒸气压也相应增高,使超声空化效应减弱,所以清洗液的温度不宜太高. 几种常用清洗液温度如下:

水基清洗液:35 ~45 ℃。

三氯乙烯:70 ℃。

易蒸发或易燃清洗液:常温下使用。

目前超声波清洗主要用于几何形状复杂或清洗质量要求严格的精密零件,

尤其是在工件上有深孔、小孔、弯孔、盲孔、凹相等加工部位，用其他清洗方法效果不佳，甚至无法清洗时，使用超声波清洗往往可取得良好效果。

6.5 激光加工

激光技术是20世纪60年代后出现的一门尖端科学。激光是一种在激光器中受激辐射产生的光源，它不仅具有普通光的反射、折射、衍射等共性，还具有极高的亮度和能量密度、极好的单色性、方向性和相干性。激光的亮度要比太阳表面亮度高二百多亿倍，其单色性（光的频率单一）比激光出现前最好的氪灯高上万倍。目前在工农业、国防军事、通讯、医学、科研等各领域都得到广泛的应用。机械行业利用激光来进行加工和精密测量。

6.5.1 激光加工的原理和特点

1. 激光加工的基本原理及设备的组成

激光加工是一个高速的烧蚀过程。当高强度的光能传送到工件表面时，工件对光能的吸收有一个开始的瞬态过程，开始时即使工件表面很粗糙，但反射光还是比较高的（尤其当工件材料为金属时）。当工件表面温度逐渐上升，在高温下表面被氧化或变成熔融状之后，反射率就逐渐降低，吸收率迅速增加。激光功率密度愈高，这一过程作用时间愈短。在金属中光子的能量主要是被导电电子所吸收，在 $10^{-11} \sim 10^{-10}$ s 的时间内把吸收的能量转换为晶格的热振荡，此过程发生在 $10^{-6} \sim 10^{-5}$ cm 厚度范围内，这一厚度即为辐射对金属的穿透深度。半导体材料与金属材料不同，在室温时半导体的自由电子浓度不大，只有在照射光子的能量 h_v 很大或温度上升到某一数值之后，导致半导体电子浓度增加，电子才能吸收大量光子的能量，转换为晶格的热振荡。当温度高于 10^4 K（绝对温度）时，辐射的热传递在能量的传递过程中就起到了重要的作用。

由于激光的方向性好，发散角很小，通过透镜聚焦后，可以得到直径很小的焦点，焦点处能量高度集中，能量密度可达 $10^7 \sim 10^{10}$ W/cm^2（金属材料达到沸点所需能量密度为 $10^5 \sim 10^6$ W/cm^2），温度可达上万度。激光加工就是将这种高能量密度的激光束照射到工件表面，导致光斑处的材料瞬间熔化、汽化、膨胀，使熔融物爆炸式地喷射出来，高速喷射产生的反冲压力又在工件内部形成一个方向性很强的冲击波。工件材料就是在高温熔融和冲击波作用下，被蚀除部分物质，形成一个带锥度的小孔，这样经多次照射就可完成预定的加工。

激光加工设备的种类较多，结构形式不一。但无论是哪一种激光加工，其设备主要由激光器、激光电源、光学系统和机械系统等几大部分所组成（图6.12），若将激光用于切割，为了保证切割质量和提高生产率，还应设有气体喷射装置。

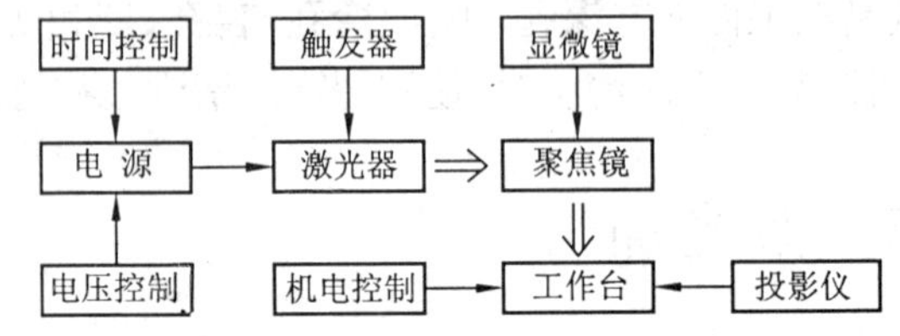

图 6.12　激光加工装置结构方框图

随着电子技术的发展，激光加工已与电子计算机结合，实现了激光输出参数、光学系统、机床工作台的计算机控制。在加工对象更换时，只需更换软件，从而提高了加工效率和加工精度，也减少了生产准备时间。

（1）激光器　激光器是激光加工机的重要组成部分，它的任务是把电能转换成光能，产生所需的激光光束。激光器的种类较多，按其工作物质的种类可分为固体激光器、气体激光器、液体激光器及半导体激光器；按其工作方式的不同可分为连续激光器及脉冲激光器。

（2）谐振腔　谐振腔又称为光学共振腔，其作用是使受激的光沿输出轴向来回多次反射，互相激发（连锁反应），以加强和改善激光的输出。

（3）激光能源　目前大都采用氙灯作为光泵（能源），因为这种灯可以发射极强的可见光。光系可以是连续的，也可以是脉冲的。

（4）聚光器　聚光器的作用在于把氙灯发出的光能聚集到工作物质上，使它获得充分的光照。一般使用聚光器以后，可将氙灯发出光强的 80% 左右聚集到工作物质上。聚光器的种类繁多，常用的有圆柱形、椭圆柱形和双圆柱形或双椭圆柱形几种。不同形式聚光器的聚光效率均不同。

（5）机械系统　主要包括床身、三坐标移动工作台及机电控制系统等。

2. 激光加工的特点

（1）能量密度高，适用性广。几乎能加工所有的材料，如各种金属材料和陶瓷、石英、金刚石、橡胶等非金属材料。如果是反射率或投射率高的工件进行打毛或色化处理后，仍可加工。

（2）加工速度快，效率高。且热影响区小，热变形也小。

（3）加工不需要刀具，属于非接触加工。无机械加工变形，也无工具损耗等问题。

（4）激光束传递方便。能透过空气、惰性气体或透明体对工件进行加工。因此，可通过由玻璃等制成的窗口对被封闭零件进行加工，或在真空环境下也可加工。

（5）易于控制。便于与机器人、自动检测、计算机数字控制等先进技术相结合，实现自动化加工。

6.5.2 激光加工的应用

激光加工就广义而言，主要是指利用激光进行打孔、切割、焊接、表面处理、刻蚀等的加工方法。

1. 激光打孔

利用激光打微型小孔，目前已广泛应用于金刚石拉丝模、钟表仪器的宝石轴承、陶瓷、玻璃等非金属材料和硬质合金、不锈钢等金属材料的小孔加工等方面。

激光打孔是利用材料的蒸发现象以去除材料为目的的激光加工，为保证加工精度，必须采用最佳的能量密度和照射时间，使加工部分快速蒸发，并防止加工区外的材料由于传热而温度上升以致熔化。因此，打孔宜采用脉冲激光，经过多次重复照射后完成孔的加工，这样既有利于提高孔的几何形状精度，又不使孔周围的材料受到热影响。

激光焦点位置对激光打孔的质量有很大影响，如图6.13所示。当焦点位置很低时［图6.13(a)］，透过工件表面的光斑面积增大，这不仅会产生很大的喇叭口，而且会由于能量密度的减小影响加工深度，增加了孔的锥度。从图中可以看出，随着焦点的逐渐升高，孔深也增加，但如果焦点太高，同样会分散能量密度而无法加工下去［图6.13(b)］；一般来说，激光的实际焦点落在工件的表面或略微低于工件表面为宜。

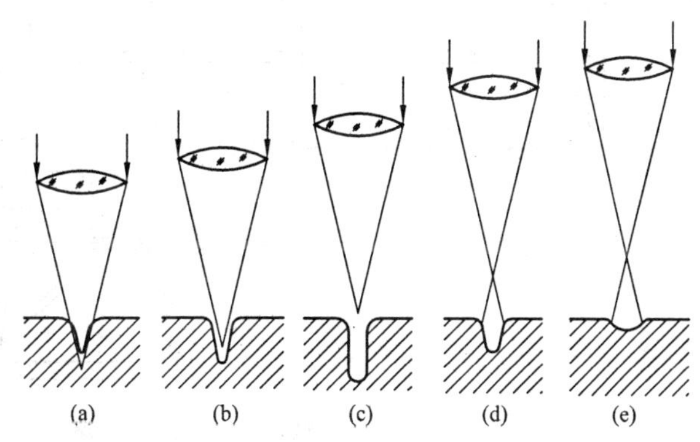

图6.13 焦点位置与孔的剖面形状

激光打孔的最大优点是效率非常高，如在宝石轴承上打 $\phi0.12 \sim \phi0.18$ mm，深0.6～1.2 mm的小孔，每分钟可加工几十个。一般0.1 s左右就可打一个孔。激光打孔能加工的最小孔径在0.01 mm左右，表面粗糙度值可达 $Ra0.162 \sim 0.08$ μm。值得注意的是激光打孔以后，被蚀除的材料要重新凝固，除大部分飞溅出来变为小颗粒外，还有一部分粘附在孔壁，甚至有的还要粘附到聚焦的物镜及工件表面。为此，大多数激光加工机都采取了吹气或吸气措施，以排除蚀除产物。有的还在聚焦的物镜上装有一块透明的保护膜，以避免损坏聚焦物镜。

2. 激光切割

由于连续和脉冲方式工作的大功率钇铝石榴石和二氧化碳激光器的发展，对激光切割创造了良好的条件。激光切割的特点是：可以切割多种材料；切缝狭窄且切边平滑不带毛刺；被切工件不承受机械力，故变形小；可用靠模、光电跟踪或数控切割出各种形状的工件；生产率高，经济性好。

激光切割时，需要把材料熔化、汽化并从加工区排出；或是把造成的热应力不断地沿裂纹方向加以断裂。前者适用于金属和某些介质材料切割，为了提高切割质量和生产率，在切割过程中还需喷射活性气体或情性气体来吹掉蚀除物，后者适于切割玻璃、陶瓷或微晶玻璃等脆性材料。图 6.14 为二氧化碳激光透射式聚焦切割示意图，它适用于短焦距加工。对于熔点低、导热性差的塑料、纤维、木材及布匹等材料，一般使用长焦距加工。

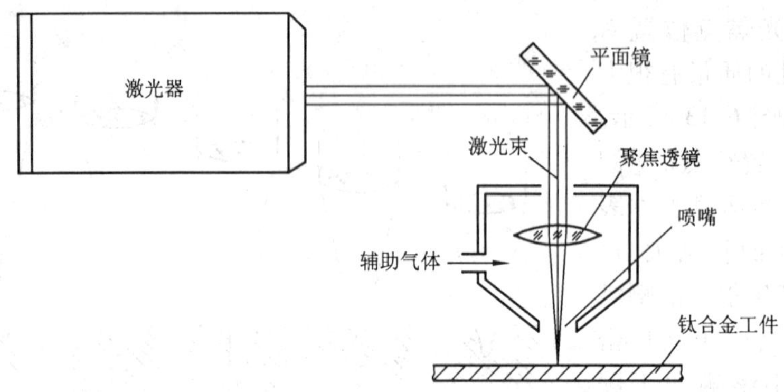

图 6.14　二氧化碳激光透射式聚焦切割示意图

在金属激光切割时，因金属表面对二氧化碳激光器输出的 10.6 μm 波长光的反射率高，为了提高切割效率，切割时常喷吹氧气或压缩空气，故把这种切割称为激光气割。喷吹氧气的作用一是氧能产生放热反应，同时还能减少工件的反射率，为切割提供了大量的热能；二是它可吹掉蚀除屑，使切口整齐光洁（但在出射的一边，因沿边缘有烧结现象，故尚有一些毛刺）；三是能增加切深，减小切缝宽度和热影响区（切缝一般为 0.1～0.2 mm）。此外，喷吹的气体对透镜还有冷却保护作用。所使用的气压值，一般为 1.5～3 个大气压。对于多数含碳的非金属材料（如塑料、纺织品、皮革和纸张），激光吹氧切割会引起材料的燃烧，严重影响切割质量，所以常采用吹惰性气体或压缩空气，这时气流的作用完全是为了吹掉蚀除屑。

3. 激光强化

所谓激光强化，主要是指激光表面淬火、渗涂合金元素等的加工。激光强化可以改变工件表面各部分的性能，如经激光淬火处理后的工件表面具有极高的耐磨性、耐蚀性和强度。激光渗涂可以采用较便宜的材料，制作出要求较高的工件。

激光表面淬火是采用激光束瞬时加热工件表面，然后迅速冷却而形成淬火层。激光淬火与普遍表面淬火所得的淬火层性能完全不同，因为激光加热区的金属材料瞬时熔化或过热时，熔融材料对杂质的溶解度很大，材料中的杂质(碳合金元素)几乎被完全溶解。激光加热速度很快，每秒可达 $10^5 \sim 10^6$℃，加热表面的里层几乎不受什么热的影响。当激光加热终止后，由于加热区与里层的温度梯度极大，受热区各个方向都散热，冷却速度极快，每秒可达 10^6℃，这样快的冷却速度约为普通表面淬火的 10^3 倍，因此激光淬火的表面层是合金元素过饱和的、结晶极为细小的特殊性能层。这种独特的表面层一般不易受腐蚀剂侵蚀且硬度高，耐磨性极好。

在很多情况下，仅是依靠金相组织的转变产生强化作用来提高工件表面的使用性能是不够的，利用激光处理，还可以实现合金元素的渗涂。激光渗涂合金元素时，工件表面的温度要比材料的熔化温度稍高，工件表面受激光辐射熔化并与置于其表面上的合金元素迅速溶合，深度取决于激光的功率及其辐射时间。如碳钢渗钴，深度可达 1.2 mm。

总之，激光强化有很多不同于其他强化方法的优点：能造成独特性能的表面层；能强化工件上一般方法难于强化的地方；加工时工件不会产生变形且能获得预定的表面粗糙度。故可以作为精加工工序。此外，激光强化过程还易于实现自动化。

6.6　电子束加工

电子束的电热效应早在本世纪初已被人们认识和应用。最早是用电子束熔炼难熔金属，后来又广泛地用电子束进行精细焊接。近数十年来，用电子束打孔与切割的应用也较多。在集成电路的制作中，利用电子束的化学效应制造掩膜图形已成为目前最好及最通用的高分辨率图形生成技术。

6.6.1　电子束加工原理及特点

1. 电子束加工原理及设备的组成

电子束加工是在真空条件下，利用电子枪中产生的电子经加速、聚焦，形成高能量大密度($10^6 \sim 10^9$ W/cm^2)的极细束流,以极高的速度轰击工件被加工部位,使其能量大部分转换为热能而导致该部位的材料在极短时间(几分之一微秒)内达到几千摄氏度以上的高温,从而导致材料熔化或蒸发;或者利用能量密度较低的电子来轰击高分子材料,使它的分子链切断或重新聚合,从而使高分子材料的化学性质和分子量产生变化进行加工的方法。

典型的电子束加工装置由四个基本单元组成:电子枪、真空室及抽真空系统、电子束控制系统、工作台系统,如图 6.15 所示。

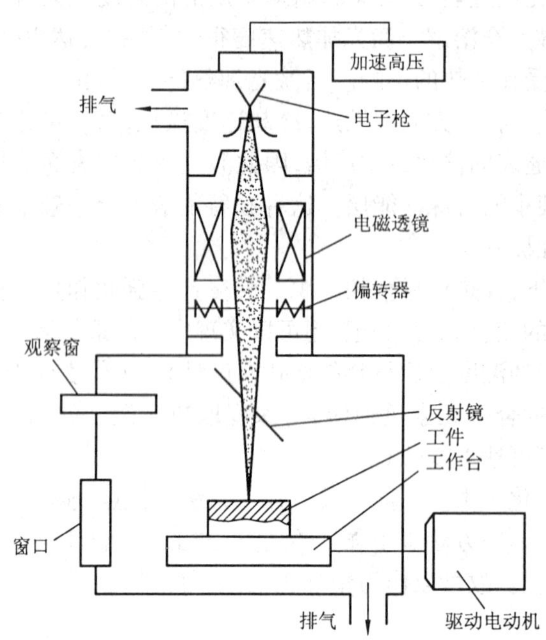

图 6.15　典型的电子束加工装置

(1) 电子枪　电子枪是用来产生受控的电子束,并完成电子束的预聚焦和强度控制的装置。

(2) 抽真空系统　为了保证电子的高速运动,必须将真空室抽至 $1.3 \times 10^{-2} \sim 1.3 \times 10^{-4}$ Pa 的高真空度,否则无法避免电子与气体分子的碰撞,影响电子的高速运动。除此之外,抽真空后可消除加工时由于金属蒸汽的影响使电子发射不稳定,抽真空后还可减小被加工表面的污染。

(3) 电子束控制系统　电子束控制系统包括束流强度控制、束流聚焦控制及束流位置控制。束流强度控制是通过改变加在阴极上的负高压(50 ~ 150 kV

以上的负高压)来实现的。为了避免加工时热量扩散至工件的不加工部位,常使用间歇性的电子束。所以加速电压应是脉冲电压。束流聚焦控制是通过"电磁透镜"的磁场作用,使电子束流压缩成截面直径很小的束流,以达到提高电子束的能量密度。有时为了获得更细小的焦点,须进行二次聚焦。束流位置的控制是用磁偏转控制电子束焦点位置的方法实现的,具体方法是通过一定程序改变偏转电压或电流,使电子束按某种规律运动。

(4)工作台系统 电子束的偏转(移动)只能在几毫米范围之内调控,移动过大将会降低工件的加工精度,因此需用伺服电机控制工作台作纵横两个方向运动来获得工件的更大移动范围。一般情况下,电子束的偏转与工作台的纵横向移动是相互配合使用的。

2. 电子束加工的特点

(1)适用于精密微细加工。由于电子束能够极其微细地聚焦(束径可达微米级),且在微小面积上可达到很大的功率密度,因此在轰击点处的瞬时温度高达数千度高温足以使任何材料熔化或汽化。由此可知,电子束可用来加工任何材料的微孔或窄缝、半导体电路等。

(2)加工精度高、表面质量也好。由于电子束的瞬时热能是作用在极微小面积上,所以加工部位的热影响区很小;在加工过程中无机械力作用,故加工后不产生受力变形;此外电子束加工也不存在工具消耗问题。

(3)便于采用计算机控制,实现加工过程自动化。电子束能够通过磁场或电场对强度、位置、聚焦进行直接控制。位置控制的准确度可达0.1 μm左右,强度和束斑的大小控制误差也易达到1%以下。通过磁场或电场几乎可以无惯性,无功率的控制电子束。

(4)适合于加工易氧化的金属及合金材料,特别是要求纯度极高的半导体材料。由于电子束加工是在真空中进行,因此污染少,加工点处能保持原来材料的纯度。

(5) 电子束加工需要一套价格昂贵的专用设备,加工成本高。

6.6.2 电子束加工的应用

电子束加工可分为两类。一类称为"热型",即利用电子束把材料的局部加热至熔化或汽化点进行加工,如打孔、切割、焊接等。另一类称为"非热型",即利用电子束的化学效应进行刻蚀加工,如电子束光刻等。

1. 电子束焊接

电子束焊接是电子束加工中开发较早且应用较广的技术。由于电子束功率密度高,故焊接速度快,焊接的焊缝深而宽,焊件的热影响区小和变形小。电子束焊接一般不用焊条，焊接过程在真空中进行，因此焊缝处的化学成分纯净，焊接接头的强度高于母材。

电子束不仅可焊一般金属，也可焊高熔点及活泼金属和异种材料（表 6.1）。此外，电子束还可用于焊接半导体材料及陶瓷绝缘材料。

表 6.1　电子束可焊的金属材料

分类		可焊金属材料
黑色金属	碳素钢	普通结构钢
	合金钢	镍铬钢、镍铬钨钢、铬钨钢等
	不锈钢	不锈钢 21 ~ 41 种
有色金属		铜、铝及其合金、金、银、白金、磷青铜、康铜、科瓦（Kovar）、铁镍钴合金、铜镍合金、钯等
其他金属	高熔点合金	钽、钼、钨、钛及其合金等。
	活泼合金	铌、锆、镁及其合金。
	特殊合金	耐蚀耐热镍合金，高钴钼耐蚀耐热合金、镍铝合金、铬镍合金、镍铬铁耐热合金、钨铬钴（硬质）合金等
	各种金属组合	铜 - 不锈钢、镍 - 硅、镍 - 铜、金 - 硅、铍 - 铜、银 - 白金、铜 - 铁、铜 - 铝、钛 - 铜、钽 - 不锈钢等

2. 电子束打孔

用机械方法（如钻孔）加工小于 0.1 ~ 0.2 mm 的孔十分困难。用电火花或超声波加工小孔，其孔径也不能小于 0.08 mm 左右（深度约为 1 mm）。而用电子束打孔，最小孔径则可达 0.003 mm，孔的长径比可达到 100:1。

电子束打孔时，其功率密度应达到能使电子束的击中点处材料产生汽化、蒸发的程度，所以功率密度必须大于 10^4 W/cm^2。应当指出，当输入相同的功率密度时，对不同的加工材料来说，它的材料去除率（cm^3/s）是不相同的。图 6.16 定性的反映了几种被加工材料去除率与功率密度的关系。由

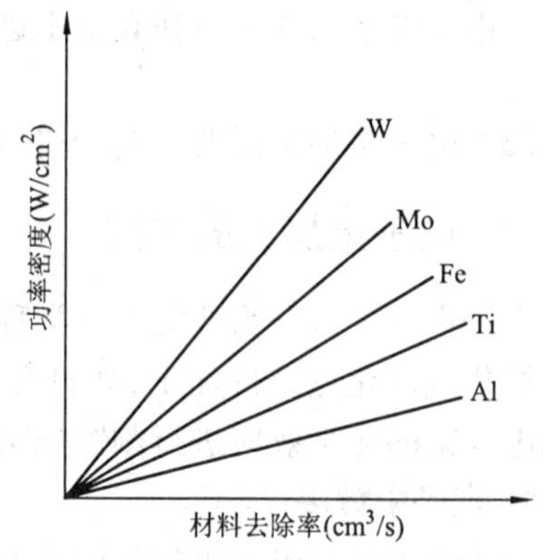

图 6.16　材料去除率与功率密度的关系

图可见，在同一功率密度下，铝材的材料去除率最大，钨材的最小。因此，应根据被加工材料及其加工要求选择束流强度、束流聚焦等参数。

用电子束在玻璃、陶瓷、宝石等脆性材料上打孔时，由于加工部位附近处的温差很大，引起的热应力可能会使工件破裂，所以在加工前和加工过程中，需用电炉或另外功率密度低的电子束进行预热处理。

电子束打孔也可在工件运动时进行(称为电子束高速打孔). 例如喷气发动机套上的冷却孔、机翼吸附屏的孔，这类孔数量多达数百万个，且密度连续变化，甚至有时孔径也在改变。这类零件的孔最适宜用电子束高速打孔。除此之外，有的加工对象不要求电子束聚焦为一点(束斑)，而是要求将电子散发为片状。如在人造革、塑料上打许多微孔，可使它们具有如真皮革那样的透气性。现在已生产出了专用塑料打孔机，其速度可达 50000 孔/秒，孔径在 120 ~ 140 μm 范围内。

6.7 离子束加工

离子束加工是近年来获得较大发展的特种加工技术之一。它主要应用于精密微细加工方面。

6.7.1 离子束加工原理及特点

1. 离子束加工原理及设备的组成

离子束加工原理与电子束加工原理基本类似。也是在真空条件下，利用离子发生器产生的离子，经加速聚焦而形成高速高能的束状离子流，使其打击到工件表面上，从而对工件进行加工的。离子束加工与电子束加工所不同的是:在离子束加工时，加速的物质是带正电的离子而不是电子。由于离子质量比电子质量大得多(例如 Ar 离子质量是电子质量的 7.2 万倍)，所以一旦离子加速到高速时，离子束比电子束具有更大的撞击能量。其次，电子束加工主要是靠热效应进行加工，而离子束加工主要是通过离子撞击工件材料时起的破坏、分离或直接将离子注入加工表面等机械作用进行加工的加工方法。

图 6.17 为氩离子碰撞的模型图。当入射离子(Ar^+)与工件材料的原子、分子碰撞时，发生动能交换，离子失去的部分动能将传给工件表面的原子、分子，使它们从基体中分离出来，这个过程称为一次溅射。此外，有的离子碰撞工件表面的某些原子、分子之后，又使这些被碰撞的原子、分子再碰撞其他原子、分子使其分离出来，这称为二次溅射。

离子束加工装置与电子束加工装置类似，所不同的是用离子发生装置(又

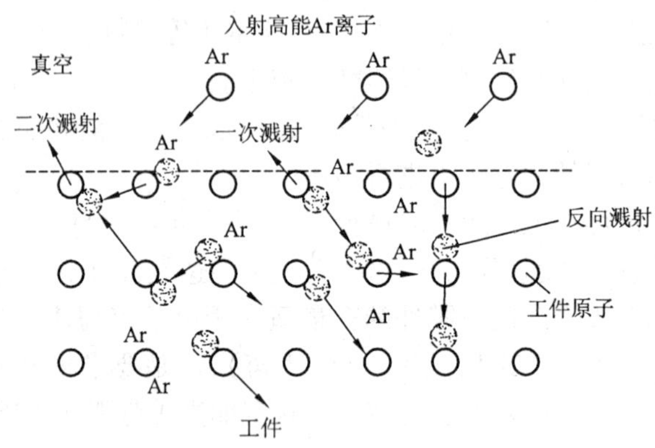

图 6.17　氩离子碰撞的模型图

叫离子枪）取代电子枪。离子束产生的基本原理是使气态原子电离，其具体方法是使中性原子在高频放电、电弧放电等离子体放电或电子轰击下，由气态原子电离为等离子体（即正离子和负电子相等的混合体），然后用一个相对于等离子体为负电位的电极就可从等离子体中吸出正离子束。图 6.18 为典型的离子簇射型离子源——考夫曼离子枪的工作原理图。它由灼热灯丝 2 发射电子，电子在阳极 10 的作用下被加速，同时受线圈 4 的磁场偏转作用，加速电子呈螺旋形向下运动．惰性氩（ Ar ）气体由进气口 3 进入电离室 11，在电子撞击下被电离成阳离子（Ar^+）和电子，阳极 10 和阴极 9（引出电极）上各有 300 个直径为 0.3 mm 上下对齐的小孔，在阴极 9 的作用下，正离子通过阳极 10 后形成均匀的离子束流 6，并射向工件 7 实现离子束加工。在工作室 5 内，应保持 1.3×10^{-4} Pa 的真空条件。考夫曼型离子枪结构简单，尺寸紧凑，束流较为均匀且直径很大（可达 50 ~ 300 mm），现已成功地用于离子推进器和离子束精微细加工

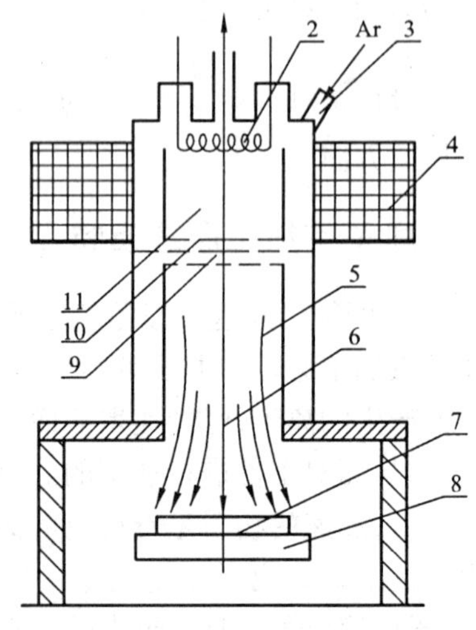

图 6.18　考夫曼离子枪工作原理图

1—真空抽气口；2—灯丝；3—惰性气体注入口；4—电磁线圈；5—工作室；6—粒子束流；7—工件；8—阴极；9—引出电极；10—阳极；11—电离室

领域。

2. 离子束加工的特点

(1)易于精确控制,工艺能力广泛。是当前最有前途的精密、微细加工技术。

(2)离子束是利用机械碰撞能量加工,既适用于金属加工,也是用于非金属加工。

(3)加工的表面质量好。由于加工过程是靠碰撞去除或注入材料,而且此过程是在极微小面积上进行的,所以产生的热量很小。

(4)易于实现自动化。

(5)设备费用高,成本高,效率低。

6.7.2 离子束加工的应用

离子束加工作为一种新的加工技术,应用范围正在日益扩大。离子束加工可以归纳为离子溅射附着加工、离子刻蚀加工及离子注入加工三类。

1. 离子溅射附着加工

离子溅射附着加工有溅射沉积加工及离子镀两种。离子溅射沉积加工[图 6.19(a)]是用能量为 0.1 ~ 5 keV(千电子伏)的离子束 3 轰击某种材料制成的靶材 5,离子束将靶材的原子轰击出并使其沉积在靶 5 附近的工件 4 上,这样就在工件表面沉积一层薄膜改善了工件表面的性能。离子镀[图 6.19(b)]不仅接受靶材溅射出来的原子,而且工件表面还要受到离子的轰击,离子的轰击作用可以增强靶材原子与工件基材之间的结合力。

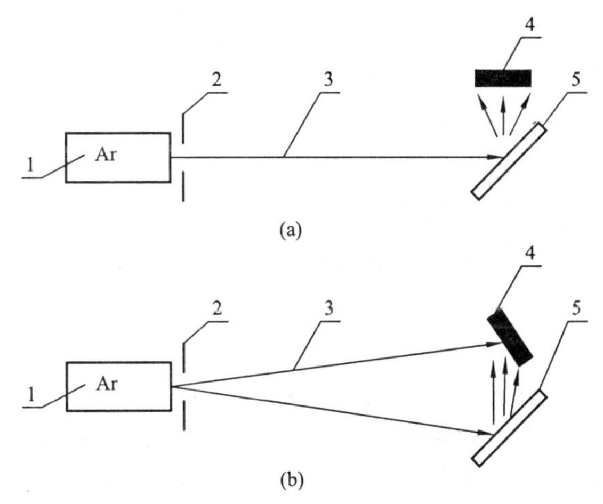

图 6.19 离子溅射沉积加工

1—离子源;2—吸极;3—离子束;4—工件;5—靶材

离子镀的优点是:

(1) 离子镀不仅是物理性质沉积,而且还有化学结合反应,故镀膜层特别牢固,附着力可达 100 ~ 200 kg/cm^2。

(2)镀膜层均匀致密,韧性好。如在铁片上镀 1 ~ 2 μm 的铝,进行多次扭折铝膜亦不会出现裂纹。

(3) 离子镀对材料无特殊要求,金属及非金属都可镀。

(4) 适应性广,如可镀抗腐蚀膜、润滑膜、硬质耐磨膜和装饰性膜等。

(5) 沉积速度快,可达 50 μm/min。

目前离子镀应用十分广泛。如在陀螺仪的球轴承上镀 TiC 硬质耐磨层后,轴承转速在 2400 r/min 工作条件下,寿命可由 300 h 提高到 3500 h。在模具表面上镀上 TiN 或 TiC 硬质耐磨层,可使模具寿命提高几倍以上。宇宙飞船的精密轴承镀上二硫化铝润滑膜后,飞行可靠性提高到数千小时。在表带及表壳上镀上 TiN 膜,使其呈金黄色表面,反射率与 18 K 金镀相似,耐磨性和耐腐蚀性均优于镀金膜或不锈钢,而成本只有黄金的 1/16。

2. 离子刻蚀加工

离子刻蚀加工(图 6.20)是靠用能量为 0.1 ~5 keV 的离子束 3 打到工件 4 表面上,当高速运动的离子束传递到材料表面上的能量超过工件表面原子(或分子)间的键合力时,使材料表面的原子(分子)溅射出来,以达到加工的目的。利用以上原理可直接在工件上加工平面或异形表面。所谓离子铣、离子研磨、离子抛光、离子减薄等均属于离子刻蚀加工范畴。为了避免入射离子与工件原子发生化学反应,离子刻蚀加工应选用氩、氨、氯等惰性气体。氩气的原子序数高,价格便宜,所以应用较多。

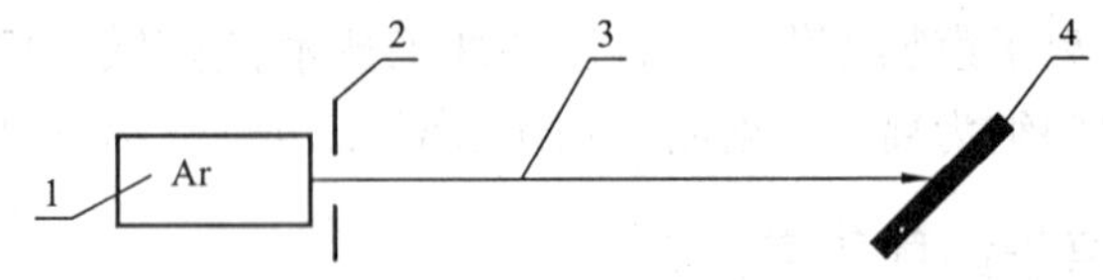

图 6.20 离子刻蚀加工

1—离子源;2—吸极;3—离子束;4—工件

离子刻蚀加工有如下优点:

(1)具有超精微细加工能力。例如在半导体工业中已能刻出宽为 0.1 μm 的线条;在光学制品工业中已能刻蚀出间距为 0.28 μm 甚至 0.13 μm 的光栅等。

(2)具有极高的加工精度。一般加工误差可以控制在 5 μm 以下。

(3)加工范围广,不受材料限制,也不影响材料性能。例如可加工金属、半导体、橡胶、塑料、陶瓷等。

(4)由于刻蚀是在真空中进行的,所以对被加工材料的污染少。此外,对工件表面造成的应力也小。

离子减薄、离子抛光、离子清洗在工业上也有较广泛的应用。例如压电传感器中的压电晶片(厚度越薄,则其基本谐振频率越高)一般要求厚度只有零点几毫米甚至几微米,用离子减薄技术可以将 70 μm 石英晶片减薄至 32 μm 甚至 26 μm。如用 20 keV 的 Ar 离子抛光玻璃可以得到极光滑的表面,这样可以大幅度提高玻璃的透明度,使光通过该表面后的损失降至万分之六。如原来采用高级技工清洗陀螺转子,清洗后的摩擦系数为 0.16,而且生产率很低。现采用离子清洗,不仅提高了生产率,清洗后摩擦系数可降低到 0.12。

3. 离子注入加工

用 10 ~ 600 keV 能量的离子束轰击工件表面,使离子钻进被加工材料表面层,以改变表面层性能的方法,称为离子注入加工(见图 6.21)。

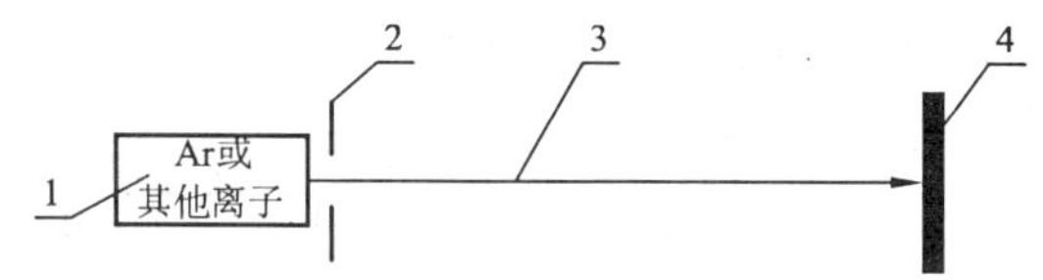

图 6.21 离子注入加工

1—离子枪;2—吸极;3—离子束;4—工件

离子注入加工的应用范围很广,如将离子强行注入金属表面后,可以改变表面层性能,且被注入元素的种类和数量不受合金系统平衡相图中固溶度限制,因而可以获得用一般冶金工艺无法得到的各种表面合金。例如用能量为 10 keV 的高密度($>10^{17}$离子数/cm^3)的氧轰击铁表面,在工件表面形成含有 Fe_3O_4分子的表面层,它除可减弱大气对铁的腐蚀作用外,还可增加表面层的耐磨性。在铌表面注入锡,可获得 Nb_3Sn 的超导表面。用硅注入铁表面则可形成马氏体结构的强化层。表 6.2 为离子注入金属样品后,改变金属性能的例子。除以上所列举之外,离子注入还可用于光通讯的玻璃纤维加工,使纤维表面的光折射率达到最佳值。

表 6.2 离子注入金属后对金属物理化学性的改变

注入目的	离 子 种 类	能 量 (keV)	剂量 (离子数/cm^2)
耐腐蚀	B、C、Al、Ar、Fe、Ni、Zn、Ca、Mo、In、Cu、Ce、Ta、Ir	20 ~ 100	$>10^{17}$
耐磨损	B、C、Ne、N、S、Ar、Co、Cu、Kr、Mo、Ag、In、Sn、Pb	20 ~ 100	$>10^{17}$
减小摩擦系数	Ar、S、Kr、Mo、Ag、In、Sn、Pb	20 ~ 100	$>10^{17}$

离子注入技术目前更主要的是应用在半导体掺杂方面。把磷(P)或硼(B)等"杂质"注入单晶硅中规定的区域及深度后,既可以得到不同导电型的 P 型或 N 型和制造 P-N 结,也可用来制造一些通常用热扩散难以获得的各种特殊要

求的半导体器件。离子注入装置示意图如图 6.22 所示。其基本结构由离子枪、离子的高压加速系统、能分离出所需要离子的磁分析器、使离子均匀注入硅片的扫描系统和安放被处理硅片的注入靶室及真空排气系统等部分组成。

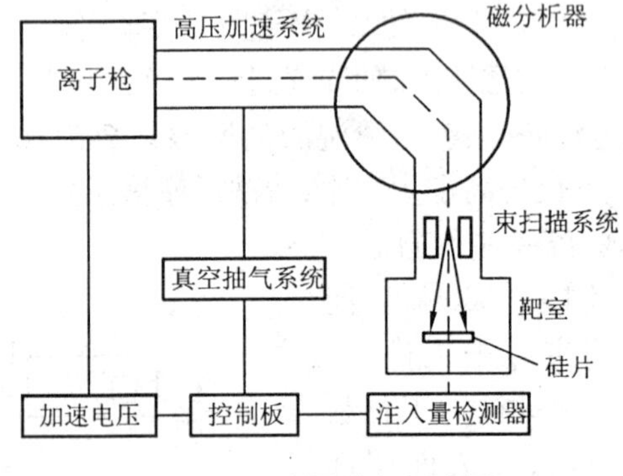

图 6.22　离子注入示意图

离子束注入加工的优点有：

(1) 注入元素数量及注入深度可以通过调制离子能量、束流强度、作用时间长短等参数进行精确控制。

(2) 注入元素的选配不受限制，注入元素的数量也不受材料溶解度的限制。

(3) 注入工件表面元素的均匀性好、纯度高，故集成电路的成品率也高。

(4) 可在低温、室温、高温条件下注入。虽然离子注入有以上一些优点，但其设备昂贵，成本高、生产率低，而且还要求有较高的安全可靠性。因此，离子注入除应用于半导体器件方面外，对于一般机器零件、光学零件应用很少。

4. 离子束曝光

离子束曝光是在涂有抗蚀剂(也叫掩膜层)的工件表面上进行。离子束曝光的图形分辨率及灵敏度均高于电子束曝光，它可以描绘出线宽小于0.1 μm 的精密微细图形。因为离子质量大、颗粒大，离子射入掩膜层内的阻力也大，所以离子在掩膜层内的注入深度小于电子束的电子注入深度。由于离子束注入深度较小，所以离子能量能被掩膜层充分吸收，大大提高了掩膜层的灵敏度。实验证明，当使用相同的抗蚀剂为掩膜层时，离子束曝光的灵敏度要比电子束曝光灵敏度高一个数量级以上。虽然离子束曝光有高的分辨率，但离子束曝光技术还有待今后进一步完善。

6.8　复合加工

随着科学技术的发展，已涌现出不少新的复合加工方法：如电解机械研磨复合抛光、超声电火花复合精加工、超声电解复合抛光、挤压流磨、磁力研磨等。这些新的技术的共同特点是效率高、质量好、操作方便、劳动强度低；不足之处是使用范围有一定的局限性。目前主要用于模具型腔、复杂零件的型腔、通孔及盲孔的精加工、抛光及去毛刺。有的技术特别适用于化工、医药等大型容器型腔的加工以及航空复杂零件型腔的加工等。

6.8.1 电解机械研磨复合抛光

早在20世纪70年代后期，日本开始了电解研磨镜面抛光的研究工作，80年代初将这一技术应用于生产，当时只限于平面和旋转面，到了80年代中期开始了三维型面抛光的研究。

在我国，这一技术正在开发和应用，目前已应用于大型轧辊、大型化工容器型腔的抛光，并正在不断扩大应用范围。

电解机械研磨的特点是：效率高、质量好、成本低、易操作，不会出现变质层和二次毛刺。

1. 电解机械研磨复合抛光的原理

电解机械研磨复合抛光示意图如图6.23所示。抛光时，抛光头接直流电源的负极，工件接正极；用电解液泵把电解液输入抛光头，再通过无纺布的微孔进入抛光区；抛光头以一定的转速旋转，并沿一定的路线移动，同时抛光头对工件表面施以一定的压力。接通直流电源后，工件表面在电解溶解及机械研磨的复合作用下进行抛光。

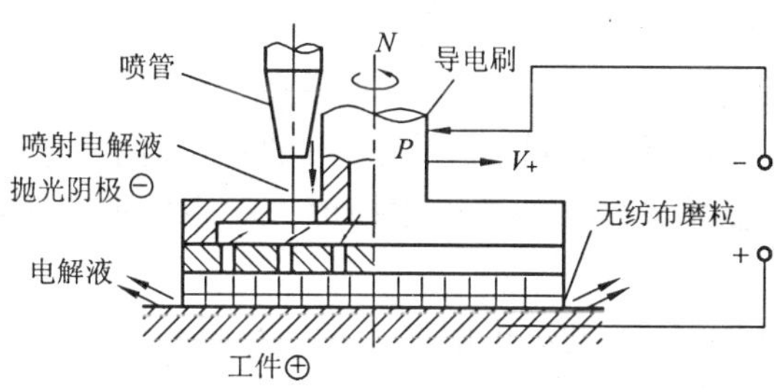

图6.23 电解机械研磨复合抛光示意图

工作表面是高低不平的，抛光时高处的钝化膜首先被磨粒刮除，露出的金属表面又会重新被电解溶解，溶解的同时又产生了新的钝化膜。低处的金属钝化膜因磨粒刮削不到而被保存下来，这样就保护了低处的金属不能溶解，这个过程循环进行，从而使得工件表面整平效率迅速提高，表面粗糙度值迅速减小。

2. 电解机械研磨复合抛光加工

图6.24所示为电解机械研磨抛光平面及旋转面的示意图。其中抛光头上部是铜制的抛光盘，在盘的端部粘结尼龙无纺布，无纺布上粘结着微细粒度的磨料。抛光头的形式很多，根据需要可以设计成各种形状。

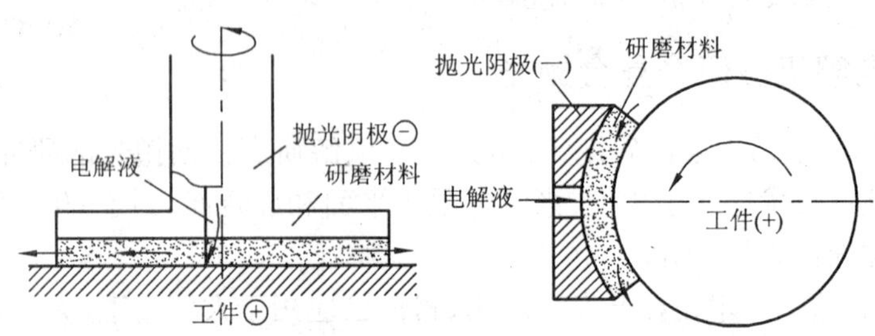

图 6.24　电解机械研磨复合抛光平面及旋转面示意图

电解机械研磨复合抛光一定要使用钝化性电解液，因为钝化性电解液在低电流密度下易生成钝化膜，这层钝化膜只有在大电流密度时才会遭到破坏致使表面不断溶解，而在低电流密度下钝化膜则不会被破坏，从而阻止了工作表面的进一步溶解。这层膜有一定的强度，但比金属的强度要低得多。复合抛光是在低电流密度下工作，钝化膜很难以电解的方式去除，它是依靠无纺布上的磨料刮除钝化膜，使其工作表面再电解。

一般情况下，电解成膜的时间在 10^{-2} s 以内，膜厚大约是几个微米，膜的硬度和强度大大低于金属本体，很容易被磨粒刮除。所以抛光时只要选择合理的抛光参数，就可以得到高质量的抛光表面和很高的抛光效率。

试验研究证明，研磨作用是提高电流效率的主要因素，磨粒磨削的目的主要是加速电解作用。而抛光出来的表面粗糙度大小主要取决于磨粒的机械研磨程度。

电解机械研磨复合抛光比纯电解抛光和纯机械研磨抛光的质量要好，而且抛光速度快，整平过程时间短，从发展角度来看，它将成为今后某些型面光整加工的重要手段。

6.8.2　超声电火花复合加工

超声电火花复合加工是在超声抛光基础上发展起来的一种新技术，这种加工技术最大的特点是加工效率高，比单纯的超声机械加工的效率高出 3 倍以上，特别适用于抛光小孔、窄槽、缝以及小型精密表面。这种技术属精细加工，粗糙度值可以低于 *Ra*0.08 ~0.016 μm。

1. 超声电火花复合加工的原理

超声电火花复合加工技术与单纯的机械加工在机理方面完全不同，它是靠超声抛磨和火花放电来整平工作表面的。因而除了使抛光头振动外，还需在工件和抛光头之间加脉冲电压和介质,即工作液。加工时在工具和工件之间通乳化液,并且把工具头和工件接在脉冲电源的两端,工件接电源正极,工具头接电源负极。工件接正极的原因是由于乳化液有电解效应,可以使阳极工件在抛光时产生阳极溶解,虽然电解作用很弱,但有利于对工件的抛光。抛光过程中,工具对工件的抛磨和放电腐蚀是交错进行的。根据超声的"空化"原理,由于超声抛磨的"空化"效应,会使工件表面产生软化,因而加速了金属的剥落。与此同时,由于"空化"的作用使得电火花放电加工的分散性大大增加。这是由于在加工过程中超声抛磨的"空化"作用会使工件表面不断出现新的金属尖峰(这是金属去除过程中必然的结果)。这些尖峰的出现又给电火花放电加工提供了有利条件。抛磨时因产生的尖峰极不规则且无规律,故放电的分散性很强。火花放电的分散性,加速了工件表面的均匀去除。

由于抛磨和放电交错连续地进行,使得加工速度提高。在加工过程中,由于"空化"作用,还会使得介质液体的搅动作用增强,使得抛光过程中产生的产物能及时排除,从而减少了金属产物放电的机率,提高了放电能量的利用率。

2. 影响超声电火花复合加工的因素

(1) 工作液　工作液的好坏不仅影响加工的顺利进行,而且直接影响着抛光速度和表面质量。根据放电理论,工作液的选择,要使电离击穿快,抛离效果好(就是使熔化的金属能全部从放电点抛出,而且形成的微粒愈小愈好)。用于放电加工的工作液种类很多,如乳化液、去离子水、洗涤液等。超声电火花复合抛光最有效的工作液是乳化液。乳化液一般是由基础油、乳化剂、清洗剂、润滑剂、防锈剂、光亮剂等组成。

(2) 加工电压　这里所指的加工电压是工件与工具头之间的空载电压。加工电压的大小直接影响着抛光效率和表面粗糙度。因为在其他条件一定时,电压的大小直接影响和决定峰值电流的大小。而峰值电流又影响加工表面的粗糙度。通常使用的电压为30 V以下。

具体电压的选择,取决于要达到的表面粗糙度,当加工余量大时需分级抛光,如分粗抛、中抛、精抛。粗抛时外加的电压取值要高,精抛取值要小。

(3) 抛光工具对工件表面压力　抛光工具对工件的压力大小影响着工件表面的粗糙度和质量。同时也影响着抛光速度。

在粗抛时,应该把压力选择得大一些。主要目的是提高抛光速度,使大多数余量以最快的速度去除掉。因压力大,抛磨的机械力大,可产生较大的"毛刺"。与此同时外加的加工电压也会选得大些,所以去除速度加快。因为在较高的电压下"毛刺"的尖峰放电能量大,足以使这些"毛刺"被熔化蚀除,但压力要适度,否则会使油石磨损过快。

在精抛时，压力要小。用手操作时，手感要平稳，不要抖动。一般压力控制在 0.2 kg/cm^2 左右。

(4)工具振动频率　工具的振动频率就是工具系统的谐振频率。影响工具振动频率的因素有两个：一是工具在变幅杆上的装夹好坏，因为振动频率很高，装夹不好很容易松动，如果松动，原来的振动频率就变了，可能造成不振动；二是工具与工件接触后，又变成了一个新的系统，而且随着工具与工件之间的压力大小的变化，造成了振荡的失调，一般情况下使振幅变小，严重时会停振，使得抛光效率降低。

为了提高生产率，降低刀具损耗，常将超声振动和其他加工方法结合进行复合加工。如切削加工中引入超声振动可以降低切削力，改善表面质量，延长刀具寿命和提高加工速度，目前超声切削已开始应用于车、磨、铣、钻、刨、扩孔、攻螺纹、拉削和超精加工中（图 6.25 为超声车削和超声磨削的原理图）；再如电解加工与超声振动复合加工比单一超声加工速度提高 2 ~ 3 倍，工具损耗下降 1/2 ~ 3/4；此外还有超声线切割、电火花超声复合加工等效果都很好。

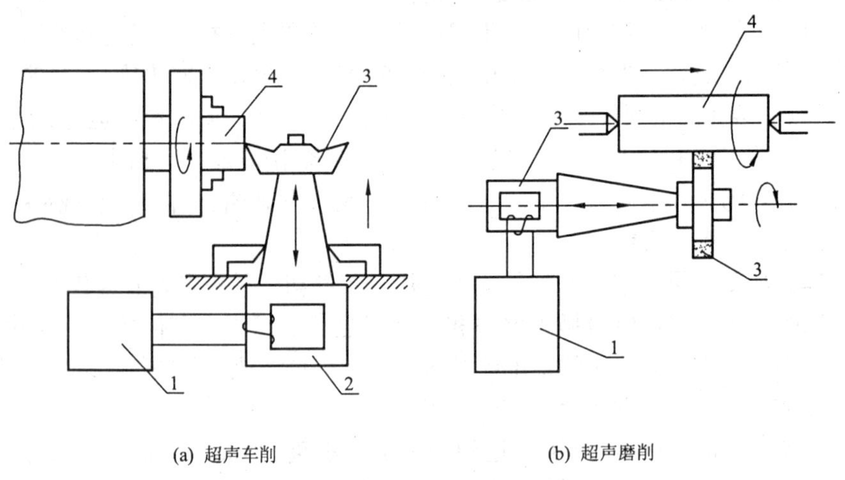

(a) 超声车削　　(b) 超声磨削

图 6.25　超声波复合加工示意图

1—脉冲电源；2—超声振动频；3—工具；4—工件

6.8.3　超声电解复合抛光

超声电解复合抛光技术是超声机械抛磨和电解加工复合而形成的一种技术。在加工机理方面不同于电解，也不同于超声机械抛磨。它可以获得更好的表面质量和更高的抛光效率。

1. 超声电解复合抛光的机理

抛光用的工具是导电锉。抛光时,工具与工件间接直流电源,工件接电源正极,工具接电源负极。同时,在工具与工件之间通入钝化性电解液。工具以极高的频率对工件表面进行抛磨,不断地将工件表面凸起部位的钝化膜去除,在电解作用下被去除钝化膜的表面会迅速被溶解,溶解下来的产物不断被电解液带走,使得溶解不断进行。工件凹下去的部位的钝化膜因工具抛磨不到,所以不会被溶解。上述这个过程直到将工件表面整平为止。

工具在高频振动下,不但能迅速去除钝化膜,而且能使加工区产生强烈的"空化"作用。由于"空化"作用使得加工区的"活化"作用增强,导致了电化学反应增强,最后使得工件表面的凸起部位的金属溶解速度提高。超声电解复合抛光示意图如图 6.26 所示。

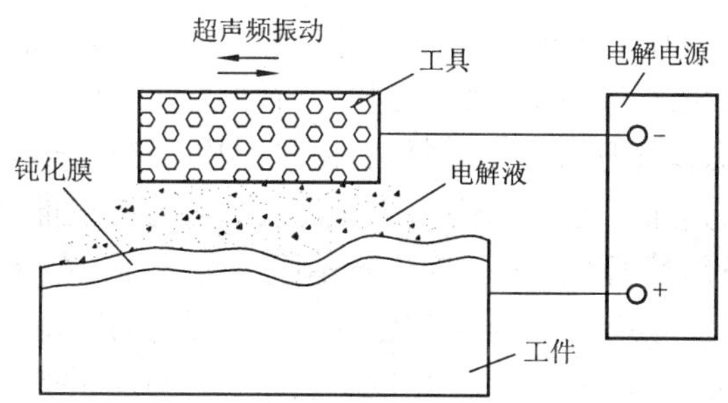

图 6.26 超声电解复合抛光示意图

在抛光过程中,工具抛磨的钝化膜是较软的,所以工具受到的阻力不大,因此工具磨损不大。而单纯的超声机械抛磨抛光,抛磨时是去除金属本体,阻力大、工具磨损快。

2. 影响抛光质量和速度的因素

(1) 电解液的成分　电解液的成分是影响抛光质量和抛光速度的主要因素,所以正确选择电解液成份就显得十分重要。总体来讲,要求针对不同的工件材料选择不同的电解液成分和浓度。

(2) 工具材料的成分及品质　抛光工具常用的形式是导电锉和导电油石。导电锉是在金属基体上镀一层磨料而成,为了延长使用寿命,通常镀的都是金刚石磨料。导电油石是磨料用金属作粘结剂制成,磨料常用 SiC、Al_2O_3。

(3) 加工电压　加工电压是影响加工表面质量的重要因素,加工电压的选择,一般取决于工件的原始粗糙度。粗抛时,加工电压高些,目的是以较快的速度将余量去除;精抛时,电压尽可能小,以保证高的加工质量和低的粗糙度。

(4) 抛光机的输出功率　功率选择,主要考虑工件表面的粗糙度、抛光速度、工具对工件的压力以及工具对工件抛光的接触面积。粗抛时,工件表面的原始粗糙度大,抛磨阻力大,为了提高效率,功率要大些。

6.9　特种加工发展前景

随着科学技术的迅猛发展,特种加工作为一种加工技术正向着自动化、柔性化、精密化、集成化、智能化和最优化方向发展,在已有的工艺不断完善和定型的同时,新的特种加工技术不断涌现,如快速原形制造技术、等离子体熔射成形工艺技术、在线电解修整砂轮镜面磨削技术、实变场控制电化学机械加工技术、三维型腔简单电极数控电火花仿铣技术、电火花混粉大面积镜面加工技术、磁力研磨技术和电铸技术等。新的特种加工技术是在传统的特种加工技术的基础上,紧密结合材料、控制和微电子技术而发展起来的,并随着产品快速响应市场需求,正在形成面向快速制造的特种加工技术新体系。

特种加工的微观物理过程非常复杂,往往涉及电磁场、热力学、流体力学、电化学等诸多领域,其加工机理的理论研究极其困难,通常很难用简单的解析式来表达。近年来,虽然各国采用各种理论对不同的特种加工技术进行了深入的研究,并取得了卓越的理论成就,但离定量的实际应用尚有一定的距离。然而采用每一种特种加工方法所获得的加工精度和表面质量与加工条件参数间都有其规律。因此,目前常采用研究传统切削加工机理的实验统计方法来了解特种加工的工艺规律,以便实际应用,但还缺乏系统性。受其限制,目前特种加工的工艺参数只能凭经验选取,还难以实现最优化和自动化,例如,电火花成形电极的沉入式加工工艺,它在占电火花成形机床总数95%以上的非数控电火花成形加工机床和较大尺寸的模具型腔加工中得到广泛应用。虽然已有学者对其CAD、CAPP和CAM原理开展了一些研究,并取得了一些成果,但由于工艺数据的缺乏,仍未有成熟的商品化的CAD/CAPP/CAM系统问世。通常只能采用手工的方法或部分借助于CAD造型、部分生成复杂电极的三维型面数据。随着模糊数学、神经元网络及专家系统等多种人工智能技术的成熟发展,人们开始尝试利用这一技术来建立加工效果和加工条件之间的定量化的精度、效率、经济性等实验模型,并得到了初步的成果。因此,通过实验建模,将典型加工实例和加工经验作为知识存储起来,建立描述特种加工工艺规律的可扩展性开放系统的条件已经成熟。并为进一步开展特种加工加工工艺过程的计算机模拟,应用人工智能选择零件的工艺规程和虚拟加工奠定基础。

加工过程和加工设备的稳定、可靠、高效地运行是特种加工工艺技术必不可少的条件。但由于多数特种加工方法采用“以柔克刚”的非接触式加工机制,加工是伴随着物理、化学过程进行的,其加工的微观过程非常复杂,迄今为止仍不能用一个确定的数学模型来描述。而且随着加工过程的进行,加工条件有时还会发生较大的变化,引起加工特性随时间而变化。因此在控制理论中属于典型的模型不确定非线性时变系统,很难用经典的控制理论和现代控制理论的方法获得理想的控制效果。多年来人们尝试过很多种自适应控制策略,取得了很大进展。但在加工条件大幅度变化的情况下仍难以达到满意的性能。近年来,人们把更多的注意力转移到模糊控制、神经控制等智能控制的研究和应用上来,并在电火花成形加工和电火花线切割加工的过程控制方面取得了突破,已成功用于国外的高档机床上。它可自动选取最优参数,自动监测加工过程,实现自动化、最优化控制。同时尚可对模糊控制器引入自适应功能或与人工神经网络技术相结合,使其具有自学习功能,从而达到提高加工速度,稳定加工过程,减少对操作者技术依赖的目的。由于这种控制策略采用模拟人类智能活动的方法,可以在很大程度上允许系统存在不确定性、非线性和时变性。可以预见,它将是未来一段时期中特种加工领域首选的控制策略。目前,我国广泛使用的国产特种加工设备同国外的产品相比还存在很大的差距。比如我国生产的电火花成形机仅为国外20世纪80年代中期的水平,往往为确保加工质量和效率,需要有经验的操作者在加工过程中不断进行调整和干预。

20世纪80年代末,产生了一批新型的高效特种加工技术。尽管目前对这些加工技术的机理及应用的研究工作方兴未艾,但还没有从根本上掌握其工艺特性。然而这些新兴的特种加工技术已对整个制造业的生产模式产生了深刻的影响,尤其是下列技术,其广泛应用将显著地提高零件 和模具快速制造的能力。

1. 等离子体熔射成形工艺技术

它是以等离子体射流为热源,在各种特定的工艺条件下使材料集结成形的零件制造方法。由于等离子体射流具有温度高,能熔化所有材料;喷射速度快,可赋予熔粒以高的动能;工艺参数调整方便,能获得较高的沉积速度;可加惰性保护气体以保证制件内部无杂质等一系列优点,尤其适用于陶瓷、复合材料、高硬度高熔点合金等材料形状复杂薄壁件的快速制造,应用前景十分广阔。但目前对这一技术的研究还处于起步阶段。

2. 在线电解修整砂轮(ELID)镜面磨削技术

它是利用弱电解过程中的阳极溶解现象,对铸铁等金属结合剂金刚石砂轮进行在线电解修整。经修整的砂轮,不仅表面被整平,而且还形成一定厚度的氧化膜层。在砂轮高速旋转时,该膜层摩擦或刮削被加工表面,实现硬脆材料光滑表面的磨削,或定常加工压力的ELID研磨抛光,其中电解修锐参数是影响加工质量的关键。目前的研究主要是针对硅晶体、玻璃、陶瓷和钛合金材料的镜面加工进行的,尚需系统的实验来完善推广这一工艺技术。该技术在硬脆材料及金属零件实现高效的精密与镜面一体化加工具有十分广阔的应用前景。

3. 时变场控制电化学机械加工技术

它是利用电化学机械加工中,电化学溶解电场容易实现实时计算机控制的特点,实现加工过程中金属零件表面各处有选择地去除,以达到高几何精度、低表面粗糙度的复合加工方法。其最大特点是可以实现金属零件的尺寸形状精密加工和光整加工的一体化,显著地提高生产率。这一技术在硬齿面大齿轮、修形轧辊等零件的精密加工中,具有极为广阔的应用前景。目前该技术在复杂曲面精密加工方面的应用研究尚在进行。

4. 三维型腔简单电极数控电火花仿铣

它是一直受到电加工界普遍关注的 技术,曾开展了很多研究工作。但受电极损耗及其补偿的复杂性,特别是尖角部分损耗严重等问题的限制,十多年来始终没有取得有效进展。直到近期东京大学生产技术研究所在微小 型腔加工技术和等损耗理论方面取得了重大突破,才使这一技术的实际应用成为可能,并得到了初步的实验验证。据调查统计,普通的电火花成形加工电极的制造周期和成本约占模具总的制造周期和成本的50%。因此,这一技术的广泛应用可以节省大量的复杂 形状电极的制造费用和时间,前景广阔。

5. 电火花混粉大面积镜面加工技术

它是采用在电火花工作液中加入一定的导电粉末以增大放电间隙,使放电点分散的策略来实现的。它能方便地加工出粗糙度不大于 $Ra0.8$ μm 的表面。目前,国外如沙迪克公司,三菱电机公司已开发出利用这一技术的电加工机床,但尚缺乏工艺技术规准,且要严格控制混粉加工蚀除量,否则会影响表面平整度。通常模具表面粗糙度改善一级,其使用寿命可以提高50%,但由于模具三维型腔本身形状复杂,抛光过程难以实现自动化,目前仍以手工作业为主。据资料介绍,模具抛光的工作量约占模具制造总工作量的1/3。因此,这一技术的成熟必将大大提高模具型腔加工的效率。

6. 磁粒研磨技术

它是利用磁场超距作用高磁导率的散粒体磨料来实现复杂曲面研磨抛光的,其突出的优点是不必严格控制磨头与被抛光表面间的相对位置,易于实现抛光自动化,且抛光工具结构简单,设备成本低。尤其适合于薄壁、细小、内凹零件的抛光。目前存在的主要问题是效率太低,同时通过烧结或化学粘结制成的磁性磨料组分不均匀,磨料和磁性材料的结合力不强,寿命低。

综上所述,特种加工技术的地位越来越重要,已成为现代制造技术不可分割的重要组成部分。因此,其发展和完善对整个制造体系的形成起着关键性的作用。但由于长期以来对这一领域的研究过于分散,缺乏系统性,使得现有的很多种特种加工方法远不能适应制造过程信息化的要求。因此,有必要深入研究那些新型的特种加工工艺方法,探索高精度、高效率复合及组合工艺技术,并选择应用广泛和具有代表性的特种加工方法,开展面向快速制造的特种加工技术的研究。

特种加工技术的地位越来越重要,因此,有必要在系统总结已定型的特种加工技术基础上,发展和完善那些影响深远的新型特种加工技术,在深入研究其工艺规律和工艺特性、建模理论和方法及智能控制技术的同时,重点探索高效、高精度的复合及其组合工艺技术:①基于分层制造思想、利用简单工具的电加工工艺理论及技术基础;②基于电场控制、溶解与切削相结合的复合加工方法与技术基础;③三维型腔的精密成形及镜面电火花加工一体化技术基础;④基于 RP 技术的特种加工方法与技术,及面向 RP 技术的特种加工工艺组合技术;⑤基于特种加工工艺的快速制造技术体系,形成面向快速制造的特种加工工艺技术体系。这对于提高我国制造技术水平,促进经济和科技进步具有重要意义。

思考与练习题

1. 为什么要研究和发展特种加工?特种加工与常规加工方法相比有何本质区别?
2. 试述电火花加工的原理和特点及电火花加工机床的组成。
3. 电火花线切割加工有什么特点?
4. 电解加工与电镀加工有什么区别?电解液的组成分别对加工有什么影响?
5. 简述超声波加工的工作原理。
6. 激光加工的工作机理是什么?
7. 为什么激光可以作为加工能源,而普通可见光却不能?
8. 什么是复合加工?它的加工有何特点?
9. 电子束和离子束加工原理有何异同处?并说明它们各自的加工特点。
10. 特种加工发展前景如何?今后的发展趋势如何?

7 数控加工技术

早期的机械加工自动化技术，为了满足大批量生产中提高生产效率和增加经济效益的目的，积极采用单机自动化机床和生产自动线，它们均为刚性机械加工自动化设备。随着20世纪50年代开始起步的数控技术的发展，使得机械制造由刚性自动化生产逐步扩展到由计算机控制的柔性自动化生产。

当今，对于制造业来说，竞争的核心是新产品和先进的制造技术。用户对机械产品要求品种多、用途广、质量高。这就要求产品更新换代快，新产品试制时间短，产品精度高。为了满足这一市场需求，加上计算机技术的迅猛发展，不但使加工中心、柔性制造单元和柔性制造系统的发展成为现实，而且极大地推动了计算机集成制造系统的发展，为具有更高水平的智能制造系统的发展打下了基础。

因此，熟悉、掌握和使用数控相关先进制造技术，显得十分重要。

7.1 成组技术

成组技术是机械制造业近30年来发展起来的一门综合性的新技术。它采用“按相似性成组”的原理，使多品种中、小批量生产也能采用大批大量生产的先进工艺，从而改变中、小批生产的落后面貌。它从20世纪50年代的“成组加工”开始，经过与计算机技术相结合，现在已应用到企业的产品设计、制造工艺和管理等各方面的活动中，因此对于机械制造业的发展和改造具有深刻的影响。

成组技术(Group Technology，简称GT)的定义为：将企业生产的多种产品、部件和零件，按照一定的相似准则分类编组，并以这些组为基础组织生产的各个环节，从而实现产品设计、制造工艺和生产管理的合理化。图7.1为这一概念的示意图。

成组技术可以使单品种刚性生产自动线增加柔性，是进行少品种大批量生产的柔性生产自动线的基础技术之一，而且是现代数控技术、柔性制造技术和计算机集成制造系统的基础技术之一。当前，成组技术已成为中小批量生产中缩短生产周期、降低产品成本、改善经营管理和提高劳动生产率的有效技术措施。

7.1.1 成组技术的基本原理

相似性原理是指导成组技术学科的基本理论。它涉及到对机械制造中的相似性进行标识、开发和利用的一系列过程，将机械制造业中的多种产品的部件、零件等，根据规格、形状、制造过程及其所用设备、工装等方面按一定的相似性准则进行归类分组，从而扩大产品批量。其目的是实现对多品种、中、小批量生产的产品设计、工艺设计、加工制造和生产管理等领域的最大优化，降低产品的成本和提高生产的效率。其原理示意如图 7.2 所示。

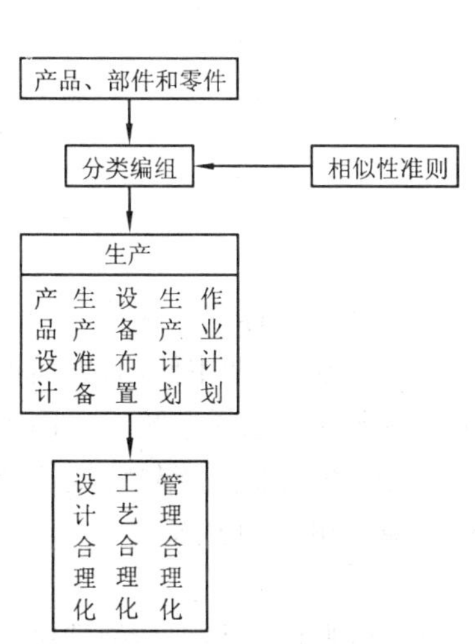

图 7.1　机械制造成组技术的概念

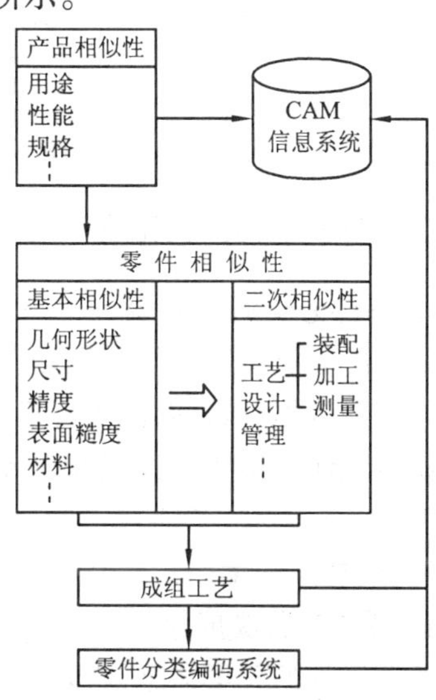

图 7.2　成组技术的基本原理示意图

零件的相似性，可以从两方面看：即零件在产品中所起作用的相似性和特征的相似性。由于特征比较明确、具体，可以仅由零件图的信息直接确定。特征相似性又可划分为结构、材料和工艺三个类别，其中每一类又可进一步细分为若干个更具体的内容，如图 7.3 所示。

在机械制造工业中，产品及部件的性能规格相似是基本的相似性，并在此基础上构成零件在几何形状、功能要素、尺寸、精度、材料等方面的相似性。由于这些相似性的存在，才导致了制造这些零件和将它们装配成产品出售的整个生产、经营和管理等各方面的相似性，其中包括使用设备、工具、数控软件、调整，以及制造这些零件的工时、成本、材料供应、仓库管理等。所以，这些以基本相似性为基础导出的相似件称为派生相似性或两次相似性。基本相似性也称为一次相似性，属于设计信息，而二次相似性属于工艺信息。

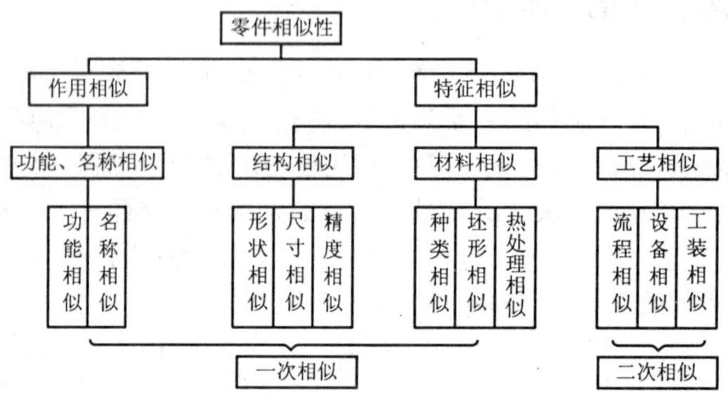

图 7.3　零件的相似性

7.1.2　零件的分类编码

1. 零件分类编码系统

零件的分类编码系统是用数字和字母对零件特征进行标识和描述的一套特定的规则和依据。目前,国内外已有 100 多种编码系统在工业中使用,如前苏联的米特洛凡诺夫系统、日本的 KK 分类编码系统、瑞士的苏尔泽系统等。国内的有 JCBM 系统和 JLBM 系统。每个工业部门可以根据本企业的产品特点选择其中一种,或在某种编码系统基础上加以改进,以适应本单位的要求。

2. 零件的分类成组方法

所谓零件的分类成组,就是按照一定的相似性准则,将产品中品种繁多的零件归并成为几个具有相似特征的零件族,这是成组技术的核心。零件分类成组的方法很多,但大概可分为编码分类法和生产流程分析法两大类。

(1)编码分类法　根据编码系统编制的零件代码代表了零件一定的特征。因此,利用零件代码就能方便地找到相同或相似特征的零件,形成零件族。原则上讲,代码完全相同的零件便可组成一个零件族。但这样做会造成零件族数很多,而每个族内零件种数都不多,达不到扩大批量、提高效率的目的。因此,应适当放宽相似性程度,做到合理分类。目前,常用的编码分类方法主要有:

①特征码位法　此法是对某种结果影响最大的码位作为特征码位来划分零件族。例如:零件的形状、尺寸、材质等特征 对制造工艺影响较大,在采用 Opitz 系统时(见后举例介绍),将第 1、2、6、7 码位作为特征码位。特征码位相同,不论其他码位如何,都认为属同一零件族。

②码域法　此法是对分类编码系统中各码位数值规定出一个范围作为零件分组的依据。

③特征位码域法 该法是由特征码位法与码域法结合而成的一种分组方法。它是选取若干特征性较强的码位，并在这些码位上规定允许的特征项数据的变化范围，来作为分组的依据。

(2)生产流程分析法(Production Flow Analysis，简称 PFA) 因为大多数零件的编码分类都是在以零件的结构形状和工艺信息为主的情况下制定的，所以有许多信息的描述不可能非常精细和准确无误，特别是工艺信息方面更是如此。此外，编码分类法划分的零件族或零件组，也都没有与加工设备(即机床组)联系起来。

英国 J. I. Burbige 教授提出的生产流程分析(PFA)法是以生产过程或工艺过程为主要依据的分类方法。着重分析生产过程中从原材料到产品的物料流程，研究最佳的物料路程系统。通常包含如下四方面的内容：①工厂流程分析，建立车间与零件的对应关系；②车间流程分析，建立制造单元与零件的对应关系；③单元流程分析，建立加工设备与零件的对应关系；④单台设备流程分析，建立工艺装备与零件的对应关系。根据这些对应关系，编制出各类关系中的最佳作业顺序，找出各个设备组与对应的零件族。

3. 分类编码系统举例

奥匹兹(Opitz)系统是一种通用的零件分类和编码系统，是属于上述的特征码位法。该系统由九位代码组成。前五位是形状代码，也是系统的主码(图 7.4)，主要描述零件的结构形状。其中第一位码表示零件的种类(回转体或非回转体)和尺寸比特征；第二位码表示主要结构特征；第三～五位码，分别表示次要的形状加工特征。可见在部分形状代码中兼顾了工艺要求。例如对于回转体类零件，第二和第三位码表示零件的车削要求，第四位码表示需要进行的平面加工，第五位码则是对钻孔和齿形等加工进行编码。系统的后四位码是辅助代码，或称副码，分别表示尺寸、材料、毛坯形式和精度特征。系统还允许增加辅助码位来满足企业的特殊要求，例如为了促进工艺标准化，可以在辅助代码中增设工序和加工顺序代码。

应当指出的是，系统中每一位码都设有十个特征码。在五位形状代码中，从第二码位开始，特征码的数值越大，表示形状要素越复杂，加工的难度越大。因此在给零件编码时，如果在同一码位上具有多个形状和工艺特征，就选择形状要素最复杂和工艺难度最大的特征编码，即使用高特征码可包含低特征码的编码准则。图 7.4 的 D 表示回转体中的最大回转直径，L 表示它的最大轴向长度。对于非回转体的 A 表示长度，B 表示宽度，C 表示厚度。在辅助码的第六码位上，则以 D 和 A 的尺寸进行编码。

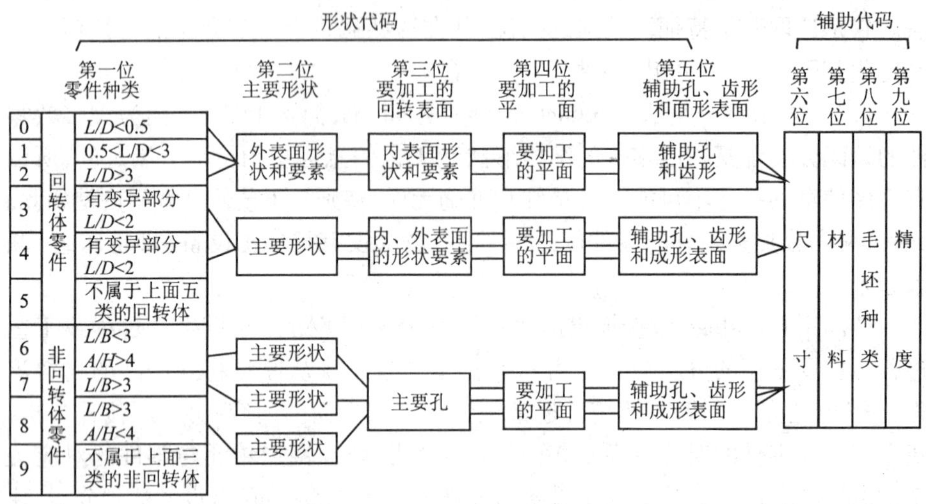

图 7.4 Opitz 分类系统

7.1.3 成组技术的应用

早期成组技术是作为解决重复性、相似性和批量生产问题的一种有效方法。随着计算机辅助(Computer Aided)技术的发展,成组技术以能提供制造工艺数据而成功地与计算机辅助工艺过程设计(Computer Aided Process Planing——CAPP)结合起来。

长期以来,人们在零件的分类、建立相似的零件族、进行编码以及成组夹具设计、回转体零件、箱体零件设计和成组作业计划编制等方面进行了大量的应用研究工作。例如利用 GT 编码来检索现有零件库中是否存在与所设计零件相同或类似的零件特征,以确定重新设计新零件还是对相似零件进行修改,来满足设计要求,并以此提高计算机辅助设计(Computer Aidede Design——CAD)的效率。其次,在数控机床上利用零件族的辅助编程,可以自动编制出该零件中任一零件的数控纸带。人们还可以利用成组技术中的分类编码法高效、快捷地设计零件的工艺过程。因此,成组技术已成为计算机辅助设计和计算机辅助制造(Computer Aided Manufacturing——CAM)之间的接口和桥梁。

目前,国内在成组技术方面的研究与开发,大多数停留在零件这个层次上,涉及部件和产品等更高层次很少。事实上,GT 应与 CAD/CAM 有更为广泛深入的联系和应用。例如,目前推广的 GT 技术,都是采用具有固定码长的刚性零件分类和编码系统。这样的系统,远没有包括设计和装配所必须的产品性能规格信息和部件信息,而且难以包含详细描述零件的全部结构和工艺信息。因此,如果能开发出一种码长不固定、并能包含产品、部件、零件及其特征信息的多层次柔性编码系统,就能够更好地满足管理信息系统和信息集成的需要。如果产品设计实现了系列化和模块化,就有可能在以上多层次柔性编码系统的基础上开发出从产品到零件的 GT—CAD/CAPP/CAM 系统。

成组技术是应用于机械制造业中的一门综合技术,它不但应用在产品设计、工艺设计、工艺设备设计方面,而且还应用在生产决策、计划和管理等部门。

7.1.4 成组技术的作用与效果

通过上述对成组技术的概述,可以得出成组技术的作用与效果如下。

(1)使零件批量扩大。扩大成组批量可以通过下面两个方面达到:一是在产品设计上,通过重复利用原有产品零件图样和设计标准化、规格化,从而减少了零件的品种规格。二是从工艺上,通过分类分组把不同产品的结构工艺相似的零件合并成组。由于扩大了批量,使多品种和中、小批量的生产可经济合理地采用先进的高效设备、工艺装备。

(2)促进产品设计标准化。采用成组工艺后,由于建立了零件编码系统,进行新产品设计时就可以按照分类编码检索老产品的同类零件,经比较决定是否可重复使用,部分修改或少数重新设计。这样可以大大减轻设计工作量。此外,还有利于实现结构形状的标准化。

(3)从根本上改变了生产准备工作的方法和内容,不必再为新产品的每个零件编制工艺规程,只需按分类编码并入相同的零件组中,也省去了工艺装备的设计与制造,缩短了生产准备周期。

(4)可采用先进的组织形式,有利于实现科学管理。

(5)可降低产品成本,提高企业在市场上的竞争能力。

7.2 数控机床加工

7.2.1 概述

1. 数控技术的基本概念

数字控制(Numerical Control,简称 NC),它是采用数字化信息实现加工自动化的控制技术,用数字化信号对机床的运动及其加工过程进行控制的机床,称作数控机床。早期的数控机床的 NC 装置是由各种逻辑元件、记忆元件组成随机逻辑电路,是固定接线的硬件结构,由硬件来实现数控功能,称作硬件数控,用这种技术实现的数控机床一般称作 NC 机床。

计算机数控(Computer Numerical Control,简称 CNC)。现代数控系统是采用微处理器或专用微机的数控系统,由事先存放在存储器里的系统程序(软件)来实现控制逻辑,实现部分或全部数控功能,并通过接口与外围设备进行联接,称为 CNC 系统,这样的机床一般称为 CNC 机床。

总之,数控机床是数字控制技术与机床相结合的产物,从狭义的方面看,数控一词就是"数控机床"的代名词,从广义的范围来看,数控技术本身在其他行业中有更广泛的应用,称为广义数字控制。数控机床就是将加工过程的各种机床动作,由数字化的代码表示,通过某种载体将信息输入数控系统,控制计算机对输入的数据进行处理,来控制机床的伺服系统或其他执行元件,使机床加工出所需要的工件,其过程见图 7.5。

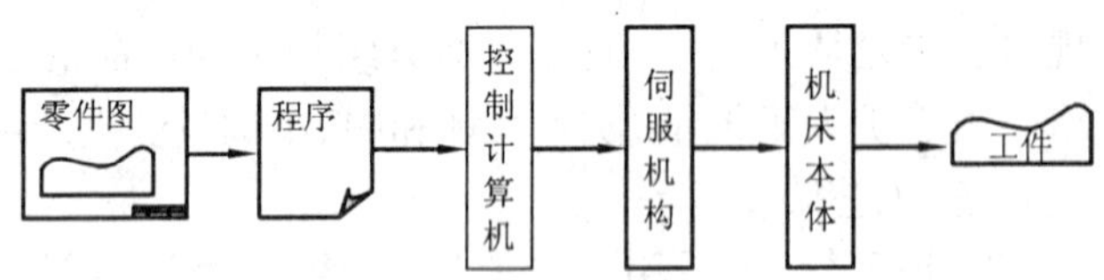

图 7.5　数控机床的工作过程

2. 数控加工技术的发展

为了解决飞机框架和直升机叶片加工过程中的制造问题,1952 年在麻省理工学院研制成功一套三坐标联动,利用脉冲乘法器原理的试验性数字控制系统,并把它装在一台立式铣床上。这是世界上第一台数控机床,标志着数字控制时代的开始。

数控技术是机械技术和电子技术相结合的产物,因此机械技术、电子技术特别是计算机技术的每一点进步都在推动数控技术向前发展。

1959 年,晶体管元件的出现使电子设备的体积大大减小,数控系统中广泛采用晶体管和印制电路板,数控技术的发展进入第二代。从 1960 年开始,数控技术进入实用阶段,工业发达国家如美国、德国、日本等开始开发、生产和使用数控机床。

1965 年,出现了小规模集成电路。由于它体积小、功耗低,使数控系统的可靠性得以进一步提高,这是第三代数控系统。在这以前的数控系统中,所有功能都是靠硬件实现的,现在我们称之为普通数控(NC)。

1970 年,在美国芝加哥国际机床展览会上,首次展出了一台以通用小型计算机作为数控装置的数控系统,被人们称为第四代数控系统,这种数控系统的最大特征是，许多数控功能可以由软件来实现，系统变得灵活、通用性好，价格也低多了。这就是我们现在说的计算机数控系统(CNC)。

1974年开始出现的以微处理器为核心的数控系统被人们誉为第五代数控系统，近30年来，装备微处理机数控系统的数控机床得到了飞速发展和广泛应用。

数控技术经过50多年的发展，从控制单机到生产线以至控制整个车间、整个工厂。目前数控系统的故障率已经下降到0.01次/月台。无故障时间已达到100个月，数控系统的性能大大提高。数控技术的发展推动了数控机床的广泛应用。与此同时，人们已经在构思和开发下一代数控技术产品。

3. 数控加工的特点

数控机床加工与传统机床相比，具有以下一些特点。

(1)具有高度柔性

在数控机床上加工零件，主要取决于加工程序，它与普通机床不同，不必制造、更换许多工具、夹具，不需要经常重新调整机床。因此，数控机床适用于零件频繁更换的场合。也就是适合单件、小批量生产及新产品的开发，缩短了生产准备周期，节省了大量工艺装备的费用。

(2)加工精度高

数控机床加工精度，一般可达 $Ra0.005 \sim 0.1$ mm之间，数控机床是按数字信号形式控制的，数控装置每输出一个脉冲信号，则机床移动或部件移动一个脉冲当量(一般为0.001 mm)，而且机床进给传动链的反向间隙与丝杠螺距平均误差可由数控装置进行补偿，因此，数控机床定位精度比较高。

(3)加工质量稳定、可靠

加工同一批零件，在同一机床，在相同加工条件下，使用相同刀具和加工程序，刀具的走刀轨迹完全相同，零件的一致性好，质量稳定。

(4)生产率高

数控机床可以有效地减少零件的加工时间和辅助时间，数控机床的主轴转速和进给量的范围大，允许机床进行大切削量的强力切削，数控机床目前正进入高速加工时代，数控机床移动部件的快速移动和定位及高速切削加工，极大地提高了生产率，另外配合加工中心的刀库使用，实现了在一台机床上进行多道工序的连续加工，减少了半成品的工序间周转时间，提高了生产率。

(5)劳动条件得到改善

数控机床加工前经调整好后，输入程序并启动，机床就能自动连续地进行加工，直至加工结束。操作者进行的主要是程序的输入、编辑、装卸零件、刀具准备、加工状态的观测，及零件的检验等工作，劳动强度极大降低，机床操作者的劳动趋于智力型工作。另外,机床一般是封闭式加工,既清洁,又安全。

(6)利于生产管理现代化

数控机床的加工,可预先精确估计加工时间,所使用的刀具、夹具可进行规范化、现代化管理。数控机床使用数字信号与标准代码作为控制信息,易于实现加工信息的标准化,目前已与计算机辅助设计与制造有机地结合起来,是现代集成制造技术的基础。

7.2.2　数控机床加工

1. 数控机床的分类

数控机床类型很多,有钻铰类、车削类、铣削类、磨削类、线切割类、加工中心等。

按照加工过程中同时控制的轴数,NC 机床又分为点位式、两坐标、三坐标、四坐标、五坐标数控机床。

数控加工中心是一种多功能的数控机床,具有刀库和自动换刀机构,能自动转换工作的位置,可以一次装卡工件后连续完成铣、镗、钻、铰、攻螺纹等多道工序。因此,它可大大缩短加工的辅助时间,提高定位精度,节省大量专用夹具。

主要数控机床如下:

(1)数控车床

如图 7.6 所示,这是一台数控车床(CNC lathe)的外观图。机床本体包括主轴、溜板、刀架等。数控系统包括电显示器(CRT)、控制面板、强电控制系统。

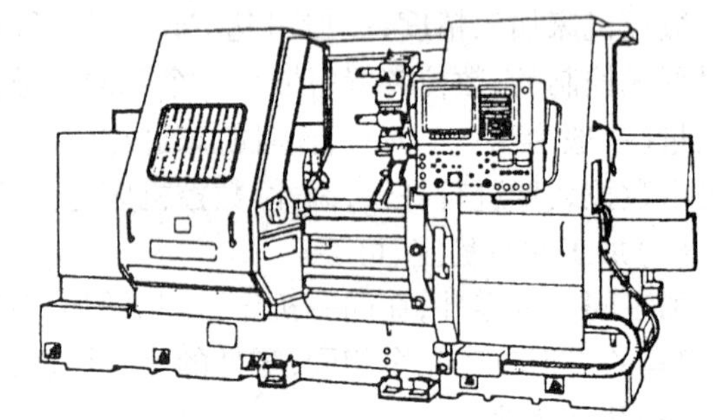

图 7.6　数控车床

数控车床一般具有两轴联动功能,Z 轴是与主轴平行方向的运动轴,X 轴是在水平面内与主轴垂直方向的运动轴。另外在车铣加工中心中,还增加了一个 C 轴,可用于工件的分度功能,在刀架中可安放铣刀,对工件进行铣加工。

(2)数控铣床

数控铣床(CNC milling machine)适于加工三维复杂曲面,在汽车、航空航天、模具等行业被广泛采用。世界上第一台数控机床就是数控铣床,但随着时代的发展,数控铣床趋于向加工中心发展。目前由于有较低的价格、方便灵活的操作、较短的准备工作时间等原因,数控铣床仍被广泛采用,它可分为数控立式铣床、数控卧式铣床、数控仿形铣床等，如图 7.7 所示。

(3)加工中心

加工中心(machining center)是数控机床发展到一定阶段的产物。一般把具有自动刀具交换装置,并能进行多种工序加工的数控机床叫加工中心。加工中心可进行铣、镗、钻、扩、铰、攻丝等多种工序的加工。加工中心又可分为立式加工中心和卧式加工中心,立式加工中心的主轴是垂直方向的,卧式加工中心的主轴是水平方向的,如图 7.8 所示。

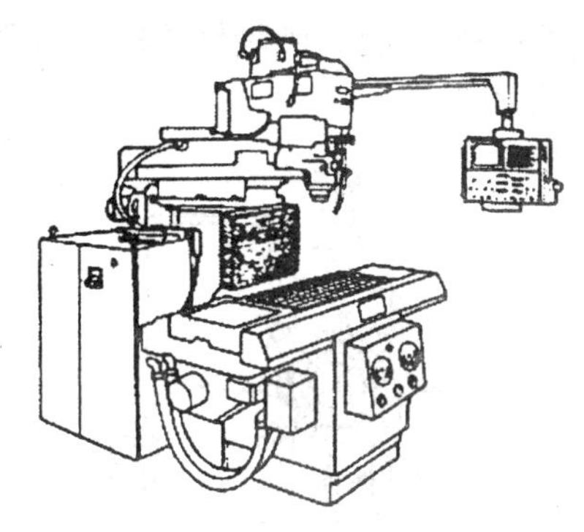

图 7.7 数控铣床

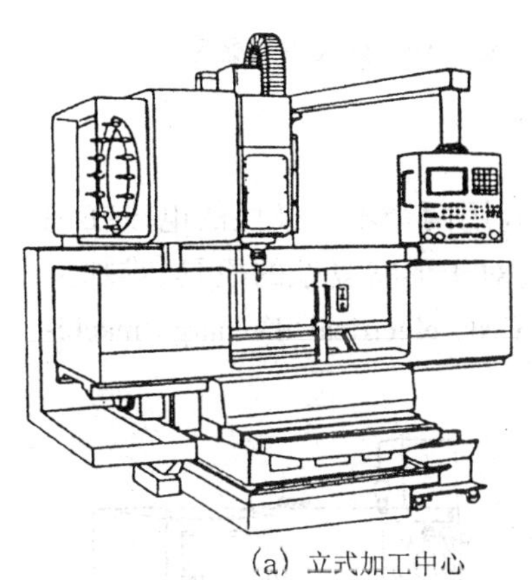

(a) 立式加工中心

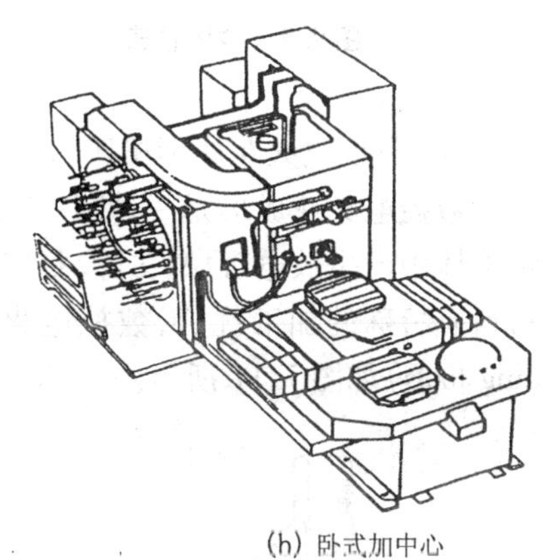

(b) 卧式加中心

图 7.8 加工中心

一个工件可以通过夹具安放在回转工作台或交换托盘上,通过工作台的旋转可加工多面体,托盘的交换可更换加工的工件,提高加工效率。

(4)数控钻床

如图 7.9 所示,是数控钻床的例子。数控钻床(CNC drilling machine)可分为数控立式钻床和数控卧式钻床。数控钻床主要用来完成钻孔、攻丝功能,同时也可以完成简单的铣削功能,刀库可以存放多种刀具。

(5)数控磨床

数控磨床(CNC grinding machine)主要用于加工高硬度、高精度的表面。可以分为数控平面磨床(见图 7.10)、数控内圆磨床、数控轮廓磨床等。随着自动砂轮补偿技术、自动砂轮修整技术和磨削固定循环技术的发展，数控磨床的功能越来越强。

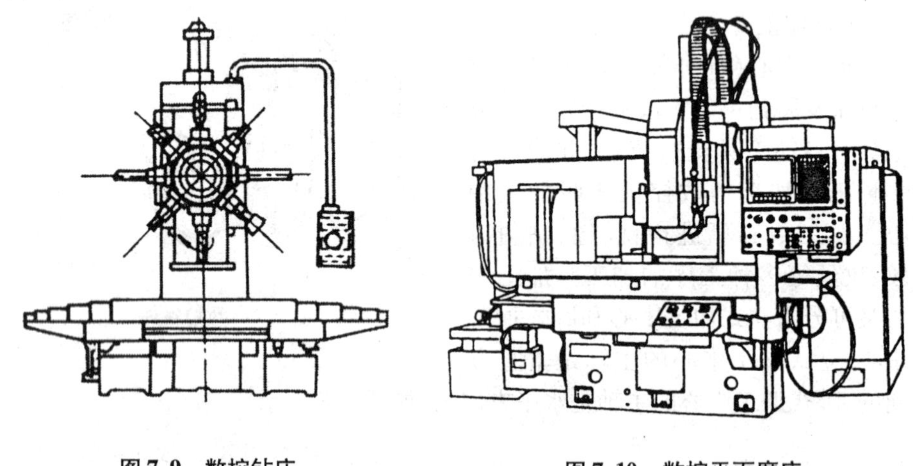

图 7.9　数控钻床　　图 7.10　数控平面磨床

(6)数控电火花成形机床

数控电火花成形是一种特种加工方法，它是利用两个不同极性的电极在绝缘液体中产生放电现象，去除材料进而完成加工，对于形状复杂的模具、难加工材料有特殊的加工优势，数控电火花成形机床（CNC electrical discharge machining tools）如图 7.11 所示。

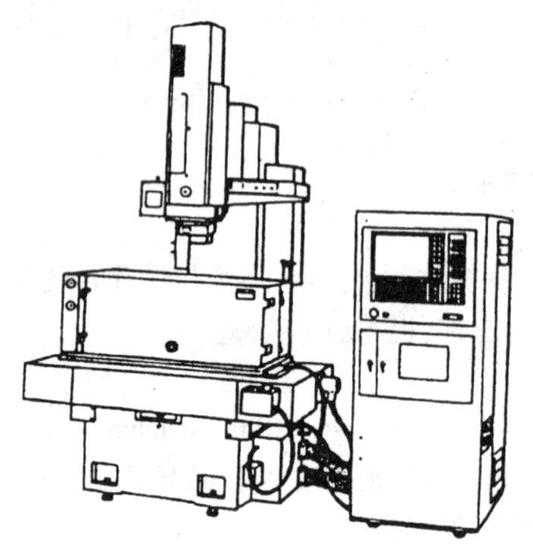

图 7.11　数控电火花成形机床

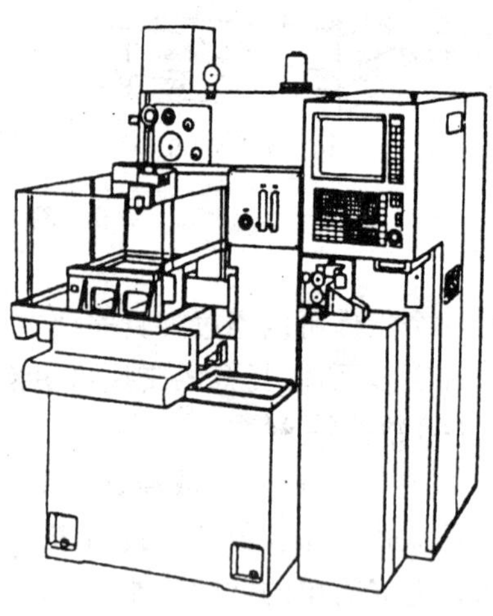

图 7.12　数控线切割机床

(7)数控线切割机床

数控线切割机床(CNC electrical discharge wire-cutting machine)如图7.12所示,它的工作原理与电火花成形机床一样,其电极是电极丝,加工液一般采用去离子水。

2. 数控机床的组成

数控机床一般由数控装置(NC unit)、伺服系统(servo system)、位置测量与反馈系统(feedback system)、辅助控制单元(accessory control unit)和机床主机(main engine)组成。图7.13是各组成部分的逻辑结构简图,其中箭头表示信息流向。

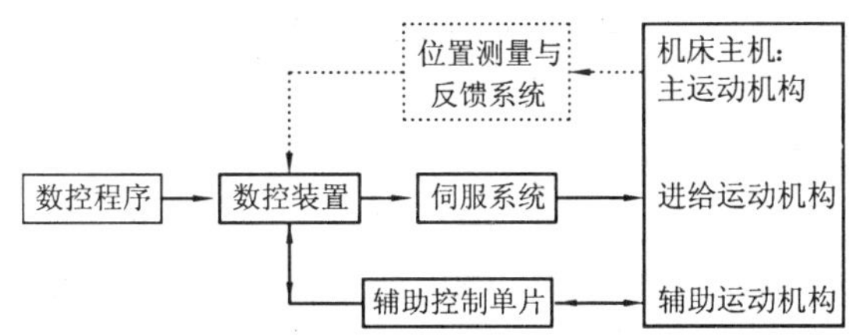

图7.13　数控机床逻辑结构示意图

数控装置是数控机床的核心,它接受输入装置送入的数字化信息,经过数控装置的控制软件和逻辑电路进行译码、运算和逻辑处理后,将各种指令信息输出给伺服系统,使设备按规定的动作执行。

伺服系统包括伺服驱动电机、各种伺服驱动元件和执行机构等,它是数控系统的执行部分。它的作用是把来自数控装置的脉冲信号转换成机床移动部件的运动。每一个脉冲信号使机床移动部件的位移量叫做脉冲当量(也叫最小设定单位)。常用的脉冲当量为0.001 mm/脉冲。每个进给运动的执行部件都有相应的伺服驱动系统,整个机床的性能主要取决于伺服系统。常用伺服驱动元件有直流伺服电机、交流伺服电机、电液伺服电机等。

位置测量与反馈系统的作用是对机床的实际运动速度、方向、位移量以及加工状态加以检测,把检测结果转化为电信号反馈给数控装置,通过比较,计算出实际位置与指令位置之间的偏差,并发出纠正误差指令。检测反馈系统可分为半闭环和闭环两种系统。半闭环系统中,位置检测主要使用感应同步器、磁栅、光栅、激光测距仪等。

辅助控制单元用以控制机床的各种辅助动作,包括冷却泵的启停等各种辅助操作。

机床主机是加工运动的实际机械部件。主要包括:支承部件(床身、立柱等），主运动部件，进给运动部件（工作台、刀架等）。由于数控机床采用高性能的主轴及伺服驱动装置，因此主机较传统机床大大简化。

3. 数控机床的工作过程

CNC 装置的工作是在硬件的支持下执行软件的工作过程。CNC 装置的工作过程如下：

（1）程序输入

将编写好的数控加工程序输入给 CNC 装置的方式有：纸带阅读机输入、键盘输入、磁盘输入、通信接口输入及连接上一级计算机的 DNC（Direct Numerical Control）接口输入。CNC 装置在输入过程中还要完成校验和代码转换等工作，输入的全部信息都放到 CNC 装置的内部存储器中。

（2）译码

在输入的工件加工程序中含有工件的轮廓信息（起点、终点、直线、圆弧等）、加工速度（F 代码）及其他辅助功能（M、S、T）信息等，译码程序以一个程序段为单位，按一定规则将这些信息翻译成计算机内部能识别的数据形式，并以约定的格式存放在指定的内存区间。

（3）数据处理

数据处理程序一般包括刀具半径补偿、速度计算以及辅助功能处理。刀具半径补偿是把零件轮廓轨迹转化成刀具中心轨迹，编程员只需按零件轮廓轨迹编程，减轻了工作量。速度计算是解决该加工程序段以什么样的速度运动的问题。编程所给的进给速度是合成速度，速度计算是根据合成速度来计算各坐标运动方向的分速度。另外对机床允许的最低速度和最高速度的限制进行判断并处理。辅助功能诸如换刀、主轴启停、切削液开关等一些开关量信号也在此程序中处理。辅助功能处理的主要工作是识别标志，在程序执行时发出信号，让机床相应部件执行这些动作。

（4）插补

插补的任务是通过插补计算程序在已知有限信息的基础上进行“数据点的密化”工作，即在起点和终点之间插入一些中间点。针对数据采样插补，它是把加工一段直线或圆弧的整段时间细分为许多相等的时间间隔，称为单位时间间隔（或称插补周期）。在每个插补周期内，根据指令进给速度计算出一个微小的直线数据段。通常经过若干个插补周期后，插补加工完成一个程序段，即从数据段的起点走到终点。CNC 数控系统一边插补、一边加工，是一种典型的实时控制方式。

（5）位置控制

位置控制可以由软件实现，也可以由硬件实现。它的主要任务是在每个采样周期内,将插补计算的理论位置与实际反馈位置相比较,用其差值去控制进给电动机,进而控制工作台或刀具的位移。插补周期可以与系统的位置控制采样周期相同,也可以是位置控制采样周期的整数倍。这是由于插补运算比较复杂,处理时间较长,而位置控制算法比较简单,处理时间较短,所以,插补运算的结果可供位置环多次使用。

(6)输入/输出(I/O)处理控制

I/O 处理主要处理 CNC 装置和机床之间的来往信号的输入和输出控制。

(7)显示

CNC 装置的显示主要是为操作者了解系统运动状态提供方便,通常有:零件程序显示、参数设置、刀具位置显示、机床状态显示、报警显示、刀具加工轨迹动态模拟显示以及在线编程时的图形显示等。

(8)诊断

主要是指 CNC 装置利用内装诊断程序进行自诊断,主要有启动诊断和在线诊断。启动诊断是指 CNC 装置每次从通电开始进入正常的运行准备状态中,系统相应的内装诊断程序通过扫描自动检查系统硬件、软件及有关外设是否正常。只有当检查的每个项目都确认正确无误之后,整个系统才能进入正常的准备状态。否则,CNC 装置将通过报警方式指出故障的信息,此时,启动诊断过程不能结束,系统不能投入运行。在线诊断程序是指在系统处于正常运行状态中,由系统相应的内装诊断程序,通过定时中断周期扫描检查 CNC 装置本身以及各外设。只要系统不停电,在线诊断就不会停止。

4. 数控加工基本原理

数控机床加工工件,首先要将被加工工件图上的几何信息和工艺信息数字化,用规定的代码程序格式和工艺先后顺序编写加工程序,并存储到程序载体内,然后用相应的输入装置将所编的程序指令输入到 CNC 单元。CNC 单元将程序(代码)进行译码、运算后,向机床各个坐标的伺服系统和辅助控制装置发出信号,以驱动机床的各运动部件或其他执行元件,并控制所需要的辅助动作,使机床自动加工出尺寸和形状都符合预期结果的零件。

(1)插补原理

在轮廓控制加工中,刀具的轨迹必须严格准确地按零件轮廓曲线运动。插补运算的任务就是在已知加工轨迹曲线的起点和终点间进行“数据点的密化”。插补(interpolation)是在每个插补周期(极短时间,一般为毫秒级)内,根据指令、进给速度计算出一个微小直线段的数据,刀具沿着微小直线段运动,经过若干个插补周期后,刀具从起点运动到终点,完成这段轮廓的加工。

如加工图 7.14 中的曲线 AB 段,A 为起点,B 为终点。在每个插补周期内,计算出一个微小直线段的各坐标分量(ΔX、ΔY),经过若干个插补周期,可以计算出从起点A到终点B间各个微小直线段的坐标分量(ΔX_1、ΔY_1),(ΔX_2、ΔY_2),…,(ΔX_n、ΔY_n)。各坐标分量的计算可采用逐点比较插补法、数字积分插补法、时间分割插补法和样条插补计算法等。

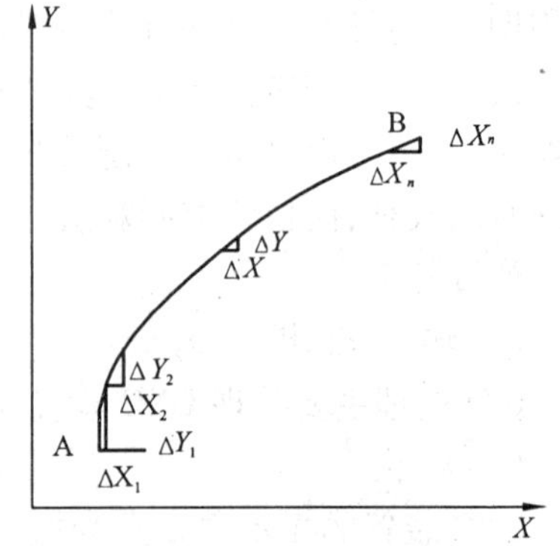

图7.14　插补原理

被加工零件的外形轮廓是由直线、圆弧和其他曲线等几何元素构成,其中直线和圆弧是基本的几何元素,其他的曲线可用微小直线或圆弧逼近形成。所以绝大多数数控系统都具有直线和圆弧插补功能。在一些高档数控系统的扩展功能或宏程序中配有抛物线、渐开线、椭圆等插补计算功能。

在NC系统中,插补是由硬件实现的;在CNC系统中,插补则是由软件全部或部分实现其插补功能的。由于用软件实现插补运算,比硬件插补器运算速度慢,在CNC系统中插补功能常分为粗插补和精插补两步完成。粗插补用软件实现,把一个程序段分割为若干微小直线段,精插补在伺服驱动模块中,把各微小直线段再进行密化处理,使加工轨迹在允许的误差之内。所以插补功能直接影响系统控制精度和速度,是系统的主要技术性能指标,因此插补软件是CNC系统的核心软件。

(2)刀具补偿原理

在数控加工过程中,编程人员编程时是按零件轮廓进行编程的。由于刀具总有一定的半径(如铣刀半径、钼丝的半径),刀具中心运动的轨迹并不等于所需加工零件的实际轮廓,而是偏移轮廓一个刀具半径值。在进行外轮廓加工时,要使刀具中心偏移零件的外轮廓表面一个刀具半径值,加工内轮廓时,要使刀具中心偏移零件内轮廓表面一个半径值(见图7.15)。这种偏移习惯上称为刀具半径补偿。

现代CNC系统都具备较完善的刀具半径补偿功能。刀具半径补偿通常不是程序编制人员完成的,程序编制人员只是按零件的加工轮廓编制程序,实际的刀具半径补偿是在CNC系统内部由计算机自动完成的。在图7.15中,粗实线为所需加工的零件轮廓,虚线为刀具中心轨迹。根据ISO标准,当刀具中心轨迹在编程轨迹(零件轮廓)前进方向左侧时,称为左刀具补偿,用G41表示。反之,称为右刀补,用G42表示。当不需要进行刀具半径补偿时,用G40表示。

同理,在刀具长度方向上,每种刀具长度不一致,即相对于基准刀具有长度方向的系统误差,也是采用同样的方法进行补偿,称刀具长度补偿。

刀具补偿又可以分为形状补偿(geometry offset)和磨损补偿(wear offset)。运行程序前的刀具标称半径或长度是形状补偿量,在加工过程中,刀具由于磨损的作用发生细微的尺寸变化,这时,将磨损量输入到磨损补偿号中,可以不必改动形状补偿号,方便操作。

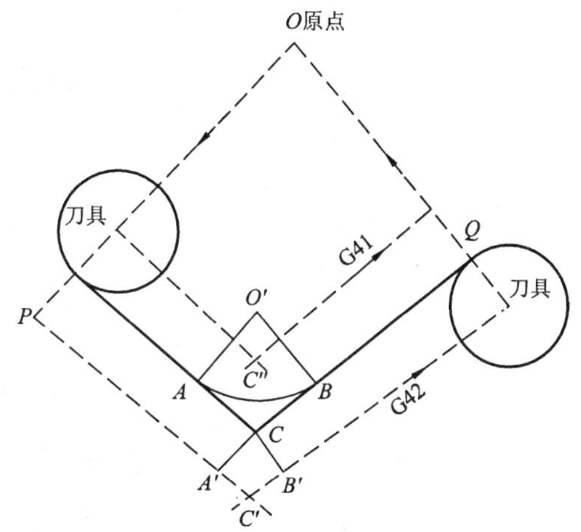

图 7.15　B 刀具补偿的交叉点和间断点

5. 数控加工编程

数控加工编程一般有两种方法:手工编程(manual programming)和自动编程(automatic programming)。

(1)手工编程　主要步骤和内容如下:

① 根据零件图样对零件进行工艺分析,在分析的基础上确定加工路线和工艺参数。

② 根据零件的几何形状和尺寸,计算数控机床运动所需数据。

③ 根据计算结果及确定的加工路线,按规定的格式和代码编写零件加工程序单。

④ 将程序单在穿孔机或卡片机上穿孔,制成控制纸带。

N01	G50	X500	Y2000	LF
N02	G00	T0100	LF	
N03	S300	M03	LF	
N04	X400	Z20	LF	
…	…	…	…	

右边所示为一完整加工程序表,每一行叫做一个程序段,以程序段为单位对机床进行控制。在每个程序段中都规定了前面标有 N 的序号,机床按照这些序号的顺序执行各个程序段。在本例中标有从 1 到 4 的序号。在各程序段中,前面标有 G 的两位数字称为 G 代码,由 G 代码来区分定位、直线插补、圆弧插补等功能。在 X、Y、Z 后面跟着的数字,是以脉冲数的形式指定了沿 X、Y、Z 轴方向的位移量。刀具对 1 个脉冲的位移量是由控制系统与机床的组合来决定的。标有 M 的代码称为 M 代码,用于指定机床的主轴启动、停止等功能。标有 S 的 S 代码指定主轴的转数。此外,还有 F 代码指定进给速度;T 代码指定刀具的选择;LF 为程序段结束符。常用表示地址的英文字母含义见表 7.1。

表 7.1　常用表示地址英文字母含义

地 址 码	意　义
O	程序编号
N	顺序编号
G	机床动作方式指令
X、Y、Z	坐标轴移动指令
A、B、C、U、V、W	附加轴移动指令
R	圆弧半径
I、J、K	圆弧中心坐标
F	进给速度指令
S	主轴转速指令
T	刀具编号指令
M	接通、断开、启动、停止
B	指令、工作台分度指令
H、D	刀具补偿指令
P、X	暂停时间指令
P	子程序号指令
L	固定循环重复次数
P、R、Q	固定循环参数

在手工编程中,各种工作主要靠人工来完成。对于一些形状简单的零件,采用手工编程是容易实现的,但对于形状比较复杂的零件就需要较复杂的数值计算过程。

(2)自动编程　由于手工编程效率低且易出错,并影响和限制了 NC 机床的发展和应用。因而,在数控机床出现不久,人们就开始了对自动编程方法的研究。20 世纪 50 年代,麻省理工学院设计出了一种专门用于机械零件数控加工的自动编程语言 APT(Automatically Programmed Tools)。它是当前国际上应用最广、影响最大的数控编程语言。

有了自动编程语言,就可以用编程来描述零件图样上的几何形状及刀具相对零件运动的轨迹、顺序和其他工艺参数等。编制好的零件源程序输入给计算机,计算机内的数控程序系统(如 APT)就会分两步对源程序进行处理:第一步是计算刀具中心相对于零件运动的轨迹,由于这部分处理不涉及具体数控机床的指令形式和辅助功能,因此具有通用性,称前置处理。第二步是针对具体数控机床的功能产生控制指令的后置处理程序。后置处理程序是不通用的,由此可见,经过数控程序系统处理后输出的程序才是控制数控机床的零件加工程序。

整个数控自动编程的过程如图 7.16 所示。

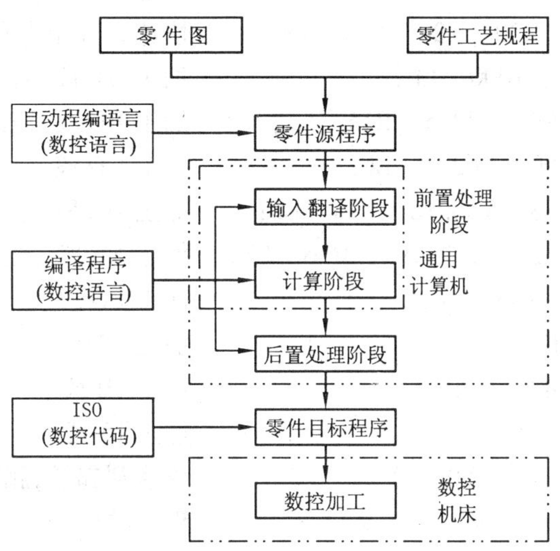

图 7.16 CN 自动编程过程

(3)数控加工编程举例 图 7.17 为轮廓铣削的零件。粗实线为轮廓平面图形,单点画线为刀具中心的轨迹。0 为刀具起点(即坐标原点),箭头为刀具运动方向,刀具半径 $r=5$ mm,存于 D01 内(即 D01 =5 mm)。加工该轮廓线的程序如下:

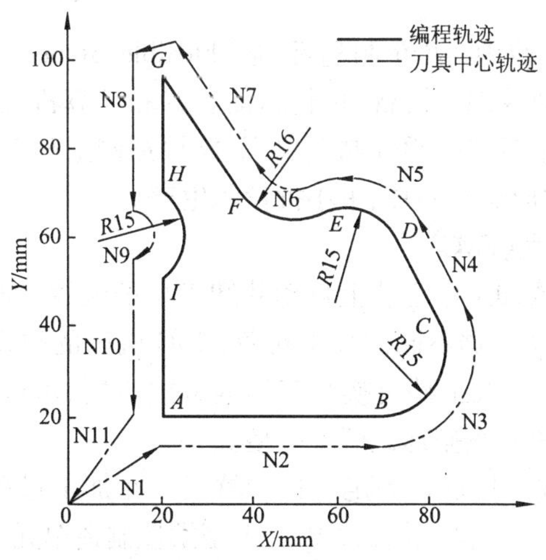

图 7.17 平面曲线加工

程　序　段	解　释
G90　G00　X0　Y0　LF;	确定 X0 Y0 为当前位置
N01　G00　G42　X20　Y20　D01　LF;	快速到开始点和设补偿方向向右
N02　G01　X70　F1000　LF;	加工 AB 段,直线插补
N03　G03　X82.99　Y42.5　R15　LF;	加工 BC 段,逆圆插补
N04　G01　X72.99　Y62.5　LF;	加工 CD 段
N05　G03　X59.33　Y66.16　R15　LF;	加工 DE 段
N06　G02　X38.521　Y69.797　R16　LF;	加工 EF 段,顺圆插补
N07　G01　X20　Y95　LF;	加工 FG 段
N08　Y71.18　LF;	加工 GH 段
N09　G02　Y48.82　R15　LF;	加工 HI 段
N10　G01　Y20　LF;	加工 IA 段
N11　G00　G40　X0　Y0　LF;	快速到起始,删除补偿
N12　M30　LF;	程序结束

7.3　柔性制造系统

随着科学技术的发展和多品种、小批量自动化生产的要求,制造工业面临的新问题就是思索和创造具有应变性好和生产率高的制造系统。柔性制造技术是集数控技术、计算机技术、机器人技术以及现代生产管理技术为一体的现代制造技术。

在我国有关标准中,柔性制造系统(Flexible Manufacturing System,简称 FMS)被定义为:由数控加工设备、物料运储装置和计算机控制系统等组成的自动化制造系统。它包括多个柔性制造单元,能根据制造任务或生产环境的变化迅速进行调整,以适应于多品种、中小批量的生产。

1. 柔性制造单元(FMC)

一台数控机床或加工中心装上自动装卸工件的装置,即可构成柔性制造单元。FMC 的结构形式根据不同的加工对象,CNC 机床的类型与数量(几台数控机床也可构成 FMC)以及工件更换与存储的方式不同,可以有多种多样。但主要有托盘搬运式和机器人搬运式两大类型。

(1)托盘搬运式。托盘是固定工件的器具。在加工过程中,它与工件一起流动,类似通常的随行夹具。例如 FMC－1 型柔性制造单元,就是采用托盘搬运工件的结构形式,如图 7.18 所示。

环形交换工作台用于工件的输送与中间存储,托盘座在环形导轨上由内侧

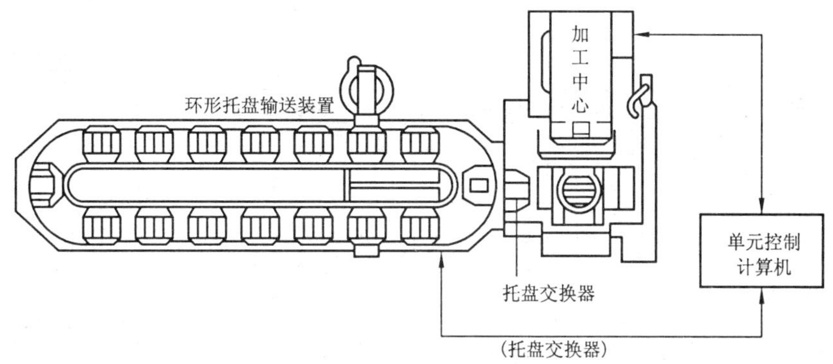

图 7.18 柔性制造单元(FMC)

的环链拖动回转,当一个工件加工完毕,数控机床发出信号,由托盘交换装置将加工完的工件拖到回转台的空位处,然后交换工作台转一工位,将加工好的工件转至装卸工位,由人工或机器进行卸除并装上待加工工件;同时将待加工工件推至机床工作台并定位加工。托盘搬运式多用于箱体件或大件的加工。

(2)机器人搬运式

图 7.19 由一个机器人为一台加工中心、一台车削中心服务,每一台机床用一台交换工作台作为输送与缓冲的存储。

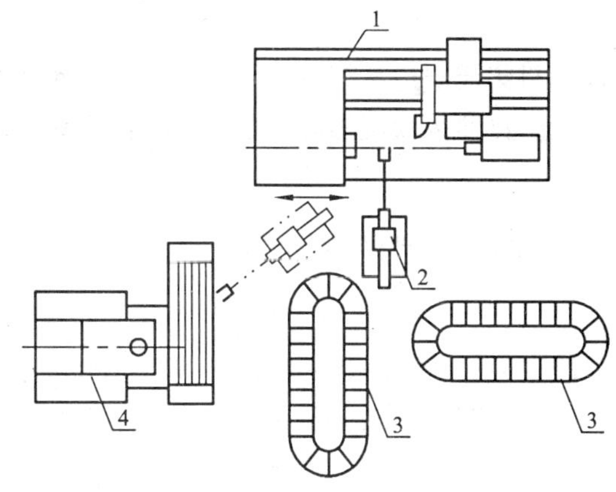

图 7.19 机器人搬运式 FMC

1—车削中心;2—机器人;3—交换工作台;4—加工中心

FMC 可作为独立运行的生产设备进行自动加工,也可以作为 FMS 的加工模块。FMC 具有规模小,成本低(相对 FMS),占地面积小,便于扩充等特点,特别适用于小型企业。近几年来,FMC 正以惊人的速度发展。当前柔性制造技术的趋势之一是大力发展作为独立生产设备的 FMC。

2. 柔性制造系统

柔性制造系统一般由三台以上计算机数控机床或加工中心和一套自动化物料储运系统等组成。图 7.20 是一个典型的柔性制造系统。它由四台加工中心、物料储运系统和刀具预调、储运系统组成,全部由计算机控制。

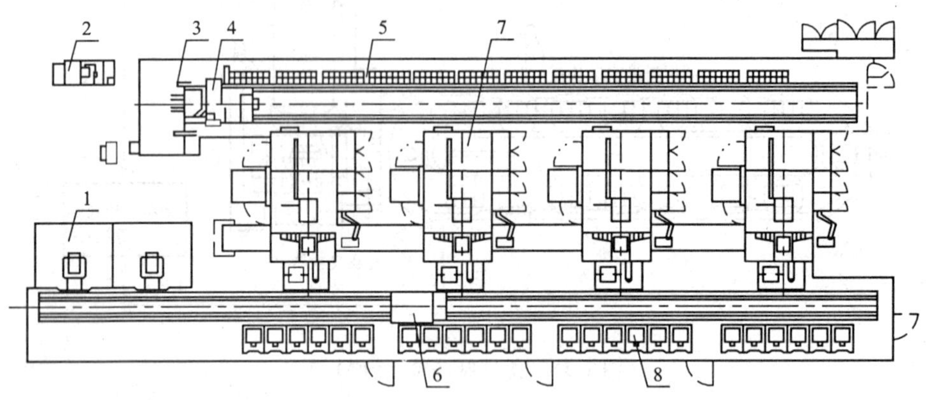

图 7.20　柔性制造系统(FMS)

1—工件装卸站;2—刀具预调仪;3—刀具更换站;4—换刀机器人;
5—中央刀库;6—运料小车;7—加工中心;8—托盘库

7.4　计算机集成制造系统

计算机集成制造系统(Computer Integrated Manufacturing System,简称 CIMS)是当代生产自动化领域的前沿学科,又是集多种高新技术为一体的现代化制造技术。

7.4.1　CIMS 的定义与结构

1. 定义

一般来说,CIMS 的定义应包括以下要素:

(1)系统发展的基础是一系列现代高新技术的综合。

(2)系统包括制造工厂全部生产、经营活动,并将其纳入多模式、多层次分布的自动化子系统。

(3)系统是通过新的管理模式、工艺理论和计算机网络对上述各系统所进行的有机集成。

(4)系统的目标是获得多品种、中小批量、离散生产过程的高效益和高柔性,以达到动态总体最优,实现脑力劳动自动化和机器智能化。

因此,可以认为:CIMS 是在柔性制造技术、计算机技术、信息技术、自动化技术和现代管理科学的基础上,将制造工厂的全部生产、经营活动所需的各种分布的自动化子系统，通过新的生产管理模式、工艺理论和计算机网络有机地集成起来，以获得适应于多品种、中小批量生产的高效益、高柔性和高质量的智能制造系统。

2. 结构

CIMS的结构包括制造工厂的生产、经营的全部活动，应具有经营管理、工程设计和加工制造等主要功能。他由三大子系统构成，即事物数据处理系统(BDPS)，国内有的称为经营决策管理系统(BDMS)，计算机辅助设计与辅助制造系统(CAD/CAM)和柔性制造系统(FMS)。其主要功能模块如下：

(1)CAD 在CIMS中进行工程设计时需要调用各种不同数据库中的数据，例如工厂管理中的某些数据，或加工后坐标测量机对零件检测的数据。各种CAD工作站中图形或数据则应该构成一个联合设计环境。因此，这里的CAD不是孤立的，而是内部与外部密切相关并带有反馈的CAD。CAD进一步发展还可能包括产品设计的专家系统及设计中的仿真技术。

(2)CAE 包括对零件的机械应力、热应力进行有限元分析，以及考虑到产品本身成本等因素的优化设计等功能。

(3)CAPP 对机械产品及加工零件需要合理地选择工艺参数，将产品设计信息转换成加工指令，以便制造零件或产品。这说明，工艺过程设计直接与工件图样和材料清单相联系。

(4)CAM 按照零件的形状及CAPP生成的NC代码，并考虑刀具补偿等因素进行后置处理。金属切削作业主要由机床完成，还应控制工件与工具间准确的相对运动，这样就需要能够产生并跟踪各种轨迹和完成逻辑控制功能的控制器。它的基本功能是坐标控制、加工过程自适应控制和优化等。

(5)FMS 柔性制造系统是CIMS的加工制造子系统。将毛坯加工成合格的零件并装配成部件以至产品，这牵涉到加工制造过程中的许多环节。在这里进行物料与信息流交汇，完成设计及管理中的指定任务，并将制造现场的不同信息，如实的或经过初步处理(如统计分析)的信息反馈到相应部门。

(6)计算机辅助生产管理(CAPM) 包括年、月或周生产计划制定、物料需求计划(MRP)制定、生产能力(资源)的平衡以及财务、仓库等各种管理功能结合起来，构成CAPM。此外，还包括经营方面的市场预测、制定长期发展战略计划等功能。

CIMS结构总体上分为三层：

(1)决策层。主要任务是对市场等外部环境进行研究，帮助企业领导作出经营决策。

(2)信息层。它的任务是生成工程技术信息(CAD/CAM、CAQC、CAPP等工程信息系统),以及进行企业的综合信息管理(MIS 系统)。

(3)物质层。它是处于底层的物质生产实体,包括进货、加工、装配、库存和发货等环节。机器人、数控机床、自动化仓库、自动运输车、FMC、FMS 和 FTL 乃是这一层的基本设备或子系统。

7.4.2 CIMS 的主要技术关键

CIMS 是一种适用于多品种、中小批量的高效益、高柔性的智能生产系统。它是由很多子系统组成的,而这些子系统本身又都是具有相当规模的复杂系统。虽然世界上很多发达国家已投入大量资金和人力研究它,但仍存在不少技术问题有待进一步探索和解决。归纳起来,大致有以下五个方面:

1. CIMS 系统的结构分析与设计

这是系统集成的理论基础及工具,如系统结构组织学和多级递阶决策理论、离散事件动态系统理论、建模技术与仿真、系统可靠性理论及容错控制,以及面向目标的系统设计方法等。

2. 支持集成制造系统的分布式数据库技术及系统应用支撑软件

这其中包括支持 CAD/CAPP/CAM 集成的数据库系统、支持分布式多级生产管理调度的数据库系统、分布式数据系统与实时、在线递阶控制系统的综合与集成。

3. 工业局部网络与系统

CIMS 系统中各子系统的互联是通过工业局部网络实现的,因此必然要涉及网络结构优化、网络通信的协议、网络的互联与通信、网络的可靠性与安全性等问题的研究,甚至进一步还可能需要对支持数据、语言、图像信息传输的宽带通信网络进行探讨。

4. 自动化制造技术与设备

这是实现 CIMS 的物质技术基础,其中包括自动制造设备 FMS、自动化物料输送系统、移动机器人及装配机器人、自动化仓库以及在线检测及质量保障等技术。

5. 软件开发环境

良好的软件开发环境是系统开发和研究的保证。这是涉及到面向用户的图形软件系统、适用于 CIMS 分析设计的仿真软件系统、CAD 直接检查软件系统,以及面向制造控制与规划开发的专家系统。

综上所述,涉及 CIMS 的技术关键很多,制定和开发计算机集成制造系统的战略和计划是一项重要而艰巨的任务。而对计算机集成制造系统的投资则更是一项长远的战略决策。一旦取得突破,CIMS 技术必将深刻地影响企业的组织结构,使机械制造工业产生一次巨大飞跃。

7.5 智能制造系统

7.5.1 智能制造概述

随着时代的发展,社会对产品的需求正从大批大量生产逐步转向中小批量,甚至单件生产。面对市场竞争的加剧和信息革命的推动,企业要在这样的环境中取胜,就必须进一步提高其在生产活动中的机敏性和智能,以便从产品的生产周期、质量、成本和服务等方面提高自身的竞争力。而智能制造技术和智能制造系统正是在现代科技高度发达的基础上顺应这种形势发展起来的。

所谓智能制造系统 IMS(Intelligent Manufacturing System)是一种由智能机器和人类专家共同组成的人机一体化智能系统。将专家系统、模糊推理、人工神经网络等人工智能技术应用于制造中,它在制造过程中能进行智能活动,诸如分析、推理、判断、构思和决策等。智能制造技术的宗旨,在于通过人与智能机器的合作共事,去扩大、延伸和部分地取代人类专家在制造过程中的脑力劳动。

柔性制造、集成制造、智能制造是制造技术发展的三个阶段。柔性制造强调单件小批多品种生产的高度自动化和可变性。集成制造强调信息流和物质流集成。智能制造强调发挥人的创造能力,以人为系统的主导者,用机器实现人的思维活动。三者虽然不同,但关系十分密切,在集成制造系统中应用了不少人工智能技术,在现阶段虽然主要是起辅助支撑作用,但智能促进了集成水平的提高。在智能制造系统中,集成是智能的重要支撑和基础。

7.5.2 IMS 的内容

智能制造技术的内容大体上可以分为三个方面,即专家系统,模糊推理和神经网络。

1. 专家系统

专家系统是当前主要的人工智能技术,它首先是要采集领域专家的知识,分解为事实与规则,存储于知识库中,通过推理作出决策,主要适于解决一些比较简单的确定性问题。在过程控制中,推理判断有一段延迟过程,不易满足实时性要求。

2. 模糊推理

模糊推理又称模糊逻辑,它是依靠模糊集和模糊逻辑模型进行多个因素的综合考虑,采用关系矩阵算法模型、隶属度函数、加权、约束等方法,处理模糊的、不完全的乃至相互矛盾的信息。它主要解决不确定现象和模糊现象,需要多年经验的感知来判断问题。

3. 神经网络

通常在其前面冠以“人工”两字,以说明研究这一问题的目的在于寻求新的途径来解决目前计算机不能解决或不善于解决的大量问题,制造更加逼近人脑功能的新一代计算机模型,于是出现了人工神经网络。

神经网络是人脑部分功能的某些抽象、简化与模拟,由数量巨大的以神经元为主的处理单元互联构成,通过神经元的相互作用来实现信息处理。它可大规模并行分布处理信息,具有类似人的自学习、学习联想、自适应等能力。在智能控制、模式识别、非线性优化等方面有良好的应用前景,适于实时处理动态多变的复杂问题。

7.5.3 IMS 的特点

(1)系统的自组织能力　IMS 中的各种智能设备,如智能数控车床、智能加工中心、智能机器人和自动导向小车(automated guided vehicle - AGV)等,能够按照工作任务的要求,以最优化方式,自行集结成一种最合适的系统进行运行。任务一旦完成,该系统随即自行解体,以备在下一项任务中集结成新的优化系统。

(2)系统的自律能力　IMS 能根据周围环境和自己的作业状况进行自动监测和处理,并可根据处理结果调整控制策略,以采用最佳行动方案。

(3)人机一体化　IMS 不是“人工智能系统”,而是人机一体化智能系统。在人机一体化 IMS 中,一方面人的核心地位必须确定,另一方面人与机器之间又表现出一定程度的平等共事,相互“理解”和相互协作的关系。与传统的制造系统不同,在 IMS 中由于智能机器具有一定程度的自律能力,因此它们与人的关系不再简单地是一种操作与被操作之间的关系。

(4)虚拟(Virtual reality)技术　虚拟技术也称为仿真技术或虚拟制造技术,是 IMS 中新一代的人机界面技术。虚拟技术以计算机为基础,采用各种音像和传感装置,将信号处理、信息的动态操作、智能推理、预测、仿真和现代多媒体技术融为一体,虚拟出一个“看得见、摸得着”的“制造过程”和它的“产品”,甚至还虚拟出该产品的“消费”和“消耗”过程。这个虚拟的制造过程是对真实制造过程的模拟和预测,它与真实制造过程的贴近程度反映了虚拟技术的水平。

(5)系统的自学习和自维护能力　IMS 能以原有的专家知识为基础,在实践中学习,不断增进系统知识库中有用的知识,并删除过时的甚至错误的知识,使系统知识库日益完善,并实现最优化。

(6)系统注重整个制造环境的智能集成　IMS 涵盖了产品的市场、开发、制造、管理和服务整个过程，它在强调各个生产环节智能化的同时，注重整个制造环境的整体智能集成。

CIMS 注重企业内部物料流和信息流的集成，而 IMS 则注重大范围内的整个制造过程的自组织能力，因而难度更大。然而 CIMS 中有许多研究内容正是 IMS 发展的基础，而 IMS 又对 CIMS 提出更高的要求。总之，集成是智能的基础，而智能又推动集成达到更高水平，即智能集成。

思考与练习题

1. 成组技术的基本原理是什么？主要应用于何种场合？
2. 什么是数控技术？它有何特点？
3. 数控机床的加工原理是什么？什么样的机床称为 NC 机床？
4. 数控机床由哪些部分组成？各组成部分有什么功能？
5. 加工中心与其他数控机床相比有什么特点？
6. 目前应用的插补方法分为哪几类？各有何特点？
7. 数控机床为什么要进行刀具补偿？
8. 手工编程和自动编程各自的特点是什么？
9. 刚性自动化与柔性自动化有何区别？何谓柔性制造单元和柔性制造系统？
10. FMS 的“柔性”体现在什么地方？
11. FMS 的出现给产品生产上解决了哪些问题？
12. 什么是 CIMS 系统？
13. CIMS 有哪些关键技术？
14. IMS 的含义与特征是什么？

8 零件的结构工艺性

8.1 概述

1. 零件结构工艺性的概念

作为机器和部件的基本组成单元,机械零件不但要满足其设计和使用要求,同时对零件每一个加工表面的设计,应根据现有的生产水平,毛坯及机械加工的一些特点,充分考虑其可加工性和加工的经济性,使其加工工艺路线简单,尽可能的方便加工,并尽可能使用标准刀具和通用工装等,以降低加工成本。这种使所设计的零件在满足使用要求的前提下,具有的制造可行性和经济性,即是零件的结构工艺性。

零件结构工艺性涉及的面较广,它存在于零部件生产和使用的全过程,包括:材料选择、毛坯生产、机械加工、热处理、机器装配、机器使用、维护,甚至报废、回收和再利用等。结构工艺性的优劣,对设计的成败具有重要的影响。作为一名机械设计工作者,必须熟悉制造工艺的理论和实践知识,能够做到对设计方案全面考虑和分析,使设计能符合制造、使用、维护等方面的综合要求。

2. 影响零件结构工艺性的主要因素

零件结构工艺性的好坏是一个相对的概念,它将随着客观生产条件的改变和科学技术的发展而变化。决定零件结构工艺性的因素包括生产类型、制造条件和生产技术等方面。

(1) 生产类型的影响:生产类型是企业或车间生产专业化程度的分类。常规的机械制造工艺基本上是在“批量法则”之下组织生产活动的,不同的生产类型有着不同的工艺特点。常常同一种结构,在单件小批生产中工艺性良好,在大批大量生产中,由于使用的自动化高效生产设备和工装,以及先进的工艺方法,其产品结构必须适应高速自动的生产要求,其结构工艺性就不一定适合。

(2) 制造条件的影响:零件的生产加工必然依赖一定的生产条件,如毛坯生产水平、机械加工设备与工装的配置、热处理能力、技术及管理水平等。在设计零件工艺结构时,应全面考虑各方面的综合能力,最大限度地适应和发挥现有生产水平。

（3）生产技术的影响：科学技术不断地发展进步，随着加工方法的不同，以及新的加工设备和加工工艺的出现，零件结构工艺性也会随之而改变。如电火花加工、线切割、电解加工、激光术、超声波加工等特种加工技术的出现，新型刀具材料的发展，以及精密铸造、压力成型、粉末冶金等先进工艺的运用，使得原来不能实现的形状、不能加工的材料、不能获得的精度、不能达到的性能都成为可能。工程技术人员应及时了解机械行业的最新发展，及时掌握新工艺、新技术，以求能设计出最符合当代先进生产技术的机械产品。

3. 衡量零件结构工艺性的基本原则

零件结构工艺性是一个相对的概念，更是一个整体的观念，在零件结构设计时，必须全面考虑，综合平衡，使零件在每一生产阶段均具有良好的结构工艺性。如不能同时兼顾，则应从关键问题入手，解决主要矛盾，力求获得较好的结构工艺性。衡量零件结构工艺性的基本原则主要考虑如下方面：

（1）零部件与机器的关系：机器越复杂，所需零部件数就越多，应尽可能采用标准件、通用件和外购件；尽可能采用简单的零件造型；尽可能选择本车间生产中已加工过的零件和组件，这样可获得良好的结构工艺性。

（2）结构与使用的关系：从满足使用要求来看，可以选择的结构可能有多种，一种结构所需零件数越少，相互之间的连接关系越简单，结构层次越少，则结构工艺性越好。

（3）装配与零件的关系：装配时的定位要求越低，间隙的调整越方便，零件的配合面越少，则装配效率高，装配成本低，故其结构工艺性越好。

（4）机械零件的加工要求：零件上要加工的表面越少，加工尺寸的平均精度越低，表面质量要求不高，则结构工艺性越好。

（5）毛坯及所需材料的种类：一方面毛坯应选择就近原则，另一方面对要求精度较高的薄壁套筒等尽可能选用冷拔、精密铸造等非切削工艺方法加工，而材料种类上则应尽量减少贵重、稀有、难加工材料的选用与数量。

（6）零件加工方法与所需设备：特种加工方法需要专门的设备、技术和工艺，相应的技术要求与成本会高很多，应尽可能采用常规切削方法，并加大如冲压、精锻等效率高的工艺比重，则结构工艺性会好些。

（7）良好的人机关系：制造业在国民经济中占有非常大的比例，提倡绿色制造、保护环境、安全生产是社会发展的需要，零件制造与使用过程中应没有污染、节省能源、操作方便安全，并且便于回收利用。

零件结构工艺性涉及的内容很多，下面仅从零件的铸造加工工艺性、机械加工工艺性和装配工艺性进行分析。

8.2 机械零件的铸造加工结构工艺性

铸件由于可以在某种程度上自由选择形状，可以具有复杂的外形，特别是能形成复杂多变的内腔，且具有作为结构用材料所需要的强度、刚性、耐磨性及稳定性，并且容易实现加工而被广泛地用做机械和器具主要的静止部件。但是，铸件的工艺过程易产生缺陷，具有很大的不稳定性；而且缺陷不能在铸件的加工过程中发现，具有很大的不可控制性。因此在设计铸件结构时应充分考虑其结构的合理性和加工工艺的可行性，使其具备良好的结构工艺性。

下面列举铸造毛坯相关的几种结构工艺性问题进行分析。

表 8.1 机械零件的铸造工艺性

序号	图例		说明
	不合理结构	改进的结构	
1	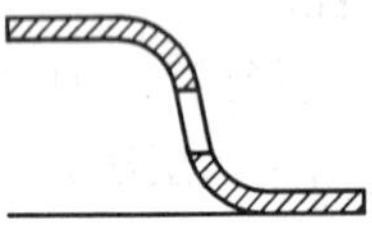	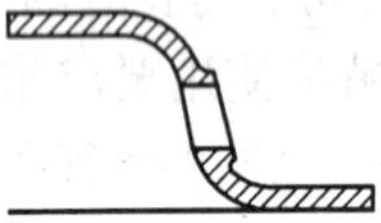	窗口的周围强度有所减弱。对于这样的部位，需要在其周围加强。但是要避免为此面设计成需要增加额外的形芯和尺寸的加强形式。
2	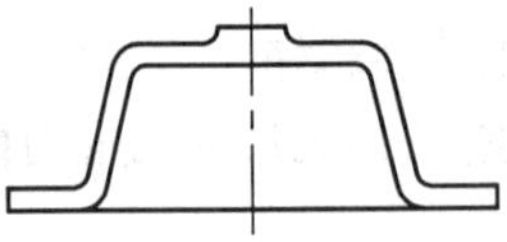	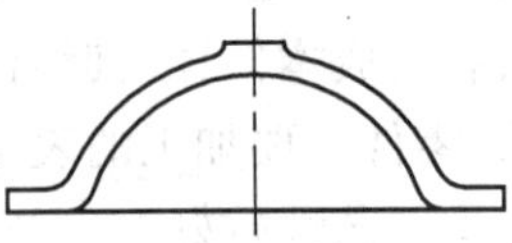	由于宽广的平面部位不易排除铁水(或钢液)中的气体，容易产生气孔。要设计成容易排气的形状。
3	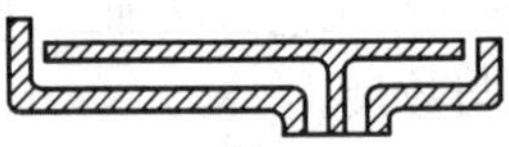	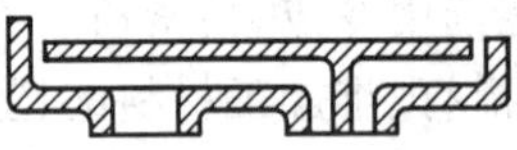	铸造完成以后要从铸件上完全清除型砂。设计的时候要充分考虑到清砂方便及出砂的开口。
4	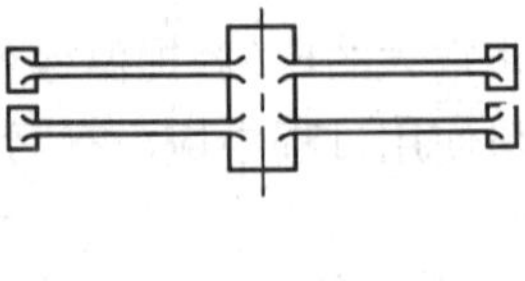	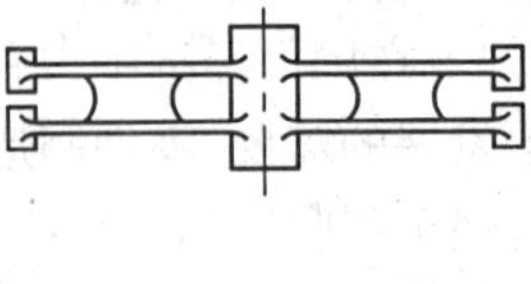	具有容易产生变形形状的部位，冷却时在落砂过程中会产生变形。产生变形的铸件以后不可能修正，所以为保持其正确形状，需要考虑有加强部分和联接部分等。

续表 8.1

序号	图例		说明
	不合理结构	改进的结构	
5	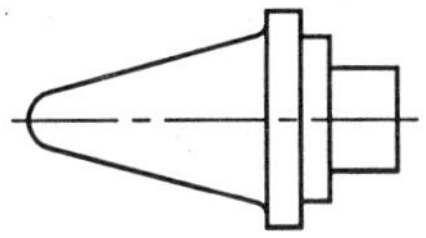	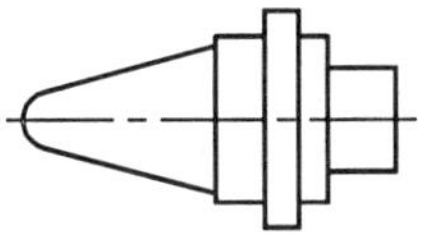	在机械加工时需要把工件固定在加工设备上。特别是铸铁件,在形成毛坯以后不能再增加所需的装卡部分。因此,在准备毛坯时,绝对不要忘记加工时的装卡部分。
6	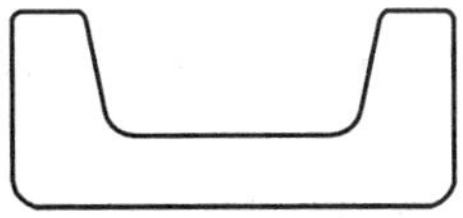		为了吊运重物,要有能安全且合理的起吊部分。
7	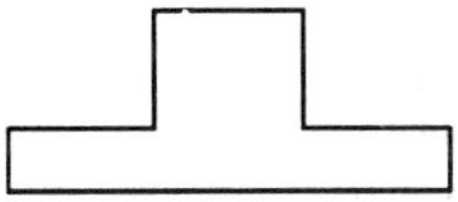	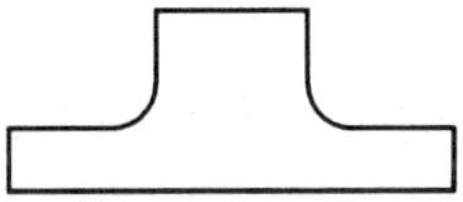	铸件冷却时,在表面和内部、薄壁部位、急剧转角点都存在冷却速度差。这种速度差导致产生很大的内应力,是铸件开裂的原因。出现壁厚差的地方,要尽可能使其平缓地过渡。
8	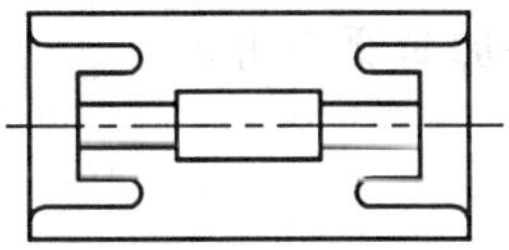	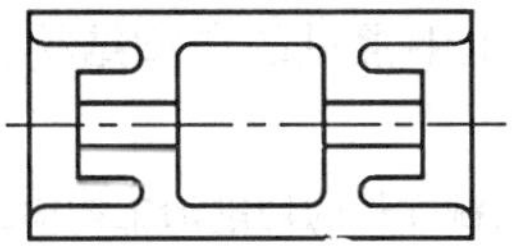	从形状上看,厚度集中部分就是壁厚急剧变化部分。对于这种地方,必须尽量避免集中形成厚壁部分。
9	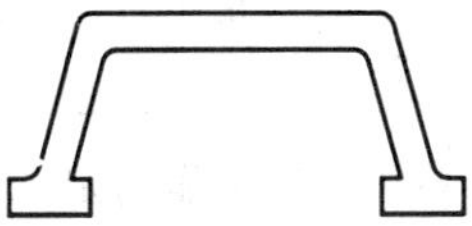	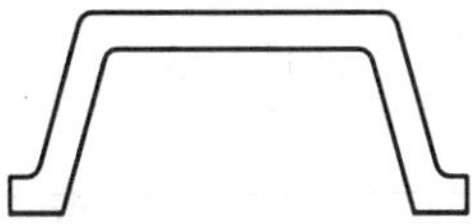	不容易起模的铸型在起模时容易损坏,尤其是平行部分不易起模。为了使起模容易,必须有必要的拔模斜度。
10		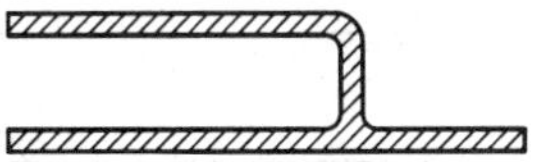	型芯在薄壁处容易损坏,所以要避免有尖锐部分。在设计上要避免出现这样的部分。

8.3 机械零件的切削加工结构工艺性

切削加工是零件获得所需结构形状、尺寸精度和表面质量的主要途径。通常切削加工耗费的工时和费用是最高的。因而,零件的切削加工结构工艺性设计就显得尤为重要。

为了使零件具有较好的切削加工结构工艺性,在结构设计时应考虑以下几点原则:

(1)应尽量采用标准化参数。对于孔、锥度、螺距、模数等,采用标准化参数有利于刀具和量具的标准化,以减少专用刀具和量具的设计和制造。

(2)零件的结构要素应尽量统一,以减少刀具和量具的种类和换刀次数,并尽量考虑其合理排列,以减少装夹和走刀次数。

(3)应考虑到零件的方便装夹。使其具有可靠的定位面、夹紧面和必要的装夹强度。

(4)通孔比不通孔好加工;外表面比内表面好加工;平面比台阶面好加工;直孔比斜孔好加工;刚性好的部位好加工。

(5)应尽可能使需精密加工的面少;使要加工的表面积小。

(6)为了方便零件的加工,可以考虑零件的合理拆分和组合。

(7)在满足使用条件的基础上,尽量降低零件的加工精度和表面质量要求。

(8)零件的结构应与先进的加工工艺方法相适应。

表 8.2 列出了一些切削加工中常见的典型结构,并加简要说明。

表 8.2　机械零件的切削加工结构工艺性

序号	图例		说明
	不合理结构	改进的结构	
1	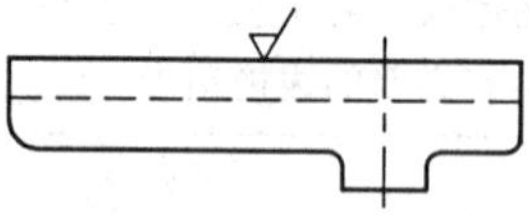	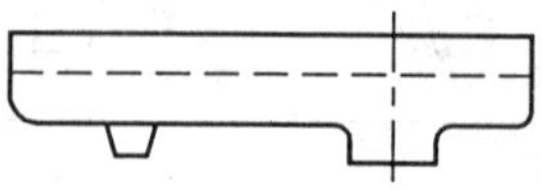	零件应有可靠的定位和夹紧基面,可设计必要的工艺凸台,方便加工。
2	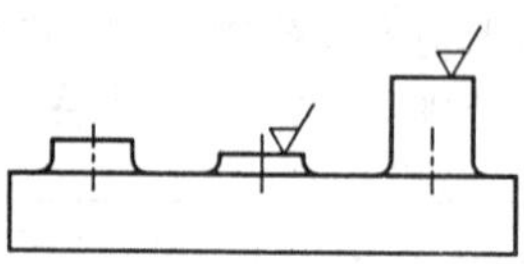	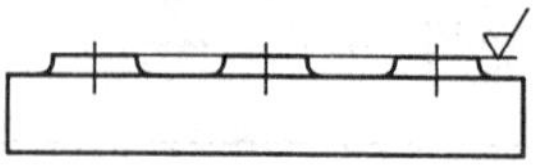	为了减少装夹和调整次数,尽可能使加工面等高,以实现一次走刀加工完成。

续表 8.2

序号	图例		说明
	不合理结构	改进的结构	
3	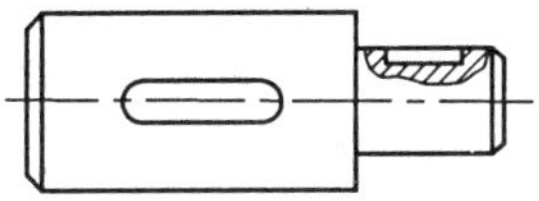	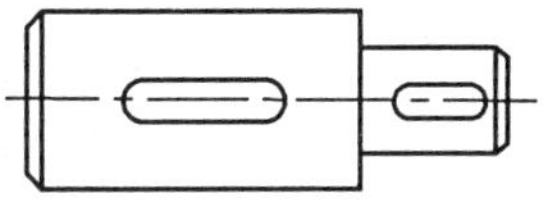	为了减少换刀和装夹次数，应尽可能使同一轴上的键槽宽度一致，且在同一侧；但要注意，若键槽数目较多，则须交错排列以避免降低轴的强度。
4	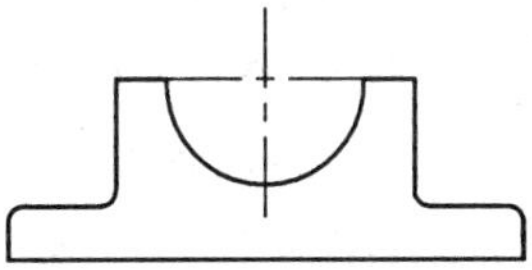	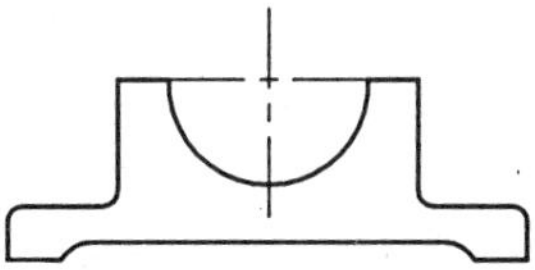	在保证稳定定位和可靠安装的前提下，应尽可能减少加工面。例中底面结构的改变不仅提高了安装稳定性，且减少了零件重量，降低了加工成本。
5	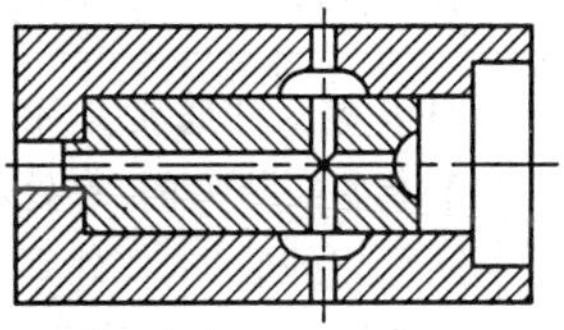	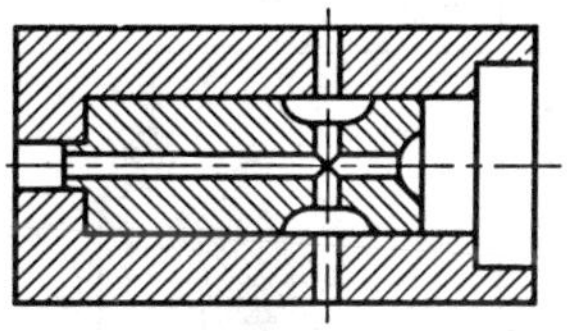	外表面比内表面的加工工艺性好，在不影响其使用性的前提下，尽可能变内表面的加工为外表面加工。
6	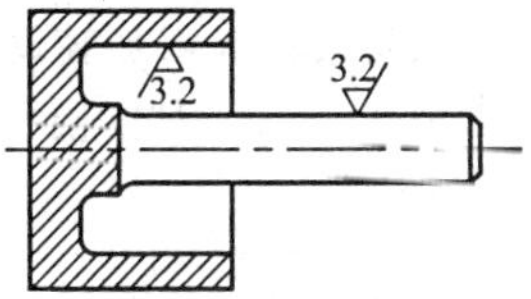 3.2　3.2	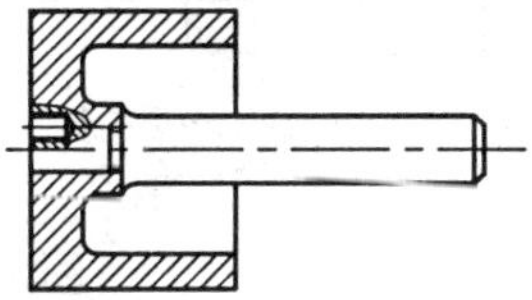	复杂的内表面加工对刀具、加工技术、加工要求等有很大的限制，可设计成组合结构来改善加工。
7	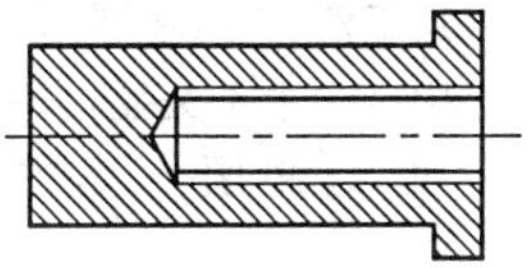	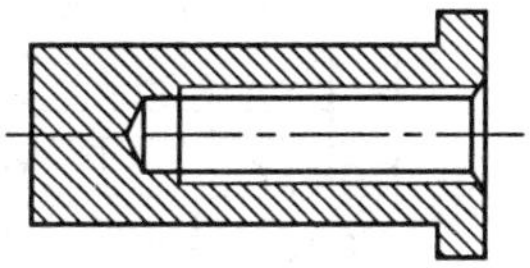	应考虑刀具的特点和加工的实际情形。一方面标准螺孔的加工必须先预钻孔；另一方面车加工螺纹应设计合理的退刀槽或螺纹尾线。
8	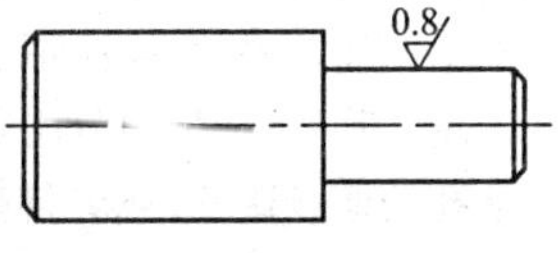 0.8	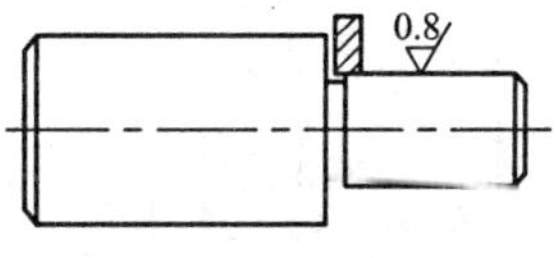 0.8	保证刀具正常进退刀和避免刀具损坏，提高加工质量。并考虑保证台阶面与外圆表面的垂直度，提高零件的安装精度。

续表 8.2

序号	图例		说明
	不合理结构	改进的结构	
9	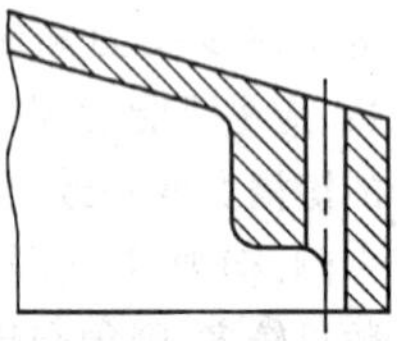	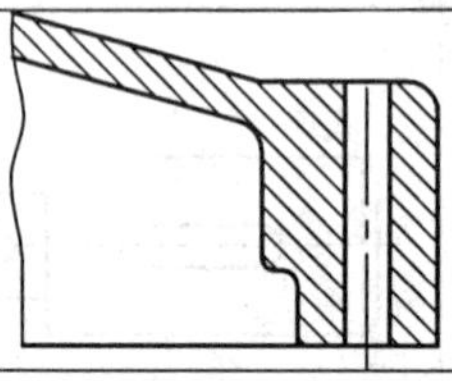	尽可能避免在斜面上钻孔或钻不完全孔，避免刀具损坏和提高加工精度及切削用量。
10	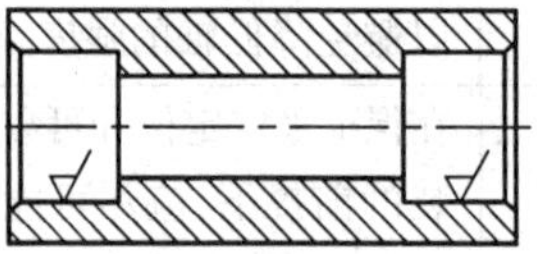	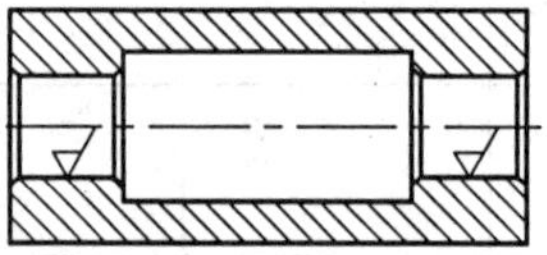	车削内表面时，为了简化刀具结构，并使刀具方便的进、退，应将内部不需加工的尺寸设计得大一些。
11	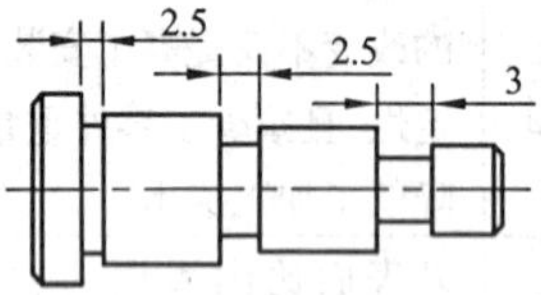 2.5　2.5　3	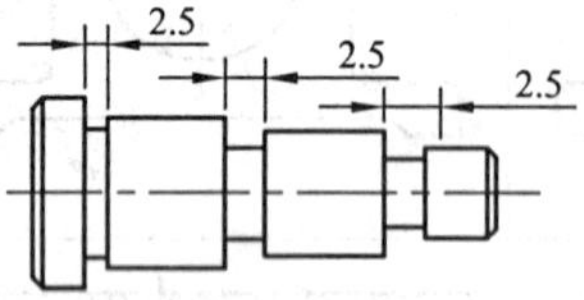 2.5　2.5　2.5	对于同一零件上的同一种结构要素，为了减少刀具种类，减少换刀等辅助时间，应考虑尽量一致。
12	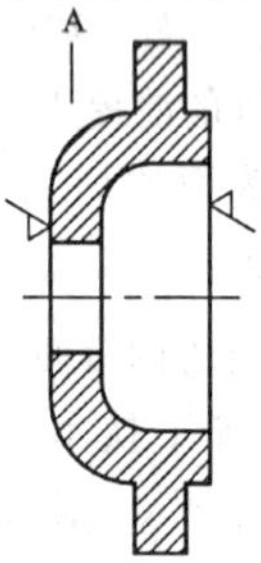 A	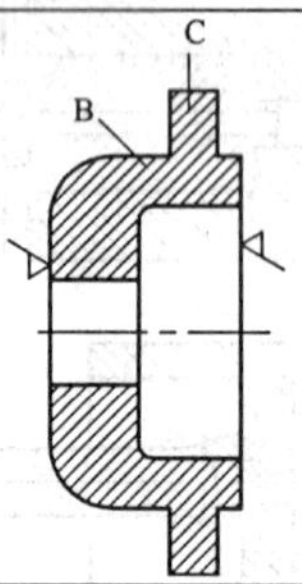 C　B	回转类零件通常是用三爪卡盘来装夹的，A 处不能可靠的装夹，C 处则一般卡爪伸出的长度不够。改变结构或增加辅助安装面，以便工件方便可靠地夹紧。
13	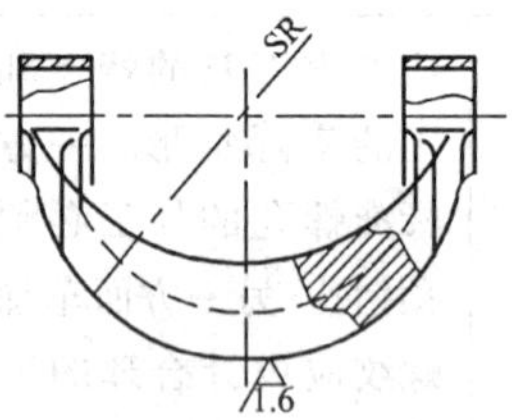 SR　1.6	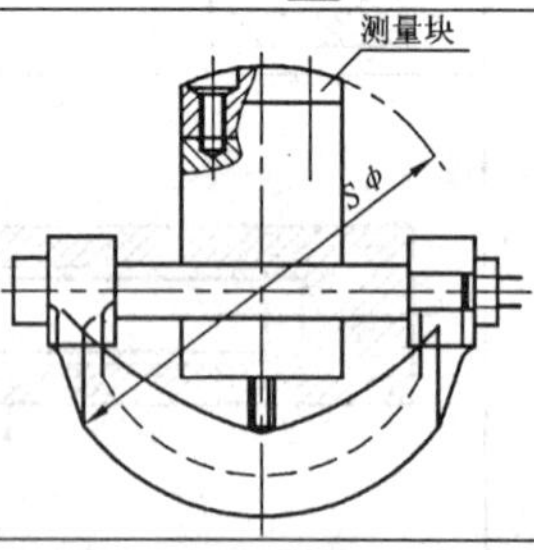 测量块　Sφ	测量是保证和检验零件加工精度的必要步骤，图中是一个不完整的球面加工，必须考虑方便测量。
14	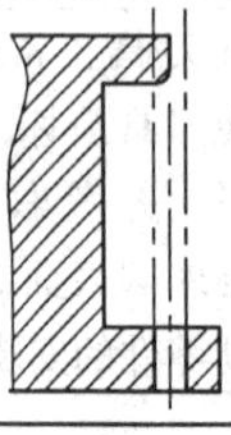	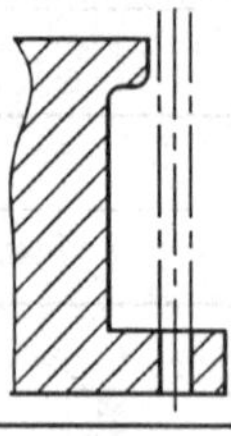	前面有物就不能进行钻削加工。在障碍物不能错开其位置时，只好将钻孔的地点让开，或者将障碍物一起钻通。

8.4　机械零件的装配结构工艺性

零件的装配结构工艺性对于整个产品的生产过程及产品的使用性能都会产生很大的影响。装配的难易程度、装配质量的好坏、装配效率的高低、装配的经济效益等，都与零件的装配结构工艺性好坏密切相关。

装配的结构工艺性要求在装配过程中，使相互联接的零部件不用或少用修配和机械加工，就能按要求顺利地、成本较低地、费时最少地、劳动强度最低地实现装配，并易于达到设计的装配精度。

表8.3列举了部分装配结构工艺性改进前后的情况对比说明。

表8.3　机械零件的装配工艺性

序号	图例		说明
	不合理结构	改进的结构	
1	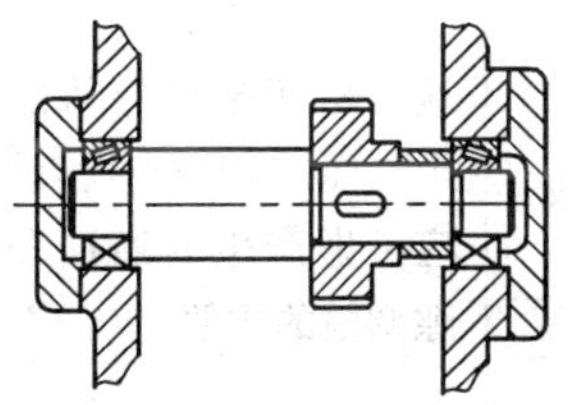	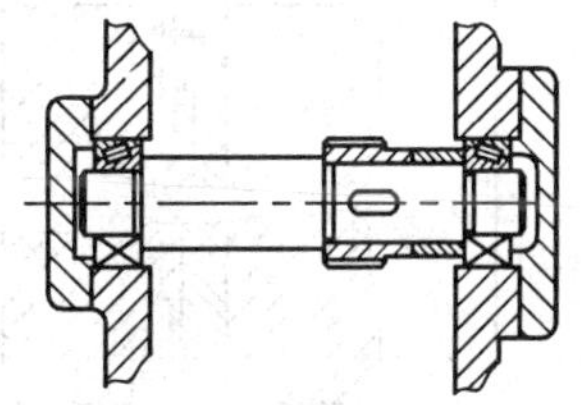	同一轴上零件尽可能考虑从箱体上端成套装配。左图轴上齿轮大于轴承孔，需箱内装配，改进后，轴上零件可单独组装后一次装入箱体内。
2	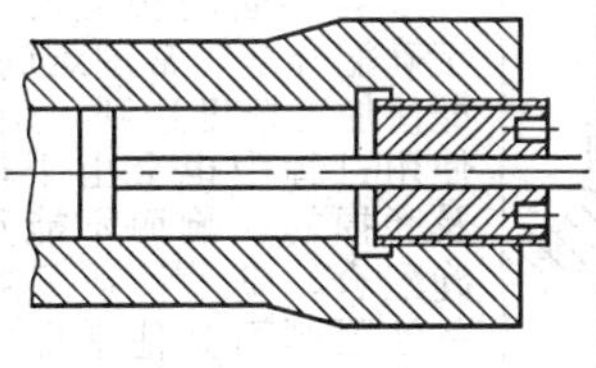	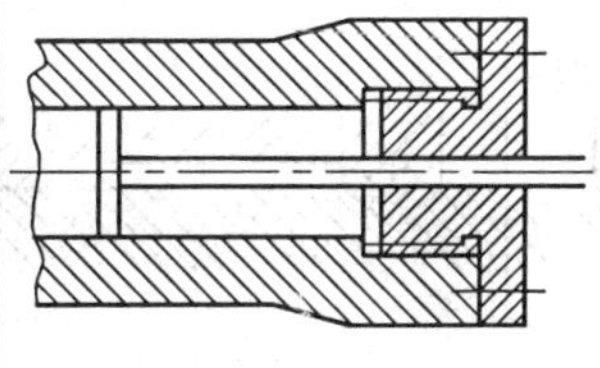	应避免用螺纹定位。左图采用螺纹结构不能保证端盖与油缸的同轴度，须改用圆柱面定位。
3	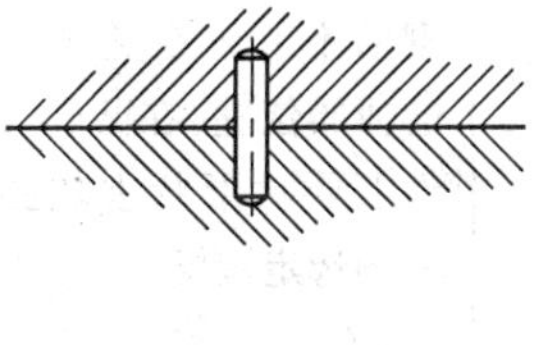	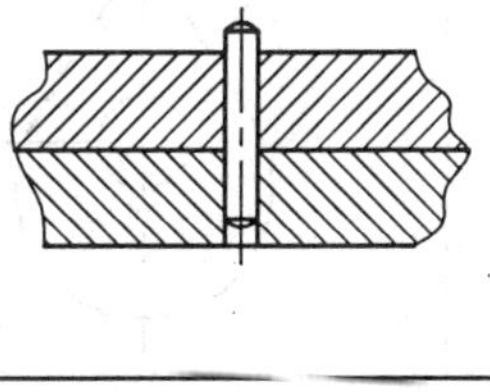	定位销是以正确的相关位置为目的的零件，定位孔的位置不允许相互错位。原则上要进行贯通配钻，保证精度并便于销子取出。

续表 8.3

序号	图例 不合理结构	图例 改进的结构	说明
4	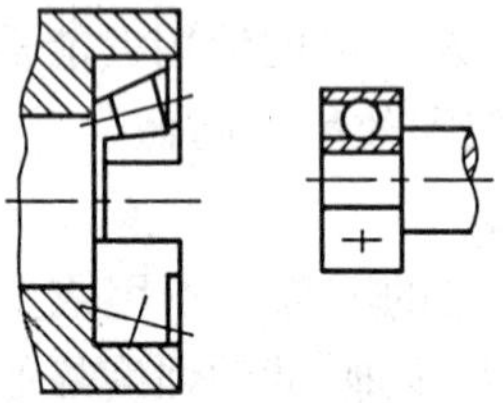	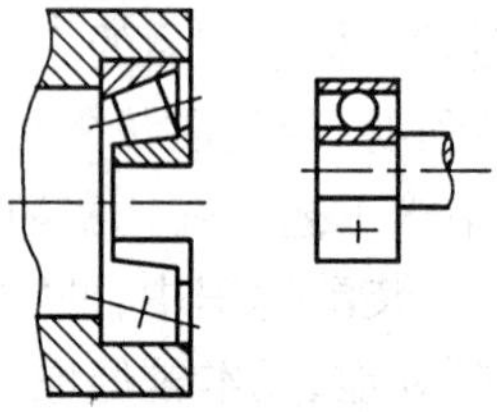	左图台肩及轴肩过高，轴承不易拆卸。轴承台阶和轴肩应按规范设计。
5	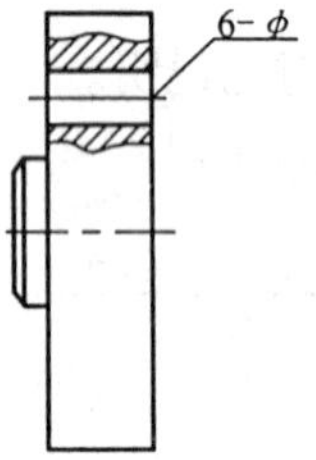 6-φ	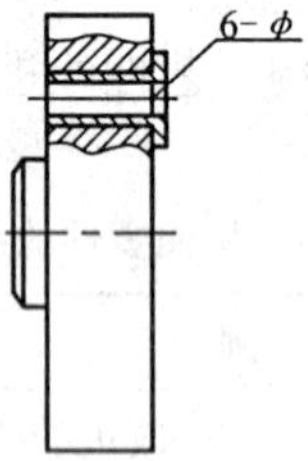 6-φ	为了降低大件加工成本，保持所需精度，对钻模板一类零件的易磨损孔加设套筒，便于修复和更换。
6	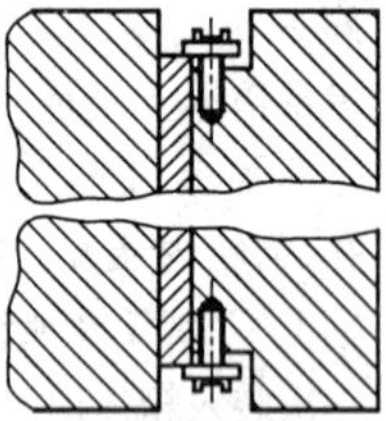	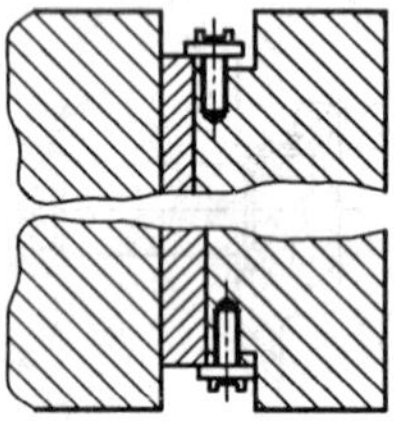	这是机床某处导轨的一个剖面，对于相对移动件应考虑产生的磨损和间隙调整的方便。
7	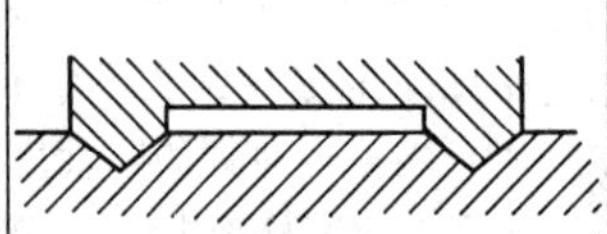	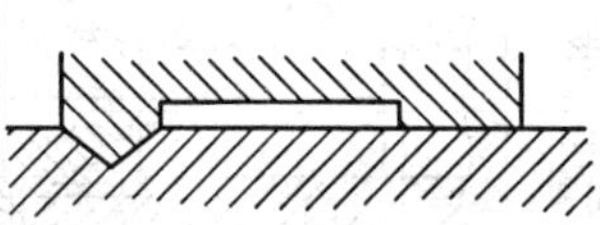	使多数平面的相关尺寸正确配合是非常困难的。即使加工精度达到了，在使用过程中也会由于热及磨损的影响而不能正确配合。应设计成只在一处限制而其他平面能自由再运行移动的结构。
8	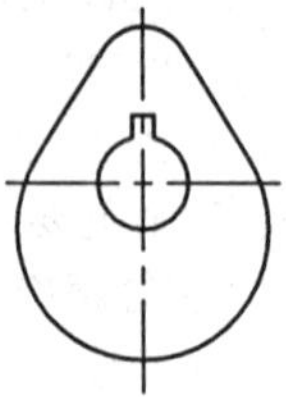	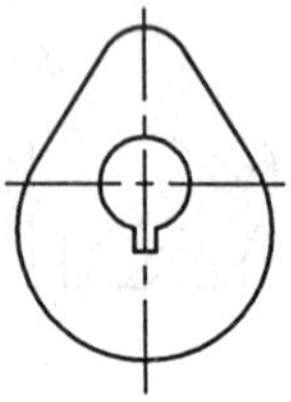	键槽不要开在轮毂和轴的薄弱位置，在凸轮等零件上要从形状上较强的一侧选定键槽。

续表 8.3

序号	图例		说明
	不合理结构	改进的结构	
9	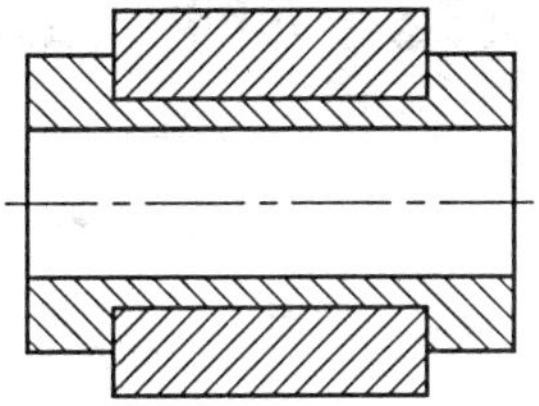	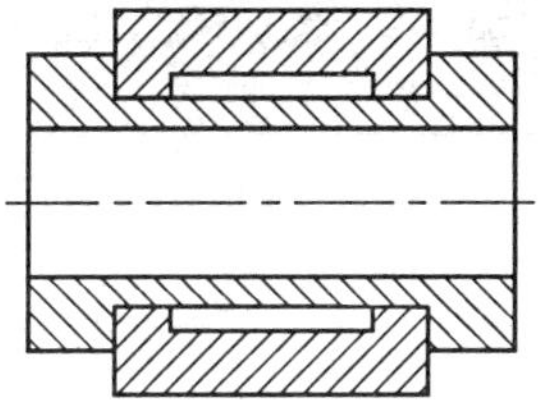	期望准确的面接触的面，其面积越宽，则加工越费事，这样的面要限定在一定的范围内，并使其接触面确实地接触。
10	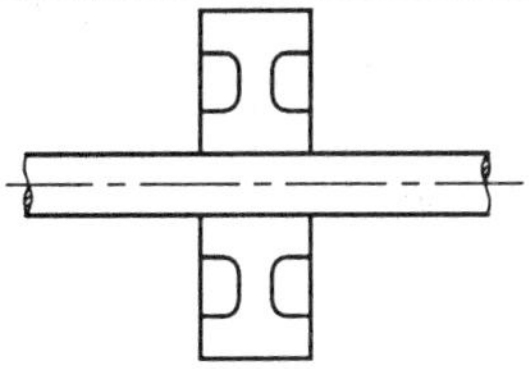	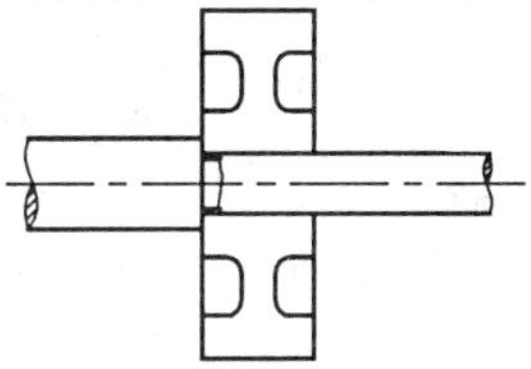	为了将嵌装件装在轴的正确预定位置上，如果不采用阶梯配合等方法则很难限定正确的位置。
11	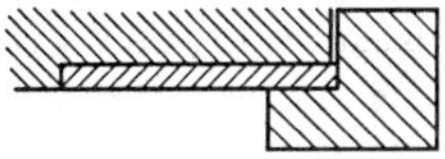	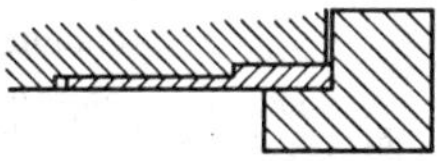	在运转过程中气缸缸套之间由于膨胀而产生伸长。在将缸套固定在汽缸上的场合，需要采取 受这种伸长差的影响尽可能小的压紧方法。或者设计膨胀空间。
12	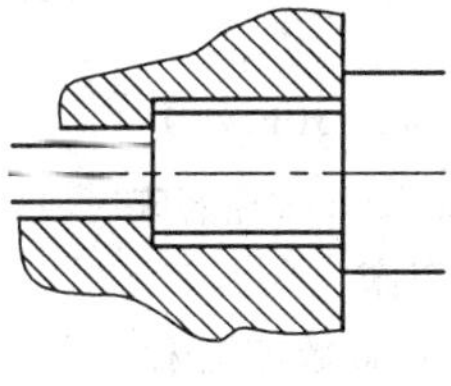	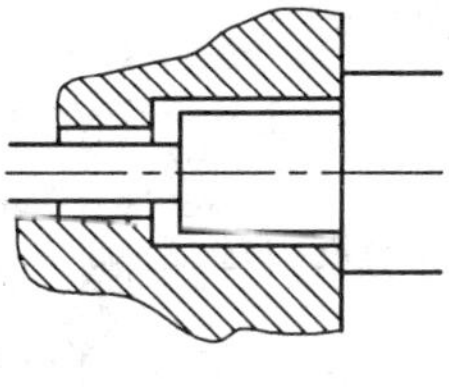	尺寸上有两处配合起点同时嵌装时，有时不能同时监视其相关位置。为避免两处同时嵌装，要将其相关位置错开，以避免互相干涉而影响装配精度。

思考与练习题

1. 什么叫零件的结构工艺性，它在生产中有何意义？

2. 为何要设计退刀槽、越程槽等结构要素？在什么情况下采用这些设计？

3. 设计需要切削加工的零件时，对结构工艺性问题，应考虑哪些问题？

4. 为什么“油孔应与轴线垂直”？若要求油孔与轴线成一定角度而不垂直又当如何解决？

5. 为什么要设计凸台和凹坑？

常用机械加工工艺专业术语英语词汇表

A

abrasive tool 磨削工具
accessory control unit 辅助控制单元
adaptive control (AC)自适应控制系统
adaptive controlled machine tools 适用控制机床
adjusting 调整
arbor 刀杆
arm 摇臂
assumed working plane 假定工作平面
automatic programming 自动编程
automatically programmed tools 自动编程语言
automated guidecl vehicle 自动导向小车

B

back engagement of the cutting edge 背吃刀量
back force 背向力
ball bearing 滚动轴承
base 底座
bed 床身
bench work 钳工
bench – type drilling machine 台式钻床
billet 毛坯
body 刀体
bore with a reamer 铰孔
boring machines 镗床
boring tool 镗刀
broaching machines;broachers 拉床
burning moulding 烧结成形

C

casting 铸件
center height 中心高
chisel 錾子
column 立柱
compensating 补偿
computer aided design(CAD)计算机辅助设计
computer aided manufacture(CAM)计算机辅助制造
computer integrated manufacturing system (CIMS) 计算机集成制造系统
computer numerical control(CNC)计算机数控
corner 刀尖
CNC drilling machine 数控钻床
CNC grinding machine 数控磨床
CNC lathe 数控车床
CNC milling machine 数控铣床
continuos cutting 连续切削
counlerboring 扩孔
cut 切削层
cutter relieving 让刀(抬刀)
cutting 切削
cutting edge 切削刃
cutting force 切削力
cutting movement 主运动
cutting part 切削部分
cutting speed 切削速度
cutting tooling 切削加工工艺装备

D

datum 基准
datum plane 基准平面
depth of cut 背吃刀量
direct numerical control (DNC)切削深度计算机群控系统
direction of feed motion 进给运动方向
direction of primary motion 主运动方向
dividing head 分度头
double column planer 龙门刨床
drilling 钻孔,钻削
drilling machines 钻床
drills 钻头

E

extrusion 挤压

F

face 前面
face milling 端铣
face turning 车端面
feed 进给量
feed motion 进给运动
feed per tooth 每齿进给量
feed rod 光杠
feed force 进给力
feedback system 位置测量与反馈系统
file cutter 锉刀
finishing 精加工
finish turning 精车
finishing 精加工
flank 后面
flat pallet 平板
flexible manufacturing systems(FMS)柔性制造系统
forging 锻件
forming 弹性变形
form precision 形状精度
form turning 车成形面
forming 成形法

G

gear 齿轮
gear cutters 齿轮刀具
gear hobbing machine 滚齿机
gear shaping machine 插齿机
gear transmission 齿轮传动
general accuracy machine tools 普通机床
generating 展成法
geometry offset 形状补偿
grinding machines;grinder 磨床
grinding 磨削
grinding wheel 砂轮
grinding variables 磨削用量
grooving 切槽
group technology 成组技术
guide frame 丝架

H

handsaw 手锯
hardness 硬度
headstock 床头箱
heat treatment 热处理
high accuracy machine tools 高精度机床
hole drilling 钻孔
hole turning 车孔

I

indexing 转位
inspected 检验
internal grinder 内圆磨床
interpolation 插补
intelligent manufacturing system 智能制造系统

K

knurling 滚花

L

laser heam machining 激光加工
laying out 划线
lurning machines 车床
longitudinal feed 纵向进给

M

machine - building process 机械制造过程
machined surface 已加工表面
machining 机械加工
machining allowance 加工余量
machining centers 加工中心
main engine 机床主机
major flank 主后刀面
malleable cast iron 可锻铸铁
manual programming 手工编程
material measure 量具
metal cutting machine tools 金属切削机床
milling machines, millers 铣床
milling 铣削
milling cutters 铣刀
minor flank 副后面

N

non - traditional machining 特种加工
normalizing 正火
numerical controlled machining 数控加工
numerically controlled machine tools 数字控制机床(简称数控机床)

P

parts 零件(部件)
peripheral milling 周铣
pindle 主轴
plane grinder 平面磨床
planer tool 刨刀
planing 刨削
planing machines, planers 刨床
position precision 位置精度
primary motion 主运动
production flow analysis 生产流程分析法

Q

quill 套筒

R

radial feed 径向进给
rail, cross rail 横梁
ram 滑枕
reamers 铰刀
reaming 铰孔
residual stress 残余应力
roughing 粗加工
roughness of surface 表面粗糙度
rough turning 粗车

S

sawing 锯削
selected point on the cutting edge 切削刃选定点
semi-finishing 半精加工
seruo system 伺服系统
scraper 刮刀
scraping 刮削
screw cutting 车螺纹
shank 刀柄
shapers 牛头刨床
slideway, guideway 导轨
slotting machines, slotters 插床
snail weel and snail bar transmission 蜗轮蜗杆

传动
spark-erosion machining 电火花加工
spark-erosion sinking 电火花成形加工
spark-erosion sinking machine 电火花成形加工机床
spark-erosion cutting with a wire 电火花切割加工
spark-erosion cutting with a wire machine 电火花数控线切割机床
spheroidizing 球化退火
spindle 主轴
strain 应变
stress 应力
strength 强度
stroke 行程
surface grinders 平面磨床
surfaces on the workpiece 工件表面
surface tuming 车平面

T

table 工具台,工作台
tailstock 尾座
taper turning 车锥面
tapping 攻丝,攻螺纹
thread die cutting 套扣,套螺纹
tool 刀具
tool angles 刀具角度
tool back angle 背前角
tool back plane 背平面
tool cutting edge angle 主偏角
tool cutting edge inclination angle 刃倾角
tool-in-hand system 刀具静止参考系
tool major cutting edge 主切削刃
tool minor cutting edge 副切削刃
tool minor cutting edge angle 副偏角
tool orthogonal clearance 后角
tool orthogonal plane 正交平面
tool orthogonal rake 前角
tool orthogonal wedge angle 契角
tool post 刀架
tool reference plane 基面
total force exerted by the tool 刀具总切削力
transient surface 过渡表面
travel stroke 行程
turning machines 车床

U

ultrasonic machining 超声波加工的工作原理
universal cylindrical grinder 万能外圆磨床

V

vertical drilling machine 立式钻床
virtual reality 虚拟

W

wear offset 磨损补偿 welding 焊接
wire drive device 运丝装置
wire driving speed 电极丝移动速度
working engagement of the cutting edge 铣削侧吃刀量
work surface 待加工